ZHONGGUO ZHUANLI YUNYING
TIXI GOUJIAN

中国专利运营
体系构建

李　昶◎著

知识产权出版社
全国百佳图书出版单位

图书在版编目（CIP）数据

中国专利运营体系构建/李昶著. —北京：知识产权出版社，2018.2
ISBN 978 - 7 - 5130 - 5431 - 7

Ⅰ.①中… Ⅱ.①李… Ⅲ.①专利—运营管理—研究—中国 Ⅳ.①G306.3

中国版本图书馆 CIP 数据核字（2018）第 033393 号

内容提要

本书基于产权理论的视角，结合新制度经济学、社会学、生态学等基础理论，对构建中国专利运营体系展开实证研究。全书从专利运营的概念和特征入手，遵循全球专利运营产业的发展脉络，阐述了中国专利运营产业的发展逻辑，从完善产权保护制度出发，结合中国专利运营发展的实际需求，系统地提出了构建中国专利运营体系的理论基础、政策框架和平台体系。

责任编辑：江宜玲　　　　　　　　　　　责任校对：王　岩

装帧设计：张　冀　　　　　　　　　　　责任出版：刘译文

中国专利运营体系构建

李　昶　著

出版发行：知识产权出版社 有限责任公司		网　　址：http：//www.ipph.cn	
社　　址：北京市海淀区气象路 50 号院		邮　　编：100081	
责编电话：010 - 82000860 转 8339		责编邮箱：jiangyiling@cnipr.com	
发行电话：010 - 82000860 转 8101/8102		发行传真：010 - 82000893/82005070/82000270	
印　　刷：北京建宏印刷有限公司		经　　销：各大网上书店、新华书店及相关专业书店	
开　　本：720mm×1000mm　1/16		印　　张：16.5	
版　　次：2018 年 2 月第 1 版		印　　次：2018 年 2 月第 1 次印刷	
字　　数：276 千字		定　　价：68.00 元	
ISBN 978-7-5130-5431-7			

序言一

党的十八大以来，国家知识产权局在以习近平同志为核心的党中央坚强领导下，立足于经济发展新常态、服务于经济发展新常态，贯彻落实新发展理念，遵循知识产权事业发展的客观规律，强化知识产权事业发展的顶层设计，深入实施国家知识产权战略，扎实推进知识产权强国建设，不断提高知识产权治理能力和治理水平，充分发挥知识产权的技术供给和制度供给双重作用，促进我国知识产权综合能力大幅提升，不断为实体经济发展注入新的动力。

当前，我国正处于从知识产权大国向知识产权强国迈进的重要时期。在实施创新驱动发展战略、全面建成小康社会、实现两个一百年奋斗目标的新征程中，党中央、国务院对知识产权工作高度重视，提出了新的更高的要求，做出了一系列战略性的重大部署。《国民经济和社会发展第十三个五年规划纲要》将"建设知识产权运营交易和服务平台"作为知识产权领域的一项重大任务和重要目标。

以知识产权运营交易和服务平台建设为核心，加快构建中国特色专利运营体系，不仅是落实创新驱动发展战略、推进知识产权管理体制改革、激励知识产权创造、强化知识产权运用、严格保护产权的重要举措，也会对完善知识产权法律、丰富知识产权政策、创新知识产权制度，拓展空间、提供支撑。

近年来，国家知识产权局会同财政部开展了知识产权运营体系的建设工作，中央财政已累计安排36亿元资金，支持建立了一批知识产权运营平台、运营机构、运营基金和专利质押融资风险补偿基金，并在8个城市开展了知识产权运营体系建设试点。在一系列试点工作的直接带动下，全国知识产权运营业态如雨后春笋蓬勃兴起，知识产权交易和科技成果转化活动日趋活跃，知识产权价值加速实现，推动着中国制造向中国创造转变、中国速度向中国质量转变、中国产品向中国品牌转变。

　　知识产权运营产业，近十年来在世界呈现出快速发展的态势，并已成为重塑全球创新生态系统和产业体系不容忽视的重要力量。但一直以来，知识产权运营仅仅是作为新的商业模式被知识产权理论界和实务界广泛关注，对其研究主要集中在法律层面和技术领域的实务探讨，罕有对体系构建和制度安排的理论研究。而在我们推动建设中国特色专利运营体系的过程中，出现了许多新情况，提出了许多新问题，恰恰需要从理论上和实践上给予回答。这些新问题，在过去的书本上是找不到现成结论和具体答案的。

　　本书的作者敏锐地从产权理论的视角，熟练运用新制度经济学、关系产权学、创新生态学等多种理论，结合亲身参与组织实施知识产权运营试点工作的认真思考，通过大量的理论和实证研究，分析、阐述和研判专利运营产业发展过程中的重要实践，对纷繁复杂的专利运营进行全面系统的科学研究，从而做出新的理论概括。作者深刻地剖析了专利制度的产权本质以及权利相关方的相互关系，不仅从专利运营的概念和特征入手，遵循全球专利运营产业的发展脉络，深入地阐述了中国专利运营产业的发展逻辑；更重要的是从完善知识产权制度出发，着眼于中国专利运营产业的健康持续发展，系统地阐述了构建中国特色专利运营体系的理论基础、政策框架和平台体系，并提出了很多具有学术性和政策性价值的新观点。

　　作者李昶博士是国家知识产权局的青年干部。我很欣喜地看到，众多甘于寂寞、勇于担当、献身知识产权事业的年轻人，积极投身于知识产权理论和实践研究，善于学习，勇于实践，扬弃旧义，探求新知，增长才干，不断提高知识化、专业化水平，不断提高履职尽责的素质和能力，全身心地投入建设知识产权强国的雄伟征程中。

　　知识产权强国建设必定需要知识产权理论和实践的积极探索，也必然促进知识产权理论和实践的蓬勃发展。我热切地期待更多的有识之士积极研究知识产权强国建设中带有全局性、战略性、前瞻性的重大问题，不断推动知识产权的理论创新、实践创新和制度创新，为知识产权强国建设做出更大的贡献。

　　值此付梓之际，撰此短文是为序。

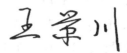

2018 年 1 月

序言二

产权制度是社会主义市场经济体制的基石。习近平总书记在党的十九大报告中指出："经济体制改革必须以完善产权制度和要素市场化配置为重点，实现产权有效激励、要素自由流动、价格反应灵活、竞争公平有序、企业优胜劣汰。"这充分表明了完善产权制度和要素市场化配置的重要性，它是完善社会主义市场经济体制的基础和关键。

知识产权作为产权制度的重要组成部分，是适应现代市场经济、支撑创新驱动发展的基础性制度安排。知识产权连接劳动、知识、技术和资本，能够最大限度地参与配置创新资源的市场。作为开放和利用知识资源的基本经济制度，知识产权与人力资本、金融资本等生产要素融合，直接参与到生产、经营活动中，使得知识所有者通过知识分享而获利。在经济全球化发展的浪潮中，知识产权制度始终扮演着重要的角色，是推动新一轮技术进步和产业发展的决定性力量。在以知识和信息为基础、竞争与合作并存的全球化市场经济中，知识产权已成为经济增长的原动力和经济发展的新方式。

构建专利运营体系是推动现代产权制度改革的重要手段和路径，对坚持和完善基本经济制度、完善社会主义市场经济体制具有重要意义。专利作为产权制度规则，不仅是授予发明人的财产性权利，更是形成并确认人们对资产权利的方式。将专利运营置于产权制度视野下进行考察，大大超越了专利的权利用语和法律文本。从微观角度看，专利运营有助于有效激发市场主体活力和创造力，稳定社会预期，增强创新发展的持久动力。从宏观角度看，专利运营有助于规范创新市场秩序、优化创新资源配置，降低制度性交易成本。

在中国经济进入经济新常态之际，创新成为驱动国家发展的全局性战略举措，构建中国专利运营体系更体现出强烈的国家意志。"十三五"规划明确提出"完善有利于激励创新的知识产权归属制度，建设知识产权运营交易和服务平台"。近年来，国家知识产权局会同财政部共同开展知识产权运营服务体系建设，支持建设国家知识产权运营公共服务平台，以股权投资的方式支持一批知识产权运营机构，以财政资金引导成立若干支重点产业知识产权运营基金，在重点中心城市开展知识产权运营服务体系建设等。因此，在推动中国专利运营体系构建实践的同时，开展相关理论研究，不断完善顶层设计和制度创新非常有必要，而且充满挑战性。

作者李昶博士长期从事知识产权宏观管理和政策研究，2011年起密切关注国内外知识产权运营实践，执笔起草了若干专利运营工作的专题报告，并在2014年、2015年参与组织实施以市场化方式开展知识产权运营试点工作，牵头开展国家知识产权运营公共服务平台的功能规划并具体参与推动国家"1+2+20+N"的知识产权运营服务体系和重点产业知识产权运营基金建设。在工作实践中，他敏锐地注意到国内外专利运营法律制度、政策体系和市场环境等差异性，更是坚持问题导向，围绕中国专利运营体系存在的语境、欲解决的问题、拟实现的目标等，从推动构建国家创新体系的高度重新认识专利运营的重大作用和实现路径。

本书作者以更广阔的视野和更深刻的洞察，跳出了以往对专利运营的研究主要集中在商业模式研究和法律问题研究的窠臼，而是从产权制度相关理论为我们更深层次理解专利运营提供了一种有效的分析框架，并从生态学原理为分析解决创新的可持续发展问题提供了新的思路。本书深入分析了专利运营体系的特点和发展趋势，首次从产权制度的视角深刻剖析了全球专利运营产业的发展态势、产业形态、运营模式，明晰了中国专利运营产业发展的内在逻辑，系统阐述了专利运营中产权界定、资源配置和交易成本三者直接的内在联系，并立足创新生态系统的层次结构、共生机制和治理结构设计，以经济学和生态学的双向理论视角审视中国专利运营体系构建的关键问题。尤为值得称赞的是，本书的研究前瞻、务实、系统，不仅创造性地运用新制度经济学、生态学理论阐释了对中国专利运营体系的理论基础，更开拓性地提出了中国专利运营体系的政策框架和业务体系。

诚如作者在结论中所言，为落实创新驱动发展战略和知识产权战略，要从顶层设计出发，发挥体制优势，以互联网思维全面系统地构建中国专利运营体系，这是世界水平的知识产权制度创新，极富创新性和挑战性。我相信，随着中国专利运营体系建设的不断深入，我国专利运营市场的蓬勃发展必将为知识产权制度的理论创新带来更多新的视角和新的思维。我更期望，在加快建设知识产权强国的背景下，中国在知识产权创造、保护、运用和管理上的全方位实践探索将推动全球知识产权治理体系的深刻变革，并为全球创新发展贡献出更多的中国智慧和中国方案。

是为序。

2018 年 1 月

目　录

引　言

一、研究的背景

知识产权制度是实现创新资源市场化配置的基础制度，对实施创新驱动发展战略具有极为重要的制度支撑保障作用。长期实践证明，知识产权制度作为西方工业文明和市场经济的产物，不仅是现代产权制度的重要组成部分，更是知识经济时代最重要的产权安排。知识产权制度能够有效激发创新投资动力，提升创新活动层次，促进创新成果流动，提高创新驱动效率。我国知识产权制度建立30余年，在法律体系建设方面跨越了西方发达国家上百年的历程，初步建立了具有中国特色的知识产权制度，在规范创新领域市场经济秩序、促进对外开放和知识资源的引进等方面发挥了积极作用。但从总体上看，我国目前的知识产权制度实施体系还很不完善，知识产权支撑创新驱动发展的体制机制障碍还很突出，知识产权制度优势还远未释放。其最为突出的问题是缺少有效的市场机制安排，以产权激励的方式配置创新资源的路径尚未打通。

放眼全球，伴随着第四次工业革命浪潮，知识产权正在迎来制度变革。在新技术革命和新产业演进过程中，专利运营是知识产权制度变迁的必然产物。知识产权被称为21世纪经济领域的"硬通货"，而知识产权资产的有效利用不足几乎是一个全球性的难题。通过有效的专利运营来推动科技成果资本化、产业化是创新价值实现的最佳途径。近十年来，专利运营商业模式不断演变，与科技、法律、经济、金融等日趋融合，较好地建立起与产业创新链、价值链的互动关系，逐步发展为成熟的商业实践。世界知识产权贸易额逐渐增长，已经成为服务贸易最具活力、最为重要的组成部分之一。专利运营通过专业化的资产管理和市场化的资本运作，正在发挥着配置全球创新资源的关键作用。专利运营并不仅仅是降低交易费用，更是在无形商品的生产和交换中创造价值。目前，专利运营作为独立的产业形态，产业链条完整，产业规模日趋扩大。在发达国家，专利运营已形成一个相对完整的产业链。美国已成为全球最重要的专利运营市场，每年有高达 500 亿美元的交易量。

在现代市场体系完善的情况下，发达国家多采取构建以政府主导、服务机构协同的专利运营公共服务体系，如支持本国专利运营机构发展、创立政府背景的知识产权创投基金等方式积极扶持专利运营产业发展。例如，美国国家技术转移中心建立专利供求和分析归类的信息枢纽，通过网络化的服务体系，密切与联邦实验室的联系，形成科研机构与产业界的专利转移纽带。英国政府组建英国技术集团，负责对政府公共资助形成的研究成果的商品化，并已发展成为世界上最大的专门从事技术转移的科技中介机构之一。韩国政府投入 2 亿美元设立"知识产权立体伙伴"和"知识探索"等专利运营管理公司，开展专利集中管理和统一运营，在推动专利转移转化的同时，有效帮助本国企业应对外国专利运营公司的威胁。相比之下，由于缺少统一的产权市场，中国专利运营产业规模小、服务能力弱、交易规则不统一，专利运营的信息形成与传递、价格发现等主要功能受到很大的限制。

产权是现代市场经济发展的制度基础。专利作为产权制度规则，不仅是授予发明人的财产性权利，更是形成并确认人们对资产权利的方式。将专利运营置于产权制度视野下进行考察，可以超越权利用语和法律文本。党的十八届三中全会将"健全现代产权制度，完善产权保护制度"作为坚持和完善基本经济制度的重大改革措施和基本实现路径。构建专利运营体系成为现代产权制度改革的重要内容，更是完善社会主义市场经济的内在要求，必将对坚持和完善基本经济制度、完善社会主义市场经济体制产生重大影响。从微观角度看，专利运营推动专利权与资本互动，是专利权人实现创新效益、扩展财产权利的主要途径。专利价值能够在市场运动中实现，将有效提高资本的运行效率，有力地吸引资本投资创新，从而实现社会资本的优化配置。从宏观角度看，企业的资本组织形式和法人治理结构影响到产权流动、重组和融合的市场效率。专利运营能够推动企业建立适应市场竞争的企业创新管理体制和运行机制，实现投资主体多元化，提高创新投资效益。

自 2014 年年底，国家知识产权局会同财政部以市场化方式开展专利运营试点，并将建设全国知识产权运营公共服务平台作为具体的工作任务。建设全国性知识产权运营交易和服务平台，对于在经济新常态下实施创新驱动发展战略、推进供给侧结构性改革意义重大，因此被纳入国家发展的顶层设计和战略规划。❶ 以平台建设为核心建立并健全中国专利运营体系，推进产权明晰、保护创新投资，有效率地配置创新资源，已经成为完善社会主义市场经济的基础性制度安排之一。

推动专利运营是我国提升专利发展质量效益，由专利大国向专利强国转变的必然需求。"十二五"期间，我国专利申请与授权数量呈高速增长的态势，已连续四年位居全球首位。专利是具有技术特性的工业产权，不仅能够直观地反映创新投入的产出效率，而且能够充分体现产业的竞争能力。尽管"十二五"期间我国跃升为美国之后的第二大经济体，产业规模巨大，但同期我国专利数量增长并没有明显体现为创新发展和产业竞争的优势，创新效益不明显，绝大多数产业仍处于国际制造业低端这一状况未发生根本性转变。专利作为经济和产业发展的重要制度保障，其作用尚未充分显现，通过专利制度创新助推新经济发展还有很长的路要走。

二、研究的目的

专利运营作为专利价值实现的商业模式，已渐为人熟知。一段时间以来，专利运营成为国内外知识产权理论研究和商业实践的热点，在知识产权、创新管理和金融投资等不同领域受到高度关注，有关专利运营的著述屡见不鲜、各有侧重。有意思的是，专利运营作为具体的经济现象，却很少被经济学家们所关注，反倒是法学家们和科学家们对其倾注极高的学术热情。这恐怕与目前常规的专利运营业务模式和对象内容不无关系。总体上看，对专利运营的研究多停留在创新的商业模式研究和复杂的法律问题研究，罕有对专利运营的制度安排和体系构建系统深入的研究。目前，在国内外有关专利运营的研究中，就研究内容而言，主要集中在专利运营的交易成本、法律风险、市场策略、制度反思和竞争规制等方面，对专利运营的正当性、合理性缺少深入的研究；就研究

---

❶ 在《中华人民共和国国民经济和社会发展第十三个五年规划纲要》中，明确提出"完善有利于激励创新的知识产权归属制度，建设知识产权运营交易和服务平台"。

层次而言，主要集中在企业、高校、研究机构、城市、区域等不同层面的专利运营体系构建，罕有从国家创新体系层面重新认识专利运营的作用；从研究类别上来说，主要集中在技术转移和知识产权运用的范畴之内，但未对其与科技成果转化的本质区别做进一步辨析；从研究方法上而言，主要集中在实证研究和案例分析，较少采用历史研究和比较研究。即便有历史研究，也多从商业史的角度展开，并没有真正把握其内在发展规律和本质特征。

本书沿用了专利运营的一般概念和定义，所论述的专利运营在对象、内容和方式上与其他研究并无不同，但所针对的中国专利运营体系存在的语境、欲解决的问题、拟实现的目标却大相径庭。在这里，审视国外成熟的专利运营体系，有助于我们确立研究对象的范畴，并找寻到问题的焦点和解决的思路。

专利运营的兴起依赖于美国特殊的法律制度和诉讼环境，以巨额的判罚结果走入人们的视野，并被制造业企业所诟病。在缺乏创新常识的美国公众看来，对专利的系统认知仍然停留在后工业时代：专利诉讼都由制造产品的企业向模仿复制其产品的企业提起。原告自己研发产品，申请专利，在市场上销售专利产品，在被其他竞争企业复制的情况下，行使法律赋予的垄断权，提起诉讼保护市场。但目前的现实是，专利侵权诉讼不再是制造业企业的"专利"。一方面，大量的专利律师事务所参与或成立中小型专业化的专利运营公司，帮助专利权人维护权益。另一方面，微软、松下、苹果、三星、飞利浦等跨国制造业公司纷纷成立独立的专利运营公司开展专门业务或投资关联公司抢占市场份额，亦不乏以专利诉讼遏制竞争对手的情形出现。专利运营产业发展至今最瞩目的标志性事件则是 2000 年由微软前首席架构师梅尔沃德和荣格联合发起成立美国知识产权风险投资公司（高智公司），受托管理发明科学基金、发明投资基金和发明开发基金三支营利性基金，收入规模超过 30 亿美元，关联专利多达 5 万件。令人诧异的是，作为竞争对手，微软、三星、谷歌、苹果、诺基亚、亚马逊、eBay 等跨国公司竟然同时是高智发明基金的发起人或战略投资人，这充分表明了专利运营中错综复杂的市场竞争和合作关系。在不同利益主体的解读下，专利运营的中小型市场主体（甚至包括高智公司）常常被称为"专利蟑螂""专利海盗"或"专利丑怪"。在大企业普遍深度参与专利运营的情况下，却对中小型专利运营公司冠以这种明显带有贬义的称谓，反映出美国产业界对待专利运营的复杂心态和不同的认识。客观地看，专利运营在美国的出现和发展更多是法律规则博弈的结果,其商业模式的变化与产业竞争程度密切相关。

无论如何,不同的专利运营商业模式均是基于共同的核心价值理念,即在专利制度的产权框架下以市场化方式促使创新利益最大化。中国的情况在这一点上与美国类似,但实际问题却不尽然。

美国是成熟的市场化国家,专利运营作为具体的商业模式,有着完善的市场体系和法治环境。专利运营与美国强大的创新力密切相关,是美国创新体系重要的组成部分。从生态学的视角来看,参与专利运营市场活动的创新者、投资者、服务者可以对应生态系统中的生产者、消费者、分解者,创新政策环境和法律制度则对应非生物的物质和能量,彼此之间相互依存、相互协作、相互制约,共同构建起美国在全球保持绝对竞争优势的创新生态系统。专利运营是不同创新主体进化博弈演化的市场竞争行为,已经深度融入美国的国家创新生态体系中,从而充分展示出市场经济竞争的活力,并持续推进国家创新生态体系的协同进化。美国现阶段面临更多的问题是如何规制专利运营中的不正当竞争行为,对非经营实体(Non-practicing Entities)或专利主张实体(Patent Assertion Entity)等建立必要的制度约束,以通过自我调节实现创新系统生态均衡。显然,国内外专利运营的差异性,不仅体现在具体的商业策略和运作方式上,还因不同的政策体系、法律制度和发展水平导致面临不同的问题而产生不同的认识。

尽管中国的专利运营发展目标与美国等高度一致,但外部的市场环境、整体的制度安排和个体的竞争意识上的差异和落后,导致专利运营的基础条件与美国相距甚远,因此在专利运营产业发展的思路和实现的路径上截然不同。只有找准问题,才能真正地解决问题。我们必须思考如下问题。

(一)存在的语境——为什么要构建中国专利运营体系?

在中国经济进入经济新常态下,创新成为驱动国家发展的全局性战略举措,体现出了强烈的国家意志。从创新驱动发展的基础条件来看,我国已经具备成为世界创新强国的客观基础。科研经费投入、科技人员数量、专利拥有量被认为是衡量各国创新能力和水平的三大关键性指标。截至 2014 年年底,我国科技人力资源总量约为 8114 万人,牢牢占据世界科技人力资源第一大国的地位。● 2015 年，中国研究与试验发展（R&D）经费 14169.9 亿元，成为仅次于美国的世界第二大科技经费投入大国。❷ 同年，中国国家知识产权局共受理发明专利申请 110.2 万件，首次超过 100 万件，并连续 5 年位居世界首位。其中，国内发明专利申请（含港澳台地区）为 96.8 万件，占总量的 87.8%，同比增长 20.9%；受理 PCT 国际专利申请 2.75 万件，同比增长 18.25%。❸ 截至 2015 年年底，代表较高专利质量指标、体现专利技术和市场价值的国内（不含港澳台地区）有效发明专利拥有量共计 92.2 万件❹，每万人口发明专利拥有量达到 6.3 件。如果单从创新投入和创新产出的两端来看，以上关键指标均差强人意，中国创新效率似乎并不低，但是外界舆论和内部评价却一致认为中国的科技创新资源错配严重，要素市场扭曲，与世界其他科技强国相距甚远，并没有展现出一流创新大国的特质和实力。

个中原因甚多，各方各执己见。但本书认为最重要的原因是，中国在由计划经济向市场经济迈进的过程中，科技方面一直没有完成彻底的产权改革。事实上，在中国经济转型过程中，产权始终是困扰几乎所有领域改革的主要问题。在某种意义上，农村土地制度改革、城市国有企业改革、科技体制机制改革对应着中国改革开放三十年不同发展阶段的重大改革命题，且无一例外都集中在产权制度改革。与前面二者改革取得重大进展相比，在科技领域之所以未能取得根本性突破，核心症结就在于缺少系统的产权制度安排，没有真正厘清产权的归属，建立合理的权益分配机制，因此使得产权保护不力，创新动力不足。

虽然产权改革在科技体制机制改革一开始就得到重视，但在推进改革过程中，却被忽视和边缘化，甚至走向异化。在一系列的科技体制机制改革措施中，围绕创新资源的市场化配置做了大量政策设计，如《科技进步法》《促进科技成果转化法》等一系列法律，但始终没有真正建立科技创新的市场导向，

---

❶ 中国科协调研宣传部，中国科协创新战略研究院. 中国科技人力资源发展研究报告（2014）——科技人力资源与政策变迁［M］. 北京：中国科学技术出版社，2016.

❷ 国家统计局，科学科技部，财政部. 2015 年全国科技经费投入统计公报［R/OL］. http：//www.stats.gov.cn/tjsj/zxfb/201611/t20161111_1427139.html，2016 - 11 - 10/2017 - 06 - 17.

❸ 国家知识产权局知识产权发展研究中心. 2015 年中国知识产权发展状况报告［R/OL］. http：//www.sipo - ipdrc.org.cn/article.aspx? id = 377，2016 - 06 - 13/2017 - 06 - 17.

❹ 国家知识产权局. 2015 年专利统计年报［R/OL］. http：//www.sipo.gov.cn/tjxx/jianbao/year2015/indexy.html，2015 - 12/2017 - 06 - 17.

市场无法在配置创新资源中起决定性作用，创新活力自然就更无从谈起。直至今日，为科技人员松绑加力、完善科技创新管理、优化科技资源配置等表面层次的措施仍然作为科技体制机制改革的主要内容在不断地精细改良，却无法取得实质性进展，制度效益始终无法显现。尽管在相关的立法修订和政策设计中，我们充分借鉴了美国《拜杜法案》等立法宗旨和具体条文，看上去似无二样，却没有真正解决科技体制机制僵化、创新活力不足等现实问题。原因就在于我们的立法多数是从形式上跟随，缺乏对产权制度的深刻认识；政策措施碎片化，缺乏配套政策，更遑论系统的、体系化的制度安排。另外，相对于土地、厂房、设备等实物资产，通过清产核资产权相对容易确定。而在科技领域，人们习惯于采用对待有形财产的方式思考无形财产的分配，对如何衡量人力资本在无形资产形成过程中做出的贡献无法达成广泛的共识，导致科技体制机制改革无法回归到产权制度改革的轨道上。

产权是信用和秩序的基础。追求产权并拥有更多的产权，是市场经济条件下市场主体进行创新的动力所在。要加快创新驱动发展，突破科技体制机制改革的困境，别无他法，唯有尊重市场规律，重新将改革的重点聚焦在产权界定、所有权归属和产权变更的制度设计上。

知识产权制度是现代市场体系中最重要的产权安排之一。充分发挥知识产权制度的作用，并非是仅仅取得大量的专利权这么简单，而是以专利权为创新的利益纽带，将创新和投资连接起来，以资本驱动创新、以权益激励创新。因此，通常情况下，专利运营对应的英文应为"Patent Operation"，而在本书中，按照笔者对专利运营的理解和思考，更愿意将其译作"Patent Activation"，取其激活市场、激活投资、激活创新之意，将专利运营视为是配置创新资源、吸引创新投资、实现创新效益最重要的市场机制。

（二）欲解决的问题——怎样构建中国专利运营体系？

在完全竞争的市场结构中，市场在资源配置中起到决定性作用。但现实中，完全竞争只是理论上的假设。在垄断、外部性、信息不对称的情况下或在公共物品领域，仅仅依靠市场难以解决资源配置的效率问题，必须通过政府干预配置资源。尽管专利运营是完全意义上的市场机制，但是要使它真正发挥作用，同样有赖于政府的积极干预，才能解决市场失灵的问题。在专利运营的过程中，政府和市场的作用不是对立而是互补。

在这一点上，中国的情况不同于国外，甚至一定意义上政府的作用恰恰是我们最突出的创新优势或者说是中国专利运营体系的最大特点。建立中国专利运营体系离不开市场和政府双轮驱动。一方面，让市场在资源配置中起到决定性作用，充分发挥企业作为创新主体的作用；另一方面，要发挥政府的积极作用，克服市场的短期行为。

政策、信息和资本是支撑专利运营发展的三要素。政府对专利运营的干预不是具体参与到微观的资源配置中，而是要构建专利运营制度、信息和公共服务的供给体系。要用好政府有形的手，必须根据不同的阶段确定发挥作用的重点和方式。

具体而言，政策的重要性主要表现在：中国目前最主要的、质量最高的专利资产来源于过去二十年国家财政投入产出的专利。但由于受国家财政资助，这些产权均归属国家所有，导致发明人的积极性受到抑制。甚至出于"经济人的理性"，接受财政资助的发明人不愿意申请专利或者以其他途径转移创新，导致高质量的专利资产很难进入市场交易，在后续研究开发的合作中也困难重重。由于缺少相应的政策支持保障，政府至今搞不清楚每年国家财政资助项目究竟产出多少数量的专利，其中又有多少专利通过何种途径实现多大的价值。在这样的背景下，怎么可能实现产权的有序流转和资源的有效配置？黄仁宇在《万历十五年》中反复提及的数目字管理（Mathematical Management）在中国当下的创新管理中竟然仍未实现，我们无法在产权制度下如实计算创新资源，精确化管理就无从谈起。因此，构建中国专利运营体系首先要在政策层面解决的问题是清晰界定创新成果的产权边界和产权归属。同时要建立必要的约束机制，对国家财政资助的创新成果权利取得和权益分配做出明确的规定，并须通过专利标识的方式建立可溯及的产权登记系统，建立规范的市场交易方式和信息披露制度，完全摒弃对国家财政资助专利转让须经行政审批的管理方式。在建设中国专利运营体系中，很重要的一点考虑是要加强政策的系统性和体系化，使得政策之间能够环环相扣、互为支撑，防止碎片化。

信息对于专利运营的重要性则表现在，在专利运营中，无论是明晰产权关系，还是建立激励和竞争机制，最重要的是要解决信息不对称。从权利类型上看，专利属于信息产权。专利运营的定价机制依赖于专利权的主体、客体、法律、经济及技术特征的信息。这些信息均掌握在政府的手中。因此，信息的披露对专利运营至关重要。信息披露的渠道、方式、时机都决定了信息的有效性。建立信息集中发布、内容全面、获取便利的信息平台对于专利运营是非常必要的。要在平台上实现与国家专利审批系统和产权登记系统的信息交换，并逐步以此为核心形成与产经数据全面融合的专利运营大数据。

资本对于专利运营的重要性表现在：对于一个尚在发展中的产权交易市场雏形，很难在短时间内形成市场的流动性。投资行为是否活跃取决于市场中产权保护的力度和信息公开的程度。政府通过资金扶持鼓励资本开展专利运营对于激活市场、增加市场的吸引力和流动性可以发挥重要的引导作用。由政府出资，吸纳社会资本共同成立专利运营基金的方式在各国发展专利运营产业过程中起到了重要的作用。要在平台上推动设立国家主权专利基金，并要求各省重点产业专利运营基金依托平台开展业务，以信息服务集聚资本。

专利运营的政策实施、信息公开和资本运作，均需要信息化基础设施的支撑。在以往的国家创新体系建设中，较多地考虑要素的投入和配置，却没有关注相应基础性设施，导致政策难以协调，管控措施无法落地，创新资源融合不够。而在其他国家的专利运营实践中，很难由政府主导建立大型的信息化专利运营基础设施，完全依靠市场自我发展和自我调节，事实上恰恰是国外专利运营所面临的困境和瓶颈。

基于上述考虑，我们要紧紧围绕产权制度，从技术、经济和社会的角度全面讨论中国专利运营体系的构建方式，将建设全国性的专利运营交易和公共服务平台作为核心基础设施，并将其嵌入国家创新体系中。

（三）拟实现的目标——构建什么样的中国专利运营体系？

我们观察人类漫长曲折的创新史，不难发现，从农耕时代到工业化时代再到信息化时代，创新的组织方式不断变化，并呈螺旋式的演进态势。在农耕时代，创新往往只是个体隐秘的探索行为，零散随机地出现。直到专利制度的建立，明确以公开换取垄断的原则才得以推动技术的扩散，一批革命性的发明创造得以问世，并直接催生了工业革命。进入工业化时代，社会分工越来越精细，科学研究越来越深入，个人很难同时掌握多学科的复杂知识。创新开始有组织地进行，大型企业、大学和科研组织成为主要的创新主体。信息化时代的到来则使得企业之间的边界趋于模糊，协同创新成为企业应对外部创新环境变化的必然选择，并不断涌现出重大创新。然而，创新趋向集中组织的方式在互联网时代却被颠覆，大众重新回到创新的中心舞台。

当我们感受到移动互联网无所不在的时候，就一直思考在"互联网+"时代如何构筑新的创新生态体系。我们看到，借助互联网，从 eBay、亚马逊再到熟悉的淘宝网，成千上万的电子商务平台充分对接大众消费和商品交换的需求，形成了互联网的消费生态；而以德国工业4.0等为代表的制造业战略相继被提出，智能化制造网络未来将对接生产制造和市场需求，构建了互联网的工业生态。那么，我们能不能建设新的创新服务平台，以线上线下服务的方式对接创新者与投资者，创造出互联网的创新生态呢？

互联网的出现和发展，大大降低了人们获取新技术的难度，人与人之间建立起更加紧密的联系，人们较以往任何时代都更加容易实现知识共享和知识扩散。中小企业甚至使个体创新重新爆发出巨大的威力。SpaceX 的发射成功标志着中小企业和私人资本可以涉足航天发射等门槛极高的垄断领域。美国页岩油气的开发更具代表性。页岩气开采技术复杂、充满不确定性，传统的油气勘探巨头不敢轻易涉足。但依托美国高度社会化的专业分工体系，前端由大量中小企业取得技术创新并申请获得专利保护，中间通过专业化服务以关键专利技术对接资本获取投资，后端则由大公司通过收购或合资中小企业，推动实现页岩气规模化发展。这种方式的背后就是完整的专利运营市场链条。

在互联网时代，创新组织方式趋于开放式、扁平化、平等化，任何主体、任何组织都可以参与创新。预想在新的创新生态中，创新主体具备高度自治的特征，以专利运营为组织形式，无论类型和大小或是规模和行业，企业、大学、个人都将成为某一具体的创新节点，并以专利权为利益纽带彼此连接成为新的单元，创新由线性方式转为非线性方式。随着新技术的涌现，任何一个节点都可能成为阶段性的中心。中国作为最大的发展中国家，具有一流的创新人才、基础设施和专利资产，专利运营作为新的创新组织方式必将激活所有的创新者和投资者，带动中国新经济的创新裂变。

面对互联网、云计算和大数据创造的历史机遇，新的国家创新体系正在孕育发展，开展专利运营恰恰是我们当下追赶世界科技创新的最佳路径和最优策略。专利运营过程中将与产业互动产生海量的大数据，而相应的云计算将有助于我们更好地把握创新不可控制、不可预知、不确定的客观规律，并通过互联网的连接形成多元化、分散式、网络式的创新方式，聚合创新资源、分散创新风险，提高系统的创新成功率。专利运营是市场竞争中的动力机制，能够适应创新系统的多样性和复杂性，并使得创新系统与环境之间表现出高度的适应性和很强的稳定性。在新一轮的科技革命和产业变革中，中国通过率先构建以互联网服务平台为核心的专利运营体系，完全可以利用后发优势实现赶超，实现创新从跟随者到引领者的转变。

三、研究的意义

本书的内容更多地来自笔者作为亲历者在推动中国专利运营体系建设中所做的一系列思考。在理论与实践相结合的过程中，寄希望于理论的创新突破带动实践的发展。因此，本书并未从市场经营的角度对专利运营的商业模式做更多的论述，而是跳出原有的研究窠臼，运用现代产权理论和生态学理论重新诠释定义了在中国语境下的专利运营的概念内涵和路径作用，对构建中国专利运营体系的理论基础和政策框架进行了全面讨论，提出了系统化的中国专利运营政策体系和全国知识产权运营公共服务平台的总体架构。

专利连接劳动、知识、技术和资本，专利运营为创新者追求产权、实现尽可能多的经济收益提供了制度保证。高效有序的专利运营是增强创新动力、激励创新投资、获取创新收益的有效市场机制，因此构建中国专利运营体系具有非常重要的意义。一是加速我国的创新成果商品化进程。专利运营有助于加快创新资源的市场化配置与国际化进程，其辐射效应和关联效应可有效地带动创新成果的市场机制与宏观管理机制向着符合市场经济本质要求的方向进行全方位的转变。二是促进国有专利资产高效运行。专利运营有利于落实国有专利资产责任主体，切实维护所有者权益。长期以来，国有专利资产运营责任主体不明确，市场效益低下，甚至受到严重侵害。开展专利运营，将明确国有专利资产的所有权、使用权、收益权的责任主体，有利于提高创新投资运行效率，为盘活国有专利资产提供制度基础。三是提高创新资源配置绩效。我国科技创新中存在的一个突出问题是市场导向不明确，科研投入产出比低，高水平成果少，低水平重复研究现象突出。导致这一问题的主要原因就是政府与市场关系错位，政府过多干预科技资源配置。而专利运营一方面能够使创新成果产权归属清晰，从根本上以产权激励的方式激发创新活力，另一方面产权的顺畅流动则为创新投资获利退出提供有效途径，以利于吸引更多的创新投资。

以往的专利运营政策研究多停留在理论讨论和方案论证的层面，而本书有关中国专利运营体系的构建研究却是认识先于实践，实践先于理论。我们在持续跟踪研究国外专利运营模式和产业发展的基础上，研判中国发展专利运营产业的必要性和迫切性，并着手建设构建专利运营体系的基础条件，包括在北京建设全国知识产权运营公共服务平台和西安、珠海两个特色试点平台，以股权投资的方式支持一批知识产权运营机构，以财政资金引导成立若干支重点产业知识产权运营基金，支持 8 个城市开展知识产权运营服务体系建设。目前，中央财政累计投入 36 亿元。在上述工作的推动下，中国专利运营活动呈现出蓬勃发展的态势，专利运营机构、产业运营基金和"互联网＋知识产权"平台不断涌现，专利运营活动呈井喷式增长。因此，在推动中国专利运营体系建设实践的同时开展相关的理论研究，不断完善顶层设计和制度创新非常有必要，而且充满挑战性。

本书的创新之处在于合理设计专利的产权结构，以专利权清晰界定创新成果的产权边界和权利归属，通过专利运营消除创新的不确定性，兼顾创新效率和风险分散，吸引创新投资，并借助互联网平台实现专利运营从交易到创新的跃迁。基于产权和生态的视角，我们认识到，专利运营是新的创新组织方式、新的创新投资制度安排和新的创新体系治理方法，并希望以平台为核心带动中国专利运营体系的构建，基于互联网的平台架构将产权结构嵌入社会结构，以产权重构创新主体的社会关系，形成具有中国特色的、有形的知识产权交易市场，推动形成充满活力、持续演进的国家创新生态体系。

中国专利运营体系将是在世界经济全球化和中国经济市场化的背景下发展起来的。可以预见，以产权为动力机制，结合全球专利运营的特点及趋势，通过确立中国专利运营体系的发展理念、核心目标，加强专利运营的基础设施建设，不断完善相关的政策扶持措施，必将形成更加有效率的市场安排，更好地保护知识产权，全面释放创新的活力，并对中国乃至世界的知识产权制度创新和创新竞争格局产生深远影响。

第一章 国际专利运营产业的发展趋势

第一节 专利运营的观念更迭

一、专利运营的内涵外延

在经济社会发展的浪潮中，专利制度始终扮演着重要的角色，成为推动技术进步和产业发展的决定性力量。早在工业革命一个多世纪之前的 1624 年，英国颁布了被誉为具有现代意义的第一部专利法——《垄断法》。该法案对专利权的主体、客体、主题范围、获权条件、权利有效期及专利权被视为无效的情形等做出了规定。该法案规定，发明人享有 14 年的专利和特权，"在此期间内，任何人不得使用这项发明"。作为现代产权制度中的重要一环，专利制度的建立对构建成熟的市场体系具有直接而显著的影响。

专利是专利权的简称，即国家依法在一定时期内授予发明创造者或其权利继受者独占使用其发明创造的权利。换言之，为了鼓励发明创造，促进技术扩散，国家创设了特定的财产权，允许技术拥有者将技术私权化。相应衍生的专利制度的宗旨在于保护技术发明可以享受到独占且排他的权利，除了权利人以外的其他任何主体如果要使用专利技术，都一定要得到权利人的授权许可，才能够合法拥有对该项专利的使用权。在保护期内，专利权人有权禁止未经其许可的实施行为。这种排他使用权使得权利人在市场竞争中获得优势。近现代以来，世界各国普遍以现代专利制度为基石，从而建立起全球性的技术利益分配机制、高效率的技术信息扩散机制、合法的市场垄断机制以及修正的私法调整保护机制。至此，知识产权与物权、债权、股权等财产性权利并列，成为现代产权制度的基本组成部分。

有研究者统计，《专利法》出台后的两个世纪里，英国进入了发明创造的高峰期。1680—1689 年，登记了 53 项发明专利。1690—1699 年则达到了 102 项。1700—1759 年，发明专利总数达 379 项。蒸汽机、珍妮纺纱机、搅钢法等一系列重大发明创造的相继问世，无不表明英国的技术创新突破与专利制度的法律保障密不可分。道格拉斯·诺思断言，建立有效的私有财产权制度才是工业革命在英国发生的主因。马克斯·韦伯认为，若无 1624 年的《垄断法》，那么"对十八世纪纺织工业中资本主义发展具有决定性的那些发明就未必有可能"❶。

随着新技术革命对生产方式的深刻影响，知识产权制度在经济活动中的重要性日益凸显。知识已被现代经济理论列为重要的生产要素。美国经济学家罗默和卢卡斯提出了新经济增长理论。罗默认为经济增长的原动力是知识积累，并在技术进步内生增长模型中将其视为经济增长的内生独立因素。尤其是自 20 世纪 80 年代以来，知识与经济之间的互动越来越密切，全球经济随之从根本上发生了变化。世界经济增长对于知识生产、扩散和应用的依赖程度达到了前所未有的程度。相较于物质、资本等传统生产要素，知识在现代经济增长中的作用更加显著。专利是知识经济的重要资源和主要资产。在知识经济时代，人们对知识的拥有权和知识自身的特征主要是通过专利权等知识产权来实现的。在以知识和信息为基础、竞争与合作并存的全球化市场经济中，知识产权已成为经济增长的原动力和经济发展的新方式。

知识产权的出现是人类对知识价值认识的深化。现代经济增长对知识的依赖性非常强，而可预期的收益是人们生产新知识的动力。这意味着，能够使知识所有者通过知识分享而获利的制度安排是十分必要的。❷ 知识产权制度作为开发和利用知识资源的基本制度，能够将知识资源以知识产权为载体，实现与人力资本、金融资本等生产要素融合，直接参与到生产、经营活动中。

---

❶ 西坡. 为什么 1750 年代工业革命首先在英国爆发 [J/OL]. 中国周刊. 转自腾讯评论，http://view.news.qq.com/a/20120907/000013.htm, 2012-09-07/2017-06-17.

❷ 柯武刚，史漫飞. 制度经济学——社会秩序与公共政策 [M]. 北京：商务印书馆，2000：213.

经济学上认为，任何资源在孤立的状态下，其使用和利用价值是隐性的。由隐性状态变成显性状态需要一定的条件。各种生产要素只有通过运营才能实现价值的最大化。所谓专利运营，就是创造实现上述演变的条件。专利权在运营中能够产生大于自身的价值，这是专利运营的目的所在。因此，专利运营可定义为为实现专利价值最大化进行的资产配置和经营运作的市场活动。具体而言，专利运营既是市场经济条件下通过资本运作有效配置专利资产的商业模式，也是运用专利制度实现专利价值最大化的微观市场行为。专利运营的概念包含三层含义❶：第一，"专利权"是专利运营的客体；第二，市场主体是专利运营的主体；第三，专利权价值最大化是专利运营的根本目的。

在实践中，专利运营常与专利实施、专利商用化、专利运用等相关概念混淆，在以往文献中经常被不加区分地使用。实际上，专利运营概念是近年来才被广泛提及并被市场接纳。从近似概念的内涵及流变，亦可反映出在我国经济社会发展中对专利制度认识的不断深化。

世界上大多数国家的专利法都规定，对专利权人来说，实施专利既是权利，也是义务。专利实施的含义在各国并不一致，具体有广义的实施和狭义的实施两种。狭义的实施仅指制造、使用专利产品以及使用专利方法的行为；广义的实施则是指制造、使用、许诺销售、销售、进口专利产品，或者使用专利方法以及使用、销售或进口依照该专利方法直接获得的产品的行为。专利权人的利益与专利的实施紧密相连。专利实施是专利权人实现专利价值的基本方式。无论是自行实施或是许可他人实施，均指获得专利权的发明创造实际应用于工业生产。

专利商用化的概念则是由英文 Patent Commercialization 直译而来。"专利商用化"在国外的使用语境主要是政府资助项目的专利技术转移，通常指从国立科研机构或大学向企业转移。一般来说，国外专利商用化多数是通过对外许可（包括独占性许可、排他性许可）的方式实现。相较国外的概念含义，"专利商用化"在国内使用时具有更加广泛的内涵。在中国，专利商用化被泛指知识产权评估、价值分析、交易、转化、质押、投融资、托管等商用化市场行为，并被细分为专利经营、专利实施（产业化）、专利技术标准的运用、专利

---

❶ 毛金生，陈燕，等. 专利运营实务［M］. 北京：知识产权出版社，2013：31.

信息经营等商用类型。❶"专利商用化"一度在我国较为正式地使用过❷，但目前较少出现。

专利运用尽管与专利运营仅一字之差，但其含义存在较大差异。专利运用被认为是实施专利战略的主要目的。专利运用包括对专利的运用和对专利制度的运用。对专利的运用是指实现专利价值的各种具体方式，包括专利转让、许可、质押等。对专利制度的运用是指对专利制度的有关规制的利用，包括专利申请授权规则和专利信息传播利用等制度功能。因此，专利运用的概念在外延上要比专利运营大得多。

专利权作为法律赋予技术发明的无形财产权，兼具技术、经济和法律多种基本属性。其中，专利权的技术属性是经济属性的基础，知识产权的经济属性由法律属性保障。专利权的基本属性是各类专利市场行为的前提和基础。从专利实施到专利商用化，从专利运用再到专利运营，均是对专利产权属性认识不断深化发展的结果。不难看出，专利实施主要涉及专利的技术属性；专利商用化偏重于专利的经济属性；专利运用是对专利各种属性的综合利用。而专利运营紧扣专利的产权本质，侧重于专利资产的动态经营和专利价值的动态实现。

二、专利运营的基本特征

专利运营的本质是基于专利权的资产管理和资本运作。因此，专利权的无形性、地域性、时间性、独占性等特性，亦成为专利运营的基本特征。对这些基本特征进行分析，有助于全面把握专利运营本质。

（一）无形风险性

专利权的客体与物权的客体有所不同。物权的客体是具体、有形的物，能够为人所感知、所控制。专利权的客体是专利权人对其发明创造所享有的垄断性权利，是在客观上无法被人们实际占有或控制的无形财产。专利权不具备物质形态，不占有一定空间，其拥有者和使用者对其占有主要表现为知识、经验

---

❶ 王玉民，马维野. 专利商用化的策略与运用 ［M］. 北京：科学出版社，2007.

❷ 国家知识产权局等八部委. 关于加快培育和发展知识产权服务业的指导意见 ［EB/OL］. http://www.sipo.gov.cn/ztzl/ywzt/hyzscqgz/fwjg/zcxx/201302/t20130217_785582.html，2012－11－13/2017－06－17.

的认识或感受，而并非具体而实在的占据。❶专利权作为一种无形的财产权，其"无形性"使之能被众多不同的主体所共享，而对其中任一主体可得到的数量没有丝毫影响；专利权人可向不止一个主体进行专利许可。

专利权的无形性使得专利资产的流动性极好，但其收益受制于保护的环境和力度。从这个意义上说，专利权的无形性使得专利运营必然具有长期的高风险性。专利运营不只是实现专利技术从无形到有形，也要完成技术发明到商业化运用甚至产业化的完整过程，涉及复杂的技术、经济、法律问题，存在诸多的不确定因素。这些不确定因素是专利运营中的固有风险所导致的难以预期的变化。

（二）地域限定性

《巴黎公约》规定了专利独立原则，即不同缔约国之间对一项专利或专利申请的处理结果是相互独立、互不影响的。这使得专利权具有一定的地域性。也就是说，一项发明创造如果在某一国被授予专利权，那么该项发明创造的专利权只有在该国法律管辖的范围内才有效，权利人对该项发明创造的专利权在其他任何国家都不具备法律效力，无法得到外国法律的保护。假设该项发明创造在其他国家和地区被使用，也不能够被认定为侵权。

专利权是依照一定的国家法律而产生的，只在它所依法产生的地域内具有法律效力，所以，专利运营必将限定在特定的国家和区域内进行。超出专利权授权保护的地域范围，专利仅作为公开的技术信息传播而被利用，自然也就不具备专利运营的条件。

（三）时间贬损性

专利权具有一定的时间性，或者说，专利权具有一定的期限。根据法律规定，专利权只在一段时期内是有效的，超出这个期限，原先的专利权人对发明创造的垄断权利将被终止，任何组织或个人都能够免费使用。各个国家和地区对专利权期限的法律规定不尽相同，一般来讲，发明专利的保护期在 10 年到 20 年，实用新型和外观设计的保护期在 5 年到 10 年。我国现行《专利法》

---

❶ 吴汉东. 知识产权法［M］. 北京：中国政法大学出版社，1998：5.

规定的发明专利保护期是 20 年，实用新型和外观设计保护期是 10 年。

显然，专利权的价值仅存续在一定的保护期限内，且与技术创新、市场竞争等外部因素密切相关。专利的实际寿命往往不等同于专利本身的法定期限。在专利运营过程中，其专利权的价值评估等环节都体现了时间性的特征。一旦新的替代技术出现或市场需求结构变化，即使原有专利技术仍在有效期内，其专利价值也会锐减。

（四）权利易侵性

专利的独占性也称排他性、垄断性、专有性等。具体来说，专利权的独占性是指，在一定时间和区域内，在没有得到专利权人许可的情况下，任何组织或个人都不得实施其专利，即不得为生产经营目的的制造、使用、许诺销售、销售、进口其专利产品，或者使用其专利方法以及制造、使用、许诺销售、销售、进口其专利产品，否则属于侵权行为。同时，为了垄断权，必须将技术信息公开。

专利技术可以在特定的时间和地域获得合法的市场垄断，同时须遵循公开换取垄断的衡平机制。专利权人必须以说明书等专利文件的形式充分公开其发明创造的内容。因此，针对被保护的专利技术，侵权人往往采用各种手段和策略变相利用。由于侵权行为的隐蔽性和专业性，很难直接判断专利侵权行为是否发生。同时，对侵权行为的调查取证亦相对困难，对侵权行为的判赔标准尺度不易把握。因此，较之有形资产，专利运营的资产收益不仅由专利自身价值决定，更受制于专利保护力度。专利运营的成功与否，首先取决于良好的法治和市场环境。

三、专利运营的核心要素

专利运营是集合各种因素的市场活动，从而表现出综合的经济效益。从专利形成过程看，专利资本并不具有一般有形财产所表现的"投入与产出的对称关系"，即专利的经济价值与其投入的劳动、时间、资金等不具有对称的关系。这使得专利运营效果并不完全由其投入成本决定，更多受到其他市场因素的制约。其中，专利资产有效性、市场运作资本化、商业模式成熟度构成专利运营的核心三要素，三者紧密结合直接决定了专利运营的成败与否。

（一）专利资产有效性

专利资产有效性是实现专利运营的最重要前提。专利资产有效性直接影响到专利运营的商业模式、运营成本和市场收益。专利资产有效性涵盖三层含义。其一是法律层面的稳定性，主要指专利权属清晰，处于有效存续期内和指定区域内，权利要求的保护范围合理、清楚，权利相对稳定；其二是技术层面的创新性，主要指专利技术创新度高，不易被替代或简单模仿，便于形成技术的标准、构建专利池或专利联盟等，具备一定的产业竞争力；其三是经济层面的价值性，主要指专利与市场需求契合度高，在产业链、供应链占据重要的地位，能够从价值链的角度对其进行作价投资、许可转让、侵权诉讼等，最终实现较好的市场价值。

（二）市场运作资本化

专利运营的关键之处在于将专利作为资产进行市场运作，而明显区别于常规意义上的技术推广应用。依据专利运营市场化运作过程的先后，专利运营主要包括专利获取、整合、投资、收益等环节。其中，前面两个环节具体包括专利价值评估和产业分析，属于基础性工作，是为后续专利投资运营做准备。对专利价值进行评估作价和技术分析，有助于充分发挥专利资产的经济杠杆作用，引入外部资本扩大市场主体的资本积累，实现市场主体的资本扩张和效益水平提升。

资本化是市场经济下配置资源最有效率的方式之一，有助于专利权人快速获取投资回报。资本化实际上是以投资模式为专利权人获取合理回报提供了一种有效的市场机制。专利权人可以不再需要进行任何生产制造或产品销售，仅需以"投资—运营—收益"的模式即能较快实现货币化的超值收益。客观上，专利运营的资本化市场运作更加有助于增强专利资产的流动性，加速专利与技术、资金的融合对接，能够促进技术流转、提高创新绩效。

（三）商业模式成熟度

Timmers（1998）将商业模式定义为一个由产品、服务和信息流构成的体系，能够对所有商业活动参与者在商业活动中的作用、影响及其利益来源和方式进行描述。❶ 成熟的商业模式是确保专利运营收益的基础。商业模式无外乎由客户价值、盈利模式、关键资源、关键流程等要素构成。判断专利运营商业模式的成熟度主要考虑下列三个因素：高水平的运营团队、高效率的组织架构、高收益的盈利模式。

（1）高水平的运营团队。专利运营的价值与技术创新、产业发展和市场环境密切相关，其权利客体的复杂性、专业运作的综合性和价值实现的多元化必然导致专利运营是一项复杂、庞大且不断变化的商业行为。因此，必须建立涵盖法律、管理、技术、投资等多专业的复合型专利运营团队，才能从技术、法律、经济等多方面正确评估专利价值，准确把握市场需求，确定合理的运营模式，实现专利运营的高效率和高收益。

（2）高效率的组织架构。专利运营作为微观的市场行为，包括运营主体、运营对象、运营方式和运营风险管理等全息结构。市场信息瞬息万变，专利运营的投入产出效率高度依赖于专利运营的组织架构。因此，必须建立系统化的专利价值发现机制、风险管理体系和投资运营决策体系，对专利运营的流程、工具和组织进行优化，将专利作为权利的法律属性和作为资产的经济属性统一起来，提高专利运营的结构效率。

（3）高收益的盈利模式。专利运营的盈利模式建立在对专利资产价值识别和管理的基础上，系统探求专利运营的利润来源、生产过程以及产出方式。一般来说，专利运营的盈利模式主要指专利运营的市场主体将专利的所有权、使用权、经营权等，通过有偿转让、实施许可、出资入股、合作开发等方式获得高额收益。专利运营技术风险大、资金投入高、专业性强。因此，必须通过专利运营的自身以及相关利益者资源的整合，形成实现价值创造、价值获取、利益分配的组织机制，确保专利运营中资本的高回报率。

专栏：美国 PAE 的商业模式❷

所谓 PAE，英文全称 Patent Assertion Entities，直译为专利权主张实体，是

---

❶ TIMMERS P. Business models for electronic markets ［J］. Journal on Electronic Markets, 1998（8）：3-8.

❷ Federal Trade Commission. Patent assertion entity activity：an FTC study ［R/OL］. https：//www. ftc. gov/reports/patent-assertion-entity-activity-ftc-study, 2016-10.

指那些通过从第三方获取专利并寻求通过向涉嫌侵犯其专利的主体主张权利而产生收入的企业组织。专利权主张实体主要是通过与涉嫌侵权者进行许可谈判、侵权诉讼，或是二者并用的途径来使其持有的专利货币化。也就是说，专利权主张实体并不依靠生产、制造或者销售商品来创造收入。在谈判时，专利权主张实体的目标是达成专利权使用费或一次付清的许可；而在诉讼中，为了产出收入，专利权主张实体必须要么与被告和解，要么在诉讼中取得最终胜利并从法院获得救济。

在获取并主张专利权的过程中，专利权主张实体把那些已经（或者据说）使用了专利技术的个体和企业作为目标。由于专利权主张实体所达成的专利许可或和解都是发生在某人已经利用争议中的专利技术开发产品或是将产品推向市场之后，所以，专利权主张实体所从事的活动的结果经常被认为是事后专利交易。这与事前专利交易，也就是在产品被开发或是推向市场之前，技术及相关专利已经从发明者转移给制造商，形成对比。

美国联邦贸易委员会利用其可收集机密商业信息并开展产业研究的权力，对专利权主张实体的收购、诉讼和许可等实践活动进行了研究。此外，为更好地理解专利权主张实体的商业模式与其他利用专利许可的商业模式的不同，美国联邦贸易委员会以无线芯片产业为案例进行了更加具体的研究。在该案例研究中，不仅包括专利权主张实体，也包括其他主张无线技术专利的非实施主体（NPE）❶ 和无线芯片制造商。

美国联邦贸易委员会对来自22家专利权主张实体和2500余家他们的附属公司和其他相关实体的信息进行了分析。研究中，美国联邦贸易委员会观测到了两种具有明显区别的专利权主张实体商业模式，即投资组合型专利权主张实体和诉讼型专利权主张实体。

1. 投资组合型专利权主张实体

投资组合型专利权主张实体通常会同涉嫌侵权者谈判达成组合专利许可而不需要实际起诉，许可的专利组合常常包含几百件，甚至上千件专利。这些专

---

❶　NPE（Non‐practicing Entities），是指那些主要专注于购买和主张专利权的企业。从字面上讲，NPE包含主要寻求开发和转让技术的专利持有人，如高校、半导体设计公司等。PAE则不包括这些团体。

利组合的许可价值通常会达到上千万美元。尽管投资组合型专利权主张实体的许可量仅占到调查中许可量的 9%，但他们所产生的收益却高达 80%，大约为 32 亿美元。投资组合型专利权主张实体一般从投资人，包括机构投资人或者制造企业那里筹集资金来支持他们的初始专利收购。

2. 诉讼型专利权主张实体

诉讼型专利权主张实体通常会起诉潜在的专利被许可人，并在与被告达成许可协议后很快和解。许可协议一般覆盖较小范围的专利组合，通常包含不到 10 项专利。许可费用通常不会超过 30 万美元。据估计，专利侵权诉讼案件辩护的前期费用就至少要花费 30 万美元。考虑到较低的许可费用，诉讼型专利权主张实体的行为与妨害诉讼完全一致。诉讼型专利权主张实体一般会为他们获得的每一个独立的专利组合创建一个新的从属实体，每一个从属实体所持有的专利通常不会超过 10 项。他们通常以几近于零的资本进行运营，并依赖于与专利出售者达成的分享未来收益的协议来支持他们的企业运作。诉讼型专利权主张实体提起的诉讼占到调查样本中案件总量的 96%，达成的许可约占到调查样本中许可总量的 91%，但是，其创造的收益只有调查样本总收益的 20%，大约为 8 亿美元。

一般来说，投资组合型专利权主张实体的许可总收益要远远高出诉讼型专利权主张实体的许可收益。在诉讼型专利权主张实体和投资组合型专利权主张实体所创造的收益中仅有很少部分的重叠。77% 的诉讼型专利权主张实体的许可收益少于 30 万美元/份许可，94% 的诉讼型专利权主张实体的许可收益少于 100 万美元/份许可。相反地，65% 的投资许可型专利权主张实体的许可收益高于 100 万美元/份许可，10% 的投资许可型专利权主张实体的许可收益高于 5000 万美元/份许可。

除了许可谈判和提起侵权诉讼，专利权主张实体也会通过要求对方从他们那里获得许可来主张自己的权利。这些要求通常会以索求信（Demand Letter）的形式发出。然而，美国联邦贸易委员会在调查中并没有发现仅通过发送索求信而不起诉就成功创造低收益许可的情况。这表明单靠索求信制度改革并不能完全解决专利权主张实体行为潜在的负面影响。

相反，调查样本中大多数许可都是在对涉嫌侵权者提起专利侵权诉讼之后达成的。专利侵权诉讼最终达成的许可超过调查样本许可量的 87%，这与诉讼型专利权主张实体的许可量占调查样本许可量的91%的事实相符。超过93%的诉讼型专利权主张实体的许可由诉讼而来，而投资组合型专利权主张实体的许可中仅有29%由诉讼而来。

调查中的专利权主张实体多聚焦于获取和主张信息通信技术专利。在所有被调查的专利权主张实体所持有的专利中，有88%是属于计算机与通信或者其他电气电子技术领域的，并且有超过75%的专利是软件相关专利。尽管这些专利权主张实体大量持有的是信息通信技术和软件专利，但是他们权利主张的对象却涉及多个行业，包括零售业。调查中，17%以上的索求信收件人、10%的诉讼被告以及13%的被许可方都是属于零售产业的，包括零售商店及零售商店以外的固定营业网点（如直接销售产品的网络商家）。既然专利权主张实体主张权利的专利大多数都是信息技术专利，而他们主张权利的对象又包括零售者，这表明：这些专利权主张实体不仅仅向产品制造者主张权利，也向那些作为产品终端用户的企业主张权利。这一发现佐证了终端用户常常被专利权主张实体定为目标的轶事。

尽管大部分专利权主张实体的权利主张对象只会遭遇一次来自专利权主张实体的权利主张，但是有一小部分却是会频繁地遭遇专利权主张实体的权利主张。无论是哪一类主张行为（索求信、诉讼和许可），在专利权主张实体向其目标主张权利时，大多数权利主张活动只涉及其中一种。例如，73%的专利权主张实体的权利主张目标仅仅是一起诉讼的被告，13%的权利主张目标是两起诉讼的被告。尽管如此，一小部分企业却多次遭遇了专利权主张实体的权利主张。在收到专利权主张实体的索求信的企业中，2%的企业收到了多于5次的索求信，其中一家收到了17封索求信。在接受专利权主张实体许可的企业中，2%的企业接受了超过9家专利权主张实体的专利许可。调查中的专利权主张实体更多地向一小部分企业主张权利。这些企业通常属于计算机和电子产品制造产业。事实上，在收到专利权主张实体索求信数量最多、被专利权主张实体起诉最多或者向专利权主张实体支付许可费最多的前25名企业中，计算机与电子产品制造业的企业占据了过半的位置。

在无线芯片领域，诉讼型专利权主张实体和无线制造商主张专利权的方式不同。为了更好地理解在相同的技术空间，不同的商业模式对权利主张行为的可能的影响，美国联邦贸易委员会对PAE、NPE和制造企业在无线芯片领域的专利权主张活动进行了案例研究。研究发现，无线制造企业会在执行许可前发送索求信，而诉讼型专利权主张实体则是在许可其专利之前先提起诉讼。同时，无线制造企业和NPE发送索求信的数量几乎是所有专利权主张实体发送数量综合的三倍。诉讼型专利权主张实体涉及的无线专利侵权案件近乎无线制造企业（总共占到全世界芯片销售量的90%左右）、NPE和投资组合型专利权主张实体总数的2.5倍。

无线制造企业与诉讼型专利权主张实体在许可特征方面也存在显著区别。无线制造企业的许可通常包括使用领域限制、交叉许可和复杂的支付条款，然而，诉讼型专利权主张实体的许可通常是简单的一次性支付，并且几乎没有任何限制条件。投资组合型专利权主张实体和NPE的许可特征在这两个极端之间。很多学者对此表示担忧。因为，在主张权利过程中，专利权主张实体似乎比制造企业等其他专利持有者需要承担更少的成本，面临更小的风险，故而，专利权主张实体在主张其专利权时也表现得更为积极。这些学者尤其担心更低的诉讼成本可能会使得专利权主张实体获得比制造企业或者NPE更高的专利费。在无线芯片领域的案例研究中，美国联邦贸易委员会发现，专利权主张实体比无线制造企业更喜欢通过诉讼主张他们的专利权。例如，30%的投资组合型专利权主张实体的无线专利许可和近90%的诉讼型专利权主张实体的无线专利许可是通过诉讼达成的，而无线制造企业的无线专利许可只有1%是通过诉讼达成的。由于数据缺失，美国联邦贸易委员会没能确定专利权主张实体获得的专利费用是否更高或者更少。

美国联邦调查局还试图衡量专利权主张在促进发明人创新的专利货币化方面的作用。但由于接受调查的专利权主张实体各自保存数据的形式、标准不尽相同，美国联邦调查局的研究报告没能给出这些专利权主张实体分了多少收益给外部机构，包括独立发明人，或者权利主张成本。例如，有些专利权主张实体认为外聘法律顾问的支出也是专利权主张的成本，但是也有的专利权主张实体把这部分支出看作收入分成，因为法律顾问经常是按照许可收益的一定比例来收费。而且，大多数专利权主张实体没有保留权利主张成本的信息，仅有少部分专利权主张实体提供了这部分数据。因此，这些专利权主张实体分给外部机构的许可收益的比例无法得到分析。同样地，专利权主张实体商业模式的效率也由于数据限制而无法计算。

四、专利运营的发展动因

美国是现代专利制度的有效运作者。尤其是近年来，随着北电网络（Nortel）、美国在线（AOL）和柯达（Kodak）等公司纷纷达成巨额专利交易，美国的专利运营产业备受瞩目。实际上，从1990年德州仪器（Texas Instruments）成为世界上第一家进行专利运营的公司算起，美国专利运营市场的发展已经超过了25年，并形成了特有的独立运作体系，市场容量和交易额在2011年以前也一直保持着增长态势。如表1-1、图1-1所示，虽然2012年到2014年美国专利交易数量、专利数量、专利交易总额和专利平均交易价格均有明显下降，但在2015年其市场容量和交易额又再度反弹。

表1-1　2012—2015年专利交易总额、售出专利数量和平均价格

年　份	专利交易总额（美元）	售出专利数量	平均价格（美元）
2012	2949666000	6985	422286
2013	1007902750	3731	270143
2014	467731502	2848	164232
2015（第三季度）	1081212233	6973	288133

资料来源：IP Offerings. Patent Value Quotient，2012：1-2；2013：1；2014：1-2；2015：1.

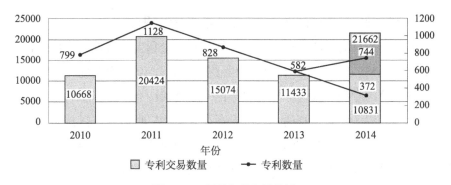

图1-1　美国专利交易统计

资料来源：MIHIR PATEL，LINDA BIEL. 再度兴盛［J］. 知识产权资产管理，2015（1）.

美国专利运营市场是全球专利运营市场最重要的组成部分，兼具代表性，其发展状况已成为全球专利运营动向的风向标。剖析美国专利运营产业的发展动因，有助于我们全面了解全球专利运营发展的市场背景和政策目标取向，为下一步构建中国专利运营体系提供有益的借鉴。本书认为，推动美国专利运营产业发展的主要因素有以下三个方面。

（一）产业专利竞争

早期的产业竞争主要表现为人、财、物等方面的竞争，哪一方在人、财、物上占据优势，哪一方则会在竞争中占据有利位置。然而，伴随科学技术的迅猛发展，全球产业进入大变革、大调整时期，创新逐渐渗透到产业链条的各个环节之中，传统工业的技术水平和生产效率显著提升。同时，在某些重点产业及其核心环节中，技术突破和结构升级的需求更加突出，并开启了新一轮全球范围内的创新资源配置和创新活动重组。知识产权在产业竞争中越来越占据主导地位。专利成为产业竞争力的重要指标。

为了在激烈的产业竞争中胜出，大公司将专利作为产业竞争的有力武器，力图在特定技术领域中掌握大量专利，形成密集专利网以遏制竞争对手。对于其竞争对手而言，新产品的上市无疑会面临巨大的专利风险。因此，越来越多的公司通过专利申请活动产生大量的技术创新，随即导致专利量迅速增加，"专利丛林"现象日益凸显。根据美国经济学者卡尔·夏皮罗（Carl Shapiro）的观点，"专利丛林"指"相互交织在一起的知识产权组成稠密网络，一个公司必须披荆斩棘穿过这个网络才能把新技术商业化"❶。

伴随专利数目规模的快速扩张，尤其是改进专利大量出现，专利分布结构从离散型向累积型转变。在离散型专利分布结构下，某一商业化产品对应着一项或有限项数的专利，且这些专利多数由一家公司持有。故产品的商业化过程同时也是专利权人实施专利的过程，专利权人不需要再另外获得其他权利人的许可。而在累积型专利分布结构下，一件产品的商业化往往依赖多个专利的组合实施。大量的权利人分别对用于一件产品的若干技术拥有专利，专利的商业化往往需要获得多方许可。基础性专利更是对产品的商业化起到决定性影响。❷

海量的专利催生了新的产业形态——专利运营产业。其产业形态主要表现

---

❶ 转引自和育东.《专利丛林》问题与美国专利政策的转折［J］.知识产权，2008（1）：92.

❷ 毛金生，陈燕，等. 专利运营实务［M］.北京：知识产权出版社，2013：8-9.

为：其一，大公司自行研发或者收购的方式围绕核心专利部署大量改进专利，并以此作为与竞争对手交叉许可的谈判筹码。这种行为直接刺激了中小创新型公司加大研发力度，在申请专利后将其转让许可给大公司。其二，一大批专业化的专利运营公司出现，它们本身不从事研发或生产，主要通过购买大量潜在价值的专利，通过发放专利许可获得投资回报。其三，越来越多的大公司将专利权作为资产进行管理和商业运营，一般做法是由独立的专利运营公司或设立单独的部门负责专利运营。

（二）亲专利政策

专利运营现象在美国率先出现绝非偶然，其发展背后蕴含着相应的政策环境。美国是最早建立专利制度的国家之一。长期以来，美国的知识产权政策深刻地贯彻了实用主义的商业激励机制，主要表现为：对内鼓励专利申请，以垄断性的财产权换取新技术扩散利用；对外则以知识产权为政策工具维护国家利益，扶持本国产业发展。从20世纪80年代开始，美国为了提升创新能力，促进经济发展，对知识产权政策做出了重大调整。基于对自身产业优势和技术创新能力的战略评估，美国实施亲专利政策，相继出台了20多部与专利技术转移相关的法律法规，加强专利政策与产业政策、创新政策的有机整合，侧重专利的产业运用，突出对知识产权的规制和保护，偏向对专利权人的保护，极大地促进和推广专利的商业化、资本化运营，有力提高了美国在经济全球化进程中的竞争力。

美国的亲专利政策具体表现在：一是及时适应技术创新和产业竞争的需求，通过判例法扩大专利主题范围，调整创造性判断标准，将生物体、基因、计算机软件和商业方法纳入专利保护范围。二是加强权利司法救济，降低故意侵权的认定标准和专利权人的举证责任。在法院判定侵权成立时，通常会发出禁令，保护专利权人的利益不受损害。三是提高损害赔偿水平。一方面，调整损害赔偿金的计算标准和计算方法。针对不同的情形，专利侵权赔偿金可采取利润损失、合理许可费和惩罚性损害赔偿三种计算方式。另一方面，赔偿范围进一步扩大。在 Rite‐Hite Corp. v. Kelly Co. 案中，联邦巡回法院不仅将在专利权覆盖部分的所失利润计入损害赔偿，还将未被专利所覆盖的部分所失利润计入赔偿额。专利侵权赔偿数额巨大成为美国专利保护的显著特点，并为专利运营在美国的发展提供了特殊的市场环境。

在上述政策的影响下，美国对专利侵权的救济不断增强，专利诉讼上升，赔偿额呈同向上升的趋势。普华永道发布的 2014 年美国专利诉讼研究报告显示，2009 年以来美国专利诉讼呈井喷式增长，年复合增长率为 24%，几乎三倍于 1991 年至 2013 年的增长率；而受到美国联邦最高法院关于 Alice v. CLS Bank 案判决"提高了软件专利执行和专利适用的条件"的影响，2014 年美国专利诉讼案件总计约 5700 件，比 2013 年的 6500 件大幅下降 13%。

（三）引入资本运作

进入 21 世纪，大量资本受到专利运营强大获利潜力的吸引而涉足相关商业活动。至此，资本与创新得以紧密连接在一起，专利的资本属性也得以彰显。新成立的专利运营公司大量出现，它们通过收购或研发来集中有效专利，并在技术分析的基础上，根据产业发展需求打包专利，最后通过转让、许可、投资、诉讼等途径获取高额利润。此类公司在购买专利时，一般受到战略需求、目标要求、市场驱动三种因素的影响。部分专利运营公司已选择从 R&D 的源头抓起，通过资助发明人而获得专利权的排他性许可。因此，其专利运营策略势必影响到相关产业的未来发展。

最著名的专利运营公司莫过于美国高智公司。高智公司自 2000 年成立以来，已通过投资基金（基金规模在 50 亿美元以上），购买了大约 7 万项科技类"IP 资产"，从核能到照相机镜头，其专利资产所覆盖的技术领域范围十分广泛。报告的统计数据表明，高智公司自成立至今拥有专利数量超过 5 万件，实际投入不到 30 亿美元，收益已超过 45 亿美元。该公司已购买超过 3 万项专利，并拥有不低于 2000 项的自创发明。目前，高智公司以其成熟的资本运作、高效的管理体制、开放的组织形态以及垄断的市场结构等已成为国际专利运营产业的成功商业典范。

第二节　专利运营的演进态势

一、市场主体多元化

目前，国际上开展专利运营的主体既包括制造业企业、高校、科研院所等创新主体，也包括专门从事专利商业化等相关活动的各类服务机构和以专利运营为主业的专业组织。近些年来，一些金融组织和投资人也参与到专利运营中。

执业实体如制造业企业，不仅是专利的创造者，也是专利的实施者、运营者，如微软、苹果等高科技公司的专利技术发明、专利申请、专利技术实施、专利交易、诉讼等活动十分频繁。高校、科研院所等创新主体，作为专利创造的重要贡献者，亦根据自身的实际情况各有侧重地开展专利运营。例如，美国斯坦福大学技术转移办公室（OTT）是产学研结合的典范，我国台湾工研院更多的是扮演企业孵化器的角色，中国科学院则通过专设知识产权运营公司积极探索国立科研院所专利运营模式。

大量服务类机构涉及专利运营，服务内容主要包括专利交易、价值评估、专利保险、法律事务、信息分析等。以专利评估为例，专利的定价主体包括司法机关、行业专家和评估机构。在美国，专利的定价除了专门的评估机构外，通过律师事务所或者财税咨询公司为买卖双方进行评估也是常用的手段。而事实上，法院裁定的专利损害赔偿额亦能在一定程度上反映专利的市场价值。日本的知识产权评估则通过专门的技术评估分委员会进行指导，形成了以外部评估为主的评估机制。

专利运营专业组织既包括以增加知识产权市场价值为主要目的的知识产权管理公司，也包括谋取专利的"独占许可权"的公司，如以专利授让为主的公司、"专利海盗"型公司、为对应"专利海盗"而产生的"反制自保型公司"、以会员制运作的联合安全信托公司（Allied Security Trust，AST）。

作为投资公司，阿凯夏科技集团（Acacia Technologies Group）、艾提杜资本有限合伙集团（Altitude Capital Partners）、保罗资本合伙集团（Paul Capital

Partners）等依靠金融手段成功开展专利运营。

如图1-2所示，2010年至2014年，美国参与专利交易的主体主要以执业实体和专利持有公司为主，同时也包括大学、研究机构、防御性财团等多方主体。专利卖家中，执业实体占有绝大比例，约为80%，专利持有公司次之，约为12%。而在专利交易的买家中，专利持有公司与执业实体分别占比46%和42%，成为最大买家，而大学和研究机构购买专利者寥寥无几。

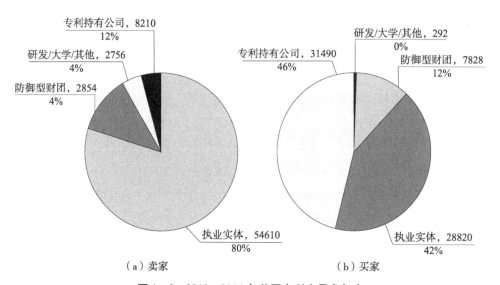

（a）卖家　　　　　　　　　（b）买家

图1-2　2010—2014年美国专利交易参与方

资料来源：MIHIR PATEL, LINDA BIEL. 再度兴盛［J］. 知识产权资产管理，2015（1）.

二、技术转移网络化

在开放式创新的环境中，企业及其外部的利益相关者之间，包括客户、供应商、竞争者、互补者等，建立起各种各样的联系，并形成以创新企业为核心的网络状结构。网络中，各个成员之间的关系不是静止不变的，而是动态开放的。创新不再只是企业单独的、内部的行为，而是成为众多主体通过网络协作而共同完成的。随着封闭式创新到开放式创新的转变，当前的国际技术转移传播也趋向网络化。

德国史太白集团、美国高智公司等是以专利为载体的技术转移网络化的典型代表。史太白技术转移网络（以下简称史太白网络）受到史太白经济促进基金会的控制和管理。史太白网络包括众多史太白专业技术转移中心及附属机构。史太白网络依靠其强大的技术转移资源和能力，以专利许可为主要形式，为企业提供快速、高效的技术转移服务。遵循约翰劳恩法则，史太白努力构建由单个独立个体形成的网络，其发展模式表现出市场化、专业化、网络化等特点，充分发挥了网络系统品牌的力量。高智公司是全球最大的专业从事发明与发明投资的公司。围绕发明这一核心，高智公司发明形成了"从战略层面进行专利与发明投资策划—专利购买与专利研发—专利集成—专利转让与商品化"一整套针对发明的产业链，在全球范围内构建起专利发明、转让与商品化网络，投资重点涵盖了信息技术、生物医疗、材料科学等多个技术领域。

三、市场交易平台化

作为双边市场理论的核心概念，"平台"是一种市场交易场所，也是一种市场交易机制。作为一种组织的制度安排，市场平台为其中的企业提供了行为互动的基础。多个具有不同功能的、开放的子平台相互连接形成一个系统，即市场平台体系。市场平台体系运行的最终目标是实现高效有序的市场交易。目前，国际专利技术市场交易平台化发展趋势也日渐凸显。例如，全球最大的网络技术交易市场平台 Yet2. com、美国的国家技术转移中心（NTTC）、欧洲创新转移中心（IRC）、德国创新市场（IM）、日本 Technomart、韩国技术交易所（KTTC）等。

案例：法国技术和知识产权交易平台建设

法国一直坚持国家主导科技发展，采用以国家目标为宗旨的管理模式。针对近年来经济停滞不前、科研水平下滑的状况，法国政府着力完善研究与创新体系顶层设计，深化高教和研究体制改革，加强科研管理和科研能力建设，科研和创新总体态势有所增强。2010 年以来，法国中央政府与地方政府共同出资，联合 160 余家公共科研机构，陆续成立了 14 家加速技术转移公司（SATT）。SATT 的使命是将公共机构的科研成果介绍给产业部门，同时把工业界的需求转达给公共科研机构。公共科研机构将其研发的技术和专利就近独家委托给其中一家公司，在由上述 14 家公司组成的全国统一的交易平台上推广。该平台结合原有体系分散办公、就近服务研究机构的优点，14 个公司按照负责地区范围，不仅为研发机构提供除研发以外的所有相关服务，还有专职驻点工程师一起参与日常研发。同时，所有科技成果在同一网站、同一展台集中展示，降低需求企业的时间和资金成本，提高科技转化效率。

1. 专业服务提高转化效率

自 2010 年起，依托全国统一的交易平台，将分属不同公共科研部门的人员和转化体系进行整合，实现"一个地点、一个柜台、一个网站、一个团队"的模式。科研院所和研究人员专心研发，该平台全权负责成果转化及法律和市场咨询。通过平台，科研人员和企业拥有更加有效、便捷的服务体系。科研人员在成果推广过程（申请专利、创建企业、寻找经费、与企业合作等）中，得到更好的帮助和更加周到的服务；企业有了更加活跃和可靠的对话者，向他们提供与公共科研部门合作的一揽子建议，以便于简化行政手续。成立以来，该平台运转良好，其中仅 2014 年筛选项目 2300 余个，投资资金超过 8000 万欧元，促成合同 680 余个，在谈合同近万个，成立初创企业 230 余个，经济社会效益明显。

2. 专项基金引导投资转化

2011 年 6 月，在投资未来计划框架下，法国投资 10 亿欧元成立了具有科研成果转化基金性质的法国专利公司（France Brevets），将转化阶段的投资提高至研发总经费的 1%，配合交易平台负责技术融资、协助完成概念论证并申请专利，用于改善公共和私营研发成果的产业化。法国专利公司并不直接对企业本身投资，而是在知识产权战略的设计和部署方面进行投资，项目成功之后再收费。投资对象从创业公司、中小企业到研究机构和大公司。

3. 市场化运作增加收益

平台公司吸纳公共研究机构持股 67%，法国信托局代表国家持股 33% 且拥有否决权，内部管理制度完善，知识产权、技术投资和孵化协调等团队专业化，参考国际评审委员会意见决定融资项目，接受政府外部评估，计划在 10 年内全部通过自有资金运转。该平台摒弃所有体系彼此独立运作、缺乏对外合作的缺点，与法国专利主权基金、孵化器、竞争力集群、法国公共投资银行及诸多投资基金签署合作协议，建立密切联系，深度融入已有的创业生态圈并发挥积极作用。

四、业务范围全球化

伴随市场经济和科技的不断发展，知识成为最重要的生产要素和经济发展资源，充分显示出权利和财富的特性，并以知识产权的形式出现。世界贸易组织（WTO）成立以后，TRIPs（《与贸易有关的知识产权协定》）成为世界贸易体制的三大支撑协议之一。进而，知识产权与经济贸易联系更加紧密，并朝着国际化和全球化方向发展。在经济全球化潮流的引领下，资金、人才、技术、信息等要素在全球范围内流动更加快速，专利技术转移全球化进程进一步加快，以跨国公司、研发机构与政府为主体的国际专利技术转移成为技术转移的主要形式。作为技术转移的主要载体，专利运营方式趋向多元化，与多种形式的国际经济合作相互渗透，业务覆盖全球。例如，高智公司作为全球最大的专利和发明投资公司，近年来，其投资业务不限于美国本土，已经拓展到了北美（加拿大）、欧洲（爱尔兰）、亚洲（中国、日本、韩国、印度、新加坡）、大洋洲（澳大利亚、新西兰）等多个地区的主要国家。

专利诉讼在全球频发亦反映出专利运营国际化的发展趋势。以苹果和三星为例，2011 年以前，苹果曾向三星发出专利授权邀约，同意授权其专利组合，并允诺在交叉授权的前提下以优惠的专利授权费用，但被三星拒绝。随着两大跨国公司为争夺全球手机市场份额，美国、韩国、日本、澳大利亚、荷兰、德国、法国、意大利和英国等世界多个国家爆发专利战。

第三节 专利运营的产业形态

随着人们对专利产权属性及其价值认识的不断深入，专利运营的产业形态也在不断发展变化。从其发展的历史轨迹来看，专利运营的产业形态主要经历了四个阶段：一是以权利人个体为主导，以加强产权保护为初衷的专利运营；二是以制造业企业联盟为主导，以强化市场竞争优势、降低交易成本为初衷的专利运营；三是以专业运营机构为主导，以强化资产管理、发挥战略优势为初衷的专利运营；四是以投资基金为主导，以资本价值最大化为初衷的专利运营。专利运营产业的发展总体呈现出参与主体日趋多元、产业规模不断扩大、产业层次不断提升等特点。

一、基于产权保护的专利运营

专利制度给发明者提供了一种有效保护技术的方法，包括时间和空间上的限制性垄断权。世界上第一部专利法《发明人法规》即是意大利的著名城市威尼斯在 1474 年出版的，其宗旨就是保护技术发明人的合法权利不受他人侵犯。这项法规为现代专利制度奠定了基础。1624 年，英国颁布了《垄断法》，建立了授予发明创造以专利权，并给予保护的制度，成为现代专利制度诞生的标志。专利权的基本价值之一就在于对发明人智力财产的保护。

产权保护成为专利制度激励创新的重要路径，也是专利运营最基础的形态，其中主流的参与者是发明人、制造业企业等专利权人。此时的专利运营尚未形成产业，而是仅以这些专利权人个体为主导，以单纯地保护创新成果、主张权利为目的而开展的专利实施、转让、许可、诉讼等活动。

案例：发明人的产权保护之路[1]

伊莱·惠特尼（Eli Whitney），美国 18 世纪末至 19 世纪初的一位发明家、机械工程师和企业家。他生于马萨诸塞州西博罗的一个农民家庭。1792 年，当他从耶鲁大学毕业时，正值欧洲工业革命蓬勃发展，因织布机的改进导致棉花需求飞涨，棉花出口成为美国经济发展的重大机遇。而此时，由于要把棉花纤维和棉籽剥离开需要大量劳动力和时间，美国的棉花生产效率偏低，生产成本很高。凭借自己在机械装置制造和修理方面的天赋，惠特尼于 1793 年 4 月发明了轧棉机，即一个有着金属梳子齿状的机器，其工作原理是使金属钩齿穿过条板，并使之缠在棉花纤维之中，最后把棉花纤维剥离出来。1793 年 10 月，惠特尼在完善机器设计后，立即向美国政府提出了发明专利申请，并被要求提交了一个模型。1794 年 3 月，惠特尼获得了轧棉机专利的授权。

相比之前每人每天只能生产一磅无籽棉花，一台轧棉机每天能生产 50 磅无籽棉花，惠特尼发明的轧棉机大大提高了棉花加工的效率，大大降低了棉花生产的成本。这种机器很快供不应求。然而，由于轧棉机的原理简单、易于仿

---

[1] 王晋刚. 专利疯、创新狂——美国专利大运营 [M]. 北京：知识产权出版社，2017：49－60.

制，当惠特尼获得专利授权和五万美元的奖金、开始从事轧棉机的制造时，他的发明早已被广泛仿制，传遍南方。为了保护自己的创新成果，维护自身应得的权益，惠特尼在成立企业自己制造轧棉机的同时，也派他的合作伙伴到南方收取组装和使用轧棉机的专利许可费。但南方种植园主认为惠特尼要求的专利许可费过高而不愿支付，惠特尼遂到南方法院起诉那些非法使用他专利机器的人。诉讼持续多年，最终他收到了九万美元的专利许可费。然而，为了保护其专利权，惠特尼几乎用去了他的全部奖金和利润。他的发明使仿制者大发其财，而他本人却获利甚微。

1810 年，惠特尼轧棉机的专利到期，他根据法律申请专利有效期续期，却遭到美国农场主的集体反对，最终他的续期申请被拒绝了。从此，南方种植园主可以合法地免费使用惠特尼的专利机器了。尽管惠特尼此后并未停止创新，但由于这次的不愉快经历，他在以后的发明创新中再也没有申请过专利。

与惠特尼基于产权保护的专利运营的失败结果不同，伊莱亚斯·豪（Elias Howe）凭借自己的缝纫机发明专利，通过积极的权利保护，实现了发家致富之梦。

豪和惠特尼一样，出生在美国马萨诸塞州。1839 年，已经结婚的豪在经历了 1837 年美国经济危机后，忍受着贫困与病痛的双重折磨，生活艰难。当他听说，假如能够发明一台缝纫机，肯定会获得一大笔财富，他的窘迫驱使他开始努力来实现这一目标。1843 年，在尝试发明缝纫机器一年多之后，豪终于取得了突破性的进展。他使用两根线，借助于梭子和靠近针眼的弯针来形成针脚，成功地解决了自己在设计方面遇到的问题。当年 10 月，豪用木头和线制造了一台比较粗糙的机器模型，并不断改进，直到自己完全满意为止。1845 年 4 月，在朋友资金的帮助下，他生产了一台自己设计的技术先进的缝纫机，并且顺利通过缝合试验。到 5 月中旬，缝纫机模型终于大功告成。该模型机每分钟可以缝 250 针，比手工快七倍。1846 年，豪获得了相关技术的授权专利。他的专利要求保护的内容是"使用眼子针配合梭子带动的第二条线产生锁针"。

有了专利权以后，豪开始致力于将其投产使用。然而，每个人都认可和夸奖这种缝纫机设计精巧、独出心裁，但是没人愿意投资。面对沉重的家庭负担和每况愈下的身体状况，豪决定到英国去寻求将他的发明推广使用的机会。然而，他在欧洲的努力也失败了。1849 年，当豪回到纽约时，他的衣兜里只剩下 2 先令 6 便士。当他回到美国，发现一种新的缝纫机广受欢迎，那就是辛格的缝纫机。豪发现这种新的缝纫机侵犯了自己 1846 年的专利，不管增加了多少特征，它们都使用眼子针配合梭子产生锁针达到缝纫的目的。于是，豪便很快着手展开维权活动。由于贫困潦倒，他只得找人资助他的专利侵权诉讼。

在与所有缝纫机企业的专利战中，豪与辛格公司的诉讼拖得最长，花费也最多。1850 年，豪向辛格声称自己的专利被侵权，并在谈判中开出了 2000 美元的价格，但被辛格拒绝了。1851 年，豪再次向辛格主张权利，并要求 25000 美元的补偿，辛格再次争辩。于是，豪对包括辛格公司在内的几家缝纫机公司提起了专利侵权诉讼。在 1852 年的第一场针对 Lerow & Blodgett 公司的诉讼中，豪胜诉了，并获得了针对辛格公司和其他被告的临时禁令。在禁令的压力下，大部分缝纫机企业妥协和解了。1853 年 9 月，接受豪专利许可的企业已经有六家。他们生产的每台缝纫机都要给豪 25 美元。到 1853 年年底，只有辛格还在诉讼。法庭外，豪还在媒体上打维权广告，而辛格也同样予以回击。辛格试图无效掉豪的专利，但却没有成功。豪在波士顿起诉销售辛格缝纫机的公司，并申请了禁售令。法院判决辛格公司侵权，辛格公司只得和解。随后，豪又在新泽西和纽约起诉辛格本人。在重重压力之下，辛格支付了 15000 美元与豪和解，并答应每卖出一台缝纫机则支付豪 25 美元。豪与辛格之间持续了 4 年的专利诉讼告一段落。

自此，豪成功地通过积极保护和主张自己的专利权而改变了自己穷困潦倒的生活窘境。到 1867 年，当他的专利权到期时，他从中赚取的专利许可费总共超过了 200 万美元。然而，维权活动也花掉了他巨额资金。

产权保护是专利制度激励创新的最基本目的，也是创新者运用专利制度的最基本的形式。然而，在专利制度建立初期，只有产权界定，而产权保护缺位的情况下，惠特尼作为发明人个体虽然积极主张自己的权利，希望通过对创新发明的法律保护而获取利益，却在产权保护过程中遭遇了重挫。相比惠特尼，伊莱亚斯·豪是幸运的。在他基于产权保护而开展专利运营之时，美国专利制度激励创新的机制也慢慢转动，开始支持创新发明人的权利主张。从而，豪成功实现了自己通过发明专利致富的梦想。

二、基于垄断竞争的专利运营

基于专利权在一定程度上的垄断性，专利的价值体现为帮助企业排除竞争对手、保证市场份额。随着技术发展，专利数量越来越多。20 世纪 90 年代，在很多技术领域中，"专利丛林"（Patent Thickets）问题越演越烈。"专利丛林"的产生使得新技术研发及实施成本明显提高，并极大地限制了小企业和新企业的机会。为寻求解决"专利丛林"问题的办法，相关制造业企业开始组建专利联盟，并逐渐成为专利运营的主流业态。

作为一种"专利丛林"的解决方案，专利联盟是一个由多个专利持有者组成的组织，组织内成员可分享彼此的专利，并共同对外进行专利许可。专利联盟既有组织的属性也有明显的协议特征。它是一种介于市场和企业的中间层组织。它汇集企业所拥有的专利，通过交叉许可协议使企业能够彼此共享专利，同时统一对专利实施对外许可。专利联盟承担了市场和企业之间的过渡角色。联盟通过组建专利池有效整合相关专利，联盟成员通过既定的协调机制进行交叉许可，并可利用全部专利从事研究和商业开发活动，从而减少或避免因专利侵权而引发的纠纷，降低许可成本和诉讼风险，有效清除专利实施过程中的妨碍因素。同时专利池的产生有利于实行一揽子许可，能够避免大量的资源浪费。此外，现代科学技术高速发展使得专利联盟成了企业技术标准战略的一个重要组成部分。随着专利与技术标准间越来越紧密，许多企业借助专利联盟在技术标准的竞争中获得主动权。

据统计，自 1993 年以来，全球较为著名的专利池超过 30 个，如 GSM、DVD 6C、MPEG-2、IEEE 1394、WCDMA、CDMA 2000、WiMAX 等。这些具有较大影响力的专利池成员主要集中在美国、德国、韩国、日本、英国、芬兰、荷兰等发达国家。从技术领域来看，这些专利池主要以计算机技术和信息技术为基础，涉及计算机工业、通信设备制造业、软件工业和消费电子工业等行业，且大部分均与技术标准绑定在一起。此外，还有一些公益性的专利池，如 SARS 专利池、艾滋病专利池、金色水稻专利池等。

相较于初始阶段的专利运营，此时开展专利运营的主体不再是单个权利人个体，而是由多个制造业企业组成的联盟。他们的目的不仅仅在于保护自身财产权益，而是更多地关注如何以专利池形式，通过运营降低交易成本，并在市场竞争中保持优势。专利运营产业开始形成，运营规模开始扩大。

专栏：美国专利池发展史简介❶

专利联盟（专利池）最早出现于 19 世纪 50 年代美国的缝纫机领域（Mossoff, 2009）。当时，由于"专利丛林"所造成的专利授权和诉讼费用的增加，拥有相关专利的企业意识到对他们最有利的方式就是合作建立缝纫机联合体，即专利池。1856 年，缝纫机联盟成立之初共四个成员。他们可以自由竞争，并交叉许可各自的专利。每个成员为生产的每台缝纫机支付 15 美元许可费。这笔费用，一小部分用于与联盟外企业的专利战，支付任何联盟专利引起的未来诉讼；拥有核心专利的伊莱亚斯·豪收取特别许可费，剩下的钱则由四个成员均分。1860 年，联盟将许可费降到了 7 美元，豪的特别许可费也降到了 1 美元。由于缝纫机领域绝大部分稳定的核心专利集中在联盟的专利池中，专利诉讼总量减少，诉讼费用大幅降低。因此，企业可以集中精力投入制造，优质改良的缝纫机得以空前大规模生产。

1903 年，美国授权汽车制造商联盟成立，共有十个成员。联盟成员持有包括核心专利赛尔登专利在内的 400 多件专利。联盟对外许可所有成员的汽车相关专利，并对每辆汽车收取标价 1.25% 的许可费。其中，0.5% 给艾萨克·莱斯电动公车公司，0.5% 给联盟，0.25% 给核心专利发明人赛尔登。依靠赛尔登专利，授权汽车制造商联盟聚敛了大量财富。鼎盛时期，联盟的被授权企业占汽车制造企业总数的 87%，这些企业的汽车产量占美国汽车总产量的 90% 以上。1910 年，联盟总共收到 200 万美元专利许可费，被许可人包括几十家制造商，一些许可费被作为红利返回给被许可的制造企业。

1917 年，航空器制造商联盟成立。该专利池完全是在政府的干预下形成的。当时飞机制造业把控在两大飞机制造商莱特公司和寇蒂斯公司手中。它们征收高昂的专利许可费，并花费大量时间和金钱用于诉讼，飞机制造业一片萧条。恰逢第一次世界大战，美国需要大量飞机。因此，在政府干预下，莱特公司和寇蒂斯公司的垄断被打破，形成了航空器专利池，包含了几乎所有美国飞机制造商。

---

❶ 曾益康. 略论美国专利池的历史与发展趋势 [J]. 法制与经济, 2015 (z1): 13－15.

1924 年，美国无线电公司专利池成立。该专利池融合了美国马可尼公司、通用电气、美国电报电话公司和西屋公司的专利，建立了无线广播元件、频率波段、电视传输标准。

自 1856 年美国第一个专利池诞生到 20 世纪初，美国专利池的发展几乎没有受到反垄断审查的影响，法院和反垄断机构对专利池的管制相当宽松。然而，随着专利池的垄断特性表现得越来越突出，法院和反垄断机构开始越发关注专利池的运作。

1909 年，美国卫生搪瓷用品制造协会成立。该专利池包含了制造陶瓷产品的必要的核心专利，并且协会成员占领了 85% 的搪瓷市场。该协会的目的在于以固定价格垄断市场，并将其他相关竞争对手排挤出市场。该专利池由五个成员成立定价委员会，管理许可协议与再售协议。协会向使用该专利池专利技术生产搪瓷产品的炉子征收专利许可费，预收每天每个炉子 15 美元，如果被许可人遵守协议可返还 80% 的专利许可费。许可协议还制定了违反价格表行为的惩罚措施，被许可的生产商必须同意统一的销售价格；此外，协议还禁止被许可的生产商向那些与非协会成员有生意往来的客户出售产品。1912 年，美国最高法院在 Standard Sanitary Manufacturing Co., Ltd. v. United States 一案中认定卫生搪瓷用品专利池固定销售价格违反了《谢尔曼法》。自此，美国专利池的发展开始受到严格的限制。

1945 年，美国最高法院在 Hartford – Empire Co. v. United States 一案中解除了于 1919 年成立的美国玻璃容器专利池。因为该专利池虽仅由几个主要的玻璃生产商组成，却涵盖了美国玻璃生产 94% 的份额；这些生产商维持了一个极不合理的高价，并且排斥新的竞争者进入市场。截至 20 世纪 60 年代，美国司法部几乎审核了全部专利池，并认定 9 个专利池在本质上触犯了反垄断法律。这段时期，美国专利池的数量显著下降。美国司法部门对专利池的严格反垄断审查直到 1995 年《知识产权许可的反托拉斯指南》颁布才得到缓解。美国司法部和联邦贸易委员会联合发布的《知识产权许可的反托拉斯指南》提出，"一定条件下的专利交叉许可和专利池有利于竞争"。由于美国司法部和联邦贸易委员会对专利池态度的转变，20 世纪末与 21 世纪初又有几个影响很大的专利池涌现出来。

1997 年 MPEG – 2 Standard 专利池成立。最初，该专利池的成员包括九家

MPEG-2 标准的专利权人。该专利池所包含的基本技术主要是数字化的移动影像与声带的传输、储存和显示。MPEG-2 是通过美国司法部反垄断审查的一个现代专利池，运作模式成为现代专利池参考的经典样板。

三、基于资产管理的专利运营

英国政府白皮书❶曾指出，企业竞争往往取决于其能否充分利用自己独特、有价值的且对手难以模仿的资产，而专利正是这样的资产。专利资源或专利技术存量除了对技术创新活动本身的影响作用之外，随着高技术资源在企业价值评估和财务评估中的作用增大，也成为一种重要的评价依据，于是专利更多地体现其财务效用。同时，专利技术资源本身又是一种法律资产，也可能被主要用来发挥其法律效用，而非技术创新。例如企业购并过程中以专利存量为标志的无形资产水平往往成为申请专利的重要动机，特别在美国市场，通过专利回避技术来获得大量专利以抵御其他竞争者的专利诉讼，或应用这些专利主动出击对其他竞争对手实行精确定位的专利诉讼。

21 世纪初，在专利越来越凸显的财务和法律效用的激励下，企业对专利的管理不再是将其控制在手中，防止他人使用，不再仅仅将专利战略作为一种简单的防御性策略，而是更多地从资产管理的理念出发，以主动的态度对自身拥有的专利资产进行商业运作，更为关注如何通过市场运营来实现专利资产的价值，并从中谋求利益。

根据美国 ROL 律师事务所的研究报告（如表 1-2、图 1-3、图 1-4、图 1-5 所示），2014 年 6 月 1 日至 2015 年 5 月 31 日美国专利中介共向市场推出 566 个专利包；截至 2015 年 5 月 31 日，美国的 64105 项专利资产（37099 项美国授权专利）要价累积总和超过 69 亿美元，销售额接近 20 亿美元。这些资产共包含在 2029 个专利包中（279 个属私人所有，1750 个属中介所有）；2014 年美国专利中介专利包的销售率平均为 18%。

---

❶ 转引自刘然，蔡峰，宗婷婷，孟奇勋. 专利运营基金：域外实践与本土探索 [J]. 科技进步与对策，2015（1）：56.

表1-2　美国专利中介市场情况

项　目	2015 年市场年度	2014 年市场年度	变化百分比
专利包	566	556	2%
美国授权专利	6127	4271	43%
总专利	8846	7021	26%

资料来源：KENT RICHARDSON，ERIK OLIVER，MICHAEL COSTA. The brokered patent market in 2015

［J］. Intellectual Asset Management Magazine，2016，Issue 75.

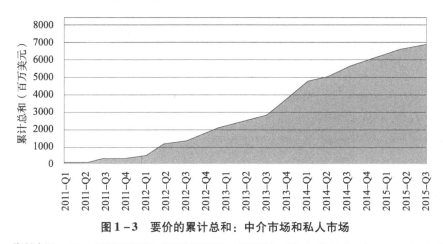

图1-3　要价的累计总和：中介市场和私人市场

资料来源：KENT RICHARDSON，ERIK OLIVER，MICHAEL COSTA. The brokered patent market in 2015

［J］. Intellectual Asset Management Magazine，2016，Issue 75.

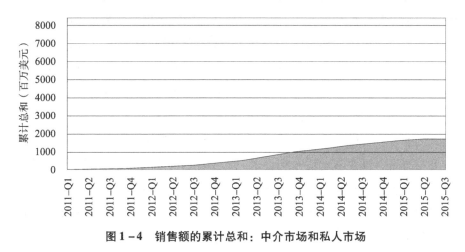

图1-4　销售额的累计总和：中介市场和私人市场

资料来源：KENT RICHARDSON，ERIK OLIVER，MICHAEL COSTA. The brokered patent market in 2015

［J］. Intellectual Asset Management Magazine，2016，Issue 75.

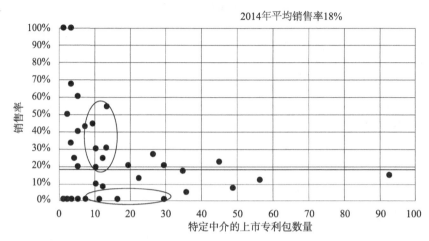

图 1-5　2014 年中介销售率（按上市专利包数量分列）

资料来源：KENT RICHARDSON, ERIK OLIVER, MICHAEL COSTA. The brokered patent market in 2015 [J]. Intellectual Asset Management Magazine, 2016, Issue 75.

伴随着专利资产流动性的增强，专利的价值从法庭走向市场。越来越多的企业选择将专利运营从原来的一体化策略中分离出来，各种新兴的专利运营模式也应运而生。价值链的国际大分工使得很多新兴机构远离产品制造环节，从而专注于专利培育和市场运营。众多企业成立独立的知识产权部门，专门负责专利的管理、维护和运营等知识产权相关事务。同时，很多大型跨国公司甚至纷纷建立独立的知识产权实体，并通过转让的形式将集团专利集中到这些独立的知识产权公司手中。如微软公司将专利转让给微软技术许可有限责任公司（成立于 2014 年，专门从事知识产权运营），松下电器产业株式会社将专利转让给松下知识产权经营株式会社（成立于 2014 年，专门负责管理、维护及运用集团拥有的专利等知识产权），等等。此外，一些并非由实体公司组建或演变而来的非专利实施主体（NPE）自美国兴起。所谓非专利实施主体是指，这些专利持有者本身并不实施专利技术，而是通过专利交易、诉讼等手段获利。实际上，从促进专利技术流转、提高专利市场流动性的视角来看，NPE 只是专利技术中介服务机构广义范畴之下的具体类别。它们的实际业务运营方式极为多样、复杂。其既有纯粹以专利买卖获利的机构（如 Acacia Research、BTG），也有纯粹通过专利集聚为客户提供专利保护的机构（如 RPX、AST），还有专注研发并以专利运营获利为目标的机构（如 SEL），以及由政府倡导或具有政府背景的专利运营机构（如北知公司），等等。但无论哪种类型，理论上而言，NPE 的运营本质都是让专利资产"动"起来。

在现代经济中，知识产权是企业利润的重要来源。为了更多地获取知识产权的市场效益，专利运营的分工更为细致，业务更加聚焦，使得市场上涌现出更多专业化的专利运营实体，并逐步形成独立于制造业的专利运营产业。

案例：韩国创意资本公司专利运营业务模式

韩国创意资本公司（Intellectual Discovery）最大的股东是三星，拥有该公司 25% 的股份，LG 控制另外 20% 的股份。其他股东包括浦项制铁、韩电、KT 和 WOORI 银行。现代汽车已投资 500 亿韩元，占据该公司 2.5% 的股份。2014 年获得国内外约 3800 项专利，价值 2.5 亿美元，覆盖移动网络、云计算和电池等。如图 1-6 所示，韩国创意资本公司的主要业务包括基于产业分析、技术分析制定 IP 战略，基于技术分析、专利信息等开展 IP 挖掘与评价，基于专利信息分析，通过拍卖、许可等开展 IP 交易，通过购买 IP 强化权利、支持研发和商业化，建立 IP 池，通过交易、许可、国内外基金、风头公司等多种

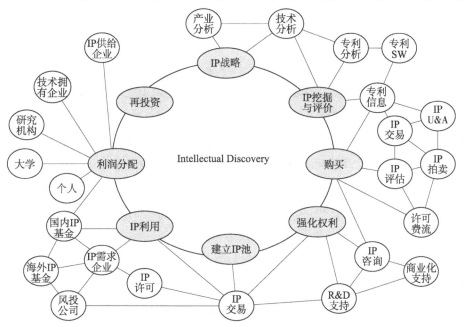

图 1-6　Intellectual Discovery 专利运营业务模式

途径实现利用 IP 获取价值，平衡完善多方主体的利润分配，并进行再投资。

四、基于资本运作的专利运营

资本运作是指一种利用市场法则，通过资本本身的技巧性运作或资本的科学运动，实现价值增值、效益增长的经营方式。同资产经营相比，资本运作具有流动性和增值性更强的特点。通过资本的流动与重组，进而实现资本增值的最大化，是资本运作的根本目的。

当前金融资本与产业的加速融合成为主流趋势。当产业发展到一定阶段，对于资本的需求会不断扩大，同时，金融资本发展到一定阶段也需要产业作为其发展的物质基础。在市场经济中，二者的融合是必然趋势。一方面，实体产业内部开始运用金融理念和工具来进行投资，如光伏企业与金融企业联合发起的光伏互联网金融战略项目。另一方面，金融资本逐渐渗透到实体产业领域。例如，保险公司开始与地产企业合作，直接参与管理和运营实体项目。此外，国资国企改革的制度设计理念也反映出了金融与产业的深度融合。可见，金融资本和产业正在加速融合。

资本运作能够快速有效地整合资源，是企业快速实现自身价值的利器。同样地，金融资本与专利运营产业相融合的趋势也日渐凸显。一方面，随着专利运营产业的发展，资金匮乏成为制约其规模拓展、层次提升的重要阻碍之一。运营者们开始向金融资本寻求解决该难题的路径，运用金融投资理念来运营和管理专利资产。另一方面，为拓宽业务渠道、培育新的利润增长点，越来越多的金融资本参与到专利运营中来，并成为专利运营的撬动者。

当前，专利运营基金成为金融资本与专利运营产业相融合的重要体现。在国外，不少专利运营基金已形成了比较成熟的运营模式。从出资人的性质来看，主要包括以下三类❶：一是政府主导型，也就是由政府出资主导的运营基金。例如，法国于 2011 年成立的主权专利基金 France Brevets，由法国政府和法国经济发展部下属公共管理投资机构共同出资。政府主导型专利基金容易受政府相关政策与政治倾向影响，有可能成为政府实施反倾销、反补贴的贸易救

---

❶ 刘然，蔡峰，宗婷婷，孟奇勋. 专利运营基金：域外实践与本土探索 [J]. 科技进步与对策，2015（1）：57–58.

济途径。二是私营主导型，即由企业出资主导的市场化运营基金，如美国高智公司成立的发明投资基金。私营部门主导型的专利基金以营利为目的，很容易被投资者的营利意图所牵制。相对于政府主导型的专利基金，该类专利运营基金可能对公共利益产生不利影响。三是公私合营型，即由政府资金引导、社会资本参与的运营基金，如韩国的创意资本（Intellectual Discovery）基金，日本的生命科学知识产权平台基金（Life Science IP Platform Fund，LSIP）等。相比而言，合作型专利基金的关键在于私营部门，政府负责制定相关政策以作为指导，并且投入大量资金，但如果私营部门未能塑造出成功的商业模式，其运营绩效也难以保障。

引入资本运作理念，专利资产资本化、价值化，以投资基金为主导，专利运营产业发展获得了更多的跨界支持，并呈现出参与主体更加多元、产业规模快速扩张的态势。

第四节　专利运营的商业模式

随着专利运营与金融等产业日渐深入的融合，其商业模式也不断推陈出新。除了基本的转让、许可、投资、诉讼等获利模式，专利货币化在国际上也已经不再是停留在书本上的抽象概念，并日趋常规化。专利运营在西方发达国家已经形成一个相对完整的产业链。无论它们以何种方式进行专利运营，其商业目标只有一个，就是实现商业价值的最大化。

作为专利运营对象的"专利权"，是一种特定的财产权，是由所有权、使用权、收益权等一组权利组成的。在专利运营的过程中，这一组权利会发生转移，可能是整体转移，也可能是部分权利转移，转移的形式取决于专利运营的方式。从专利权的流转形式来看，专利运营模式的发展主要经历了以下四个阶段：①基于所有权的专利运营；②基于使用权的专利运营；③基于支配权的专利运营；④基于收益权的专利运营。

一、基于所有权的专利运营

1. 专利转让

以所有权流转而开展的专利运营主要表现为专利转让。以专利所有权为标的，专利转让主要是指专利权人作为转让方，将其发明创造专利的所有权移转受让方。专利权转让只能是转让全部权利而不能部分转让。专利转让运营就是专利运营者本身作为被转让专利的权利人或者受专利权人委托，通过转让专利，使自身或者委托人获得权利出让金。对于专利运营者而言，转让专利一方面可以减少专利持有的相关开支，如专利的年费、管理成本和诉讼费用等；另一方面，可以获取权利出让金，从而增加经济收益。

一般来讲，选择专利转让模式的专利运营者主要包括个体发明人、高校和科研院所、研发型企业和生产型企业，以及专门从事专利运营的组织等。其中，个体发明人、高校和科研院所、研发型企业，因为自身没有能力或者意愿直接从事产品生产，大多会将其所拥有的专利转让给生产型企业，从中获取利益，回收前期研发投入。生产型企业选择专利转让，则多是因为以下几种原因：一是经过企业战略调整，不再需要相关专利；二是相关专利与企业主营产品不相关；三是企业面临破产。

如表1-3所示，2010年至2014年6月，美国专利交易数量排名前15位的卖家中有10个都是执业实体。其中，IBM是最大的卖家，在2010年以来的57个交易中转让多达6111份专利，占所有交易资产的11%。11个IBM交易涉及了100多份专利，其中包括向谷歌转让的2379项专利。AT&T和诺基亚等卖家参与了较小的交易。AT&T的35个交易中，有24个涉及的专利都在10个以下。Allied Security Trust以"先买后卖"的模式参与了29次转让，其中包括该公司2007年以来购买的许多资产。

表1-4显示了2014年美国专利交易数量排名前15位的卖家。松下、惠普和IBM为领头羊，2014年上半年转让的专利超过1000项。松下自2010年以来出售的所有资产中，超过90%的交易都是在2014年上半年完成，可见其转让力度正在加大。惠普的专利剥离已持续数年，但2014年转让的资产最多，3项交易中共出让1430份美国资产。2010年以来，英特尔和东部高科均在2014年首次成为卖家。

表 1 - 3　2010 年以来的前 15 名卖家（按交易数量）

排名	卖　家	2014 年上半年		2010 年—2014 年 6 月	
		交易数量	专利数量	交易数量	专利数量
1	IBM	12	1066	57	6111
2	AT&T	4	69	35	405
3	诺基亚	3	22	30	940
4	Allied Security Trust	4	349	29	704
5	赛普拉斯半导体公司	2	207	29	441
6	高智公司	5	115	27	673
7	惠普	3	1430	25	2742
8	IPG 医疗/电子	0	0	21	850
9	松下	10	1903	20	2112
10	德尔福公司	3	25	20	266
11	恩智浦	4	141	19	843
12	Innovation Management Sciences	0	0	19	64
13	威瑞森通讯	1	14	18	298
14	Acacia	2	6	18	194
15	施乐公司	1	1	16	252

资料来源：MIHIR PATEL, LINDA BIEL. 再度兴盛 [J]. 知识产权资产管理, 2015 (1).

表 1 - 4　2014 年的前 15 名卖家（按专利数量）

排名	卖　家	2014 年上半年		2013 年	
		交易数量	专利数量	交易数量	专利数量
1	松下	10	1903	3	59
2	惠普	3	1430	4	52
3	IBM	12	1066	15	827
4	爱立信	1	777	1	822
5	美国运通	1	685	2	27
6	Allied Security Trust	4	349	3	14
7	阿尔卡特朗讯	3	295	2	54
8	瑞萨电子	1	226	0	0
9	企业研究国际合作伙伴	1	211	1	1
10	恩智浦	4	141	1	3

排名	卖家	2014 年上半年		2013 年	
		交易数量	专利数量	交易数量	专利数量
11	赛普拉斯半导体公司	2	207	4	21
12	Pendrell	5	138	3	45
13	英特尔	1	129	0	0
14	兰巴斯	4	127	2	53
15	东部高科	2	125	0	0

资料来源：MIHIR PATEL，LINDA BIEL. 再度兴盛 ［J］. 知识产权资产管理，2015（1）.

案例：美国在线向微软打包出售专利[1]

美国在线（America Online），简称 AOL，成立于 1983 年，是一家美国的跨国传媒集团，总部位于纽约。2015 年 6 月，被弗莱森电讯公司（Verizon Communications）以 44 亿美元并购，成为弗莱森电讯公司的一个子公司。美国在线是美国著名互联网服务提供商，拥有并经营着赫芬顿邮报（The Huffington Post）、科技博客（TechCrunch）和瘾科技（Engadget）等网站，向消费者、出版商和广告商提供数字化内容、产品和服务。

美国在线曾是 20 世纪 90 年代中期互联网的早期拓荒者之一，是美国最著名的互联网品牌。美国在线最初为上百万美国人提供拨号服务，也提供门户网站、电子邮件、即时通信，以及后来的网络浏览器（在它收购了美国 Netscape 公司之后）。2000 年，美国在线与传媒集团时代华纳（Time Warner）合并。然而，由于拨号上网的衰落，美国在线业绩迅速下滑。2009 年，美国在线逐渐与时代华纳分离，成立独立公司，更改标识为 Aol.，并任命蒂姆·阿姆斯特朗（Tim Armstrong）为新任 CEO。

在蒂姆·阿姆斯特朗的领导下，美国在线公司开始向媒体内容提供商转型，重点投资于媒体品牌和广告技术。由于转型缓慢，美国在线的投资者们开始抱怨公司业务不够专注，产品货币化不够快。在这样的压力下，以 Starboard

---

[1] "美国在线"向"微软"打包出售专利 ［EB/OL］. http：//news. sina. com. cn/o/2012 － 04 － 10/151224248364. shtml，2012 － 04 － 10.

Value 为首的股东们开始注意到公司持有的专利的价值。2011 年秋天，美国在线公司着手出让其持有的专利。2012 年 4 月，经过竞买程序，美国在线与微软达成交易协议。美国在线以 10.56 亿美元的价格将 800 件专利转让给微软，并保留所有售出专利的永久使用许可。出售的专利包括早期互联网专利，涉及搜索、电子邮件、即时通信和定制在线广告等技术。

将这 800 件专利转让给微软后，美国在线仍然持有 300 余件专利和专利申请。这 300 余件专利和专利申请涉及广告、搜索、内容生产/管理、社交网络、地图、多媒体/流媒体和安全等核心和战略技术。公司首席执行官蒂姆·阿姆斯特朗认为，此次与微软的交易有助于推动美国在线的转型战略，为股东创造长期价值。美国在线宣布向微软出售专利后，公司的股价当天飙升 43%，收盘时达到每股 26.40 美元。

美国在线的专利所涉及的即时消息、电子邮件、浏览器、搜索引擎、多媒体技术等技术与微软公司自身的业务有高度相关性。凭借这次交易，微软也实现了获得美国在线所有专利的长期使用许可，以及获得一些专利的所有权以补充现有专利库的目的。同时，美国在线的专利有相当部分源于著名的地图供应网站——MapQuest，涉及地图业务，从而有助于微软与谷歌地图业务进行竞争。此外，微软随后以 5.5 亿美元的价格把一部分美国在线的专利出售和许可给了准备上市的脸书公司（Facebook），收回了相当一部分投资。

2. 专利所有权作价投资

在以专利所有权为标的的运营模式中，除了一般的专利转让以外，还存在另一种包括专利所有权转移行为的专利运营模式，即专利所有权作价入股。专利所有权作价入股，顾名思义是指专利权人将专利所有权作为资本入股，由此获得股权收入的经营方式。专利权人在与入股企业签订专利出资入股协议后，应当在规定时间内进行专利所有权转移。专利所有权从原持有人（出资人）转移给入股企业，成为入股企业的资产。

3. 专利所有权质押

专利质押是指专利运营者将合法拥有的专利权经评估后作为质押物，向某一债权债务关系中的债权人申请资金借贷。专利质押主要有直接质押、间接质押和组合质押等模式。在直接质押中，专利运营者受第三人委托或者将其自身拥有和控制的专利权作为质押物，直接向银行或其他企业等债权人申请获得借款。一般情况下，金融机构在审批专利质押贷款时，更加看重的是专利所能带来的预期收益，如许可收入、诉讼赔偿等。间接质押是指专利运营者受专利权人委托或将其自身拥有和控制的专利权作为质押物质押给第三方担保机构，再由担保机构作为质权人与银行或其他企业等债权人签订担保合同，再由债权人向出质人提供借贷款。在间接质押模式下，担保机构、保险公司、银行等多方机构会事先约定按照一定比例分别承担贷款风险。组合质押是指企业将专利与应收账款、股权、有形资产和企业信用等打包作为质押物来申请贷款，从而降低金融机构的风险。这种模式基本可以看作传统质押融资模式的延伸。在质押运营过程中，专利的权利范围、专利的利用关系、专利的保管责任等，全部由当事人自由约定。其中，以专利所有权作为质押物是较为常规的做法。

二、基于使用权的专利运营

1. 专利许可

专利许可是最普遍的基于专利使用权流转而获益的专利运营模式。许可费用是运营者主要的收益来源之一。专利许可运营是指专利运营者凭借直接或间接获得的专利权许可他人在一定条件下使用专利权，被许可人需支付许可使用费。在专利许可运营中，专利运营者可选择独占许可、排他许可、交叉许可、分许可等不同方式，限定实施许可的范围。无论经过哪种方式许可，专利权的归属都不发生变化，而只有使用权发生流转。

案例：美国高通公司的专利许可[1]

美国高通公司（Qualcomm）创立于1985年，总部设于美国加利福尼亚州圣迭戈市，是全球3G、4G与下一代无线技术的领军企业。2013年，高通公司市值一度达到历史高点1049.60亿美元，超过一直领先的英特尔公司的1035.01亿美元，成为全球通信领域企业中的第一名。同年，在美国行业协会发布的报告中，全球电子硬件产业领域企业拥有专利排名中，高通公司的专利

---

[1] 美国"高通"公司的发展历程及其知识产权管理概况［EB/OL］. http://www.360doc.com/content/13/0909/17/12061219_313311623. shtml, 2011-03-24.

数量和质量位居世界第一。

在高通公司成立初期，凭借从美国军方拿到的 CDMA 技术研发项目合同，高通公司获得了第一批专利，并于 1989 年开始向 50 家无线移动通信产业企业进行 CDMA 的专利许可。1993 年，高通的 CDMA 技术被美国电信标准协会标准化。1995 年，第一个 CDMA 商用系统运行。到 2000 年，全球 CDMA 用户突破 5000 万户。随着 CDMA 的高速发展，高通公司的专利许可收益也在节节攀高：合作方每销售一部手机，就要向高通公司缴纳一笔不菲的专利许可费，这里面包括 CDMA 专利的入门费和使用费，约占产品售价的 6%。

高通公司的专利运用迅速得到了回报，高通公司逐渐成长为一个依靠 CDMA 专利创造和运用的高技术创新型企业，CDMA 也得到了许多新型电信运营商的认可，特别是在率先大力发展 CDMA 技术的韩国等国家和地区，斥巨资投资 CDMA 市场，为高通公司迎来了高速发展的契机。

CDMA 技术是 3G、4G 乃至更新的尚处于实验之中的 5G 技术的基础。为了抢先进入 3G 市场，作为 CDMA 技术的创始者，高通公司多年来积极从事 CDMA 的专利部署，几乎垄断了与 CDMA 相关的所有技术专利的使用权，并推动 CDMA 成为 3G 产业的标准协议。任何需要使用 CDMA 技术专利的公司，都要向高通交纳数量不菲的专利许可使用费。在 3G 技术 WCDMA 的核心专利中，高通公司已掌控其中的 25%，成为业界领先的巨头之一。这使得业内从事 3G 产品制造与销售的企业，几乎都必须与高通公司签订专利许可合同。高通公司掌握的 3G 基础专利是如此之多，以至于连它的竞争对手都不得不使用它的专利。至今，3G 的每一个技术标准几乎都无法绕开高通，高通拥有其中主要核心技术的知识产权。

目前，高通公司拥有数千件 CDMA 及无线通信领域相关专利，其中相当一部分专利已经被全球标准制定机构普遍采纳。高通的客户及合作伙伴既包括全世界知名的手机、平板电脑、路由器和系统制造厂商，也涵盖全球领先的无线运营商。高通公司已经与全球 100 多家通信设备制造商签订了专利使用许可协议，并向全球众多的通信产品制造商提供了累计超过 75 亿多枚芯片，是世界领先的移动芯片提供商。

借助专利许可的高收益，高通公司进一步实现产业转型。其手机部卖给了日本京瓷公司，基站部则卖给了瑞典爱立信公司。即使是最核心的芯片技术，高通公司也是只研发不生产，高通公司只负责技术标准研发，并将主要精力聚焦于知识产权、技术标准，从而使高通公司经历了从重资产到轻资产的蜕变。

然而，其以往所采取的将芯片和专利许可费进行捆绑销售的商业模式，使得世界几乎所有手机厂商都无法绕过高通公司。这种商业模式在使高通公司获得巨大利润的同时，也在业界引发收费高昂的抵触心理，并成为其后来在多个国家遭遇反垄断调查的导火索。

总的来说，高通公司通过专利许可的方式获得了超高额的利润回报。截至2016年10月，高通已在包括美国、中国、加拿大、澳大利亚、巴西、德国等78个国家和地区获得了专利授权。在中国，高通已经与宇龙酷派、华为、中兴、TCL、小米、奇酷、天宇朗通、海尔、联想、格力等签订了专利许可协议，专利许可协议数量超过100份。根据高通公司2017财年第一财季财报计算，高通第一财季营收为60亿美元，其中来自专利许可的营收为18.60亿美元，占总营收的31%。

2. 专利使用权作价投资

专利使用权作价投资指专利权人将专利使用权作为资本入股，由此获得股权收入的经营方式。在专利使用权作价入股过程中，专利权人需与入股企业签订专利使用权出资入股协议，并且专利权并不转移，以专利使用权入股的股东仍然享有专利权。

三、基于使用权＋支配权的专利运营

基于专利使用权和支配权的流转而开展并获益的专利运营主要表现为专利池许可。专利池许可最初是为应对"专利丛林"问题、降低交易成本而由原来的单一专利持有人许可到组建专利联盟、构建专利池的转变而来。通过协议约定，专利池中的专利权人许可他人使用其专利技术。专利池的运营流程如图1-7所示。

以许可对象为分类标准，专利池许可主要包括以下三种形式。

（1）开放式专利池。专利池中的专利权人向专利池成员以外的第三方进行专利许可，并由专利权人依据自己拥有的必要专利的数量进行许可费用的分配。

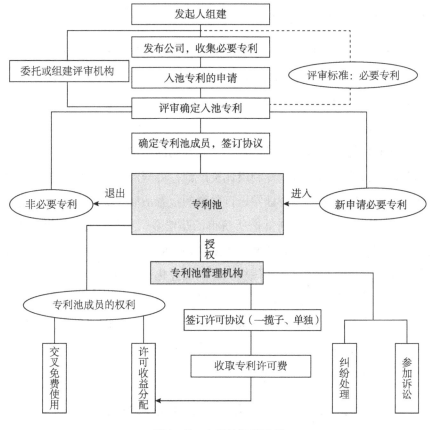

图1-7　专利池运营流程

（2）封闭式专利池。专利的交叉许可只在池中成员之间进行。此类专利池是以成员之间分享专利权为目的，不存在第三方。

（3）复合式专利池。专利池成员之间不仅进行专利交叉许可，而且对外向第三方进行许可。现实中大多数专利池都是采用复合式。

与基于使用权的专利许可运营不同的是，在专利池运营中，不仅是专利的使用权在发生流转，而且专利的支配权也在发生流转：一方面，专利池运营使得池内所有专利权人都享有池内专利的使用权；另一方面，专利池运营过程中，所有成员对池内专利都拥有支配权。基于专利使用权和支配权的流转，专利池内的所有专利权人都可从中取得相应的收益。

四、基于收益权的专利运营

通过专利收益权的流转而获益的专利运营主要是指专利权人凭借其所拥有的合法且目前仍然有效的专利权，通过金融手段，将专利的收益权转移到金融市场（包括银行、风险投资公司等），并从中取得资金收益。

1. 专利证券化

专利证券化是指发起人通过将能产生可预测的稳定现金流的专利转让给特殊目的载体，目的载体将这些专利组成资产池，以资产池所产生的现金流为支撑面向资本市场发行资产支持证券进行融资的金融活动。能在未来产生现金流的专利资产类型主要包括专利诉讼所获得的赔偿金、专利信托所产生的债权、专利许可所产生的债权以及专利产品的未来销售收入四种。专利证券化的对象是专利权衍生的具有财产利益的债权。专利证券化过程中，发生转移的并不是专利所有权，而是专利权衍生出的在未来可产生稳定现金流的债权。专利证券化运营一方面为专利权人拓宽了融资渠道，另一方面也向投资者支付本息。可以说，专利证券化运营是专利运营者通过将专利的收益权分享给投资者，从而获益的一种专利运营模式。

案例：耶鲁大学 Zerit 专利许可收益权证券化[1]

20 世纪 80 年代，耶鲁大学成功开发了抗艾滋病新药 Zerit，并于 1985 年获得该药品的相关发明专利。1987 年，耶鲁大学和美国百时美施贵宝制药公司（Bristol – Myers Squibb）签订了专利独占许可协议，由百时美施贵宝公司进行新药 Zerit 的生产和销售，耶鲁大学则每年收取专利许可费。专利许可费根据 Zerit 的生产和销售数量以及市场分布确定。1994 年，新药 Zerit 获批准上市。随着销售量的快速增长，在 1997 年至 2000 年期间，耶鲁大学的专利许可费收入逐年增加，分别为 2620 万美元、3750 万美元、4160 万美元和 4480 万美元。2000 年，由于急需资金来完成校内的一批基础设施建设，耶鲁大学将其药品专利的许可使用费收益权转让给了 Royalty Pharma，一家专门从事制药

---

[1] 傅琦童，朱颖. 基于国外经验对我国知识产权证券化操作结构的思考——以耶鲁大学专利权证券化为例 [J]. 中国外资，2010 (11)：255 –257.

和生物技术领域专利运营的公司。根据转让协议，耶鲁大学将 Zerit 专利 2000 年 9 月至 2006 年 6 月期间的专利许可费的 70% 以 1 亿美元转让给 Royalty Pharma 公司，Royalty Pharma 公司则对 Zerit 专利的许可收益进行证券化运营。

2000 年 7 月，Royalty Pharma 公司专门成立了一家特殊目的机构 BioPharma Royalty 信托，并将未来 6 年的 Zerit 专利许可使用费收益权转让给了 BioPharma Royalty 信托。百时美施贵宝公司承诺每季度向 BioPharma Royalty 信托支付专利许可费。BioPharma Royalty 信托随后对 Zerit 专利许可费收益的 70% 进行证券化处理，发行了 3 种证券，即 5715 万美元的优先受益证券、2200 万美元的次级受益证券和 2790 万美元的受益凭证。其中，次级受益证券具有较高的利率且可进行信用增级，同时，由 ZC Specialty 保险公司以第三人身份为其提供 2116 万美元的股权担保；受益凭证与股权类似，分别由 Royalty Pharma 公司、BancBoston Capital 公司和耶鲁大学持有。Royalty Pharma 公司与 Major US University 分别为次证券化交易中的债券承销商和债权分销商。

BioPharma Royalty 信托于每个季度从百时美施贵宝公司获得专利许可使用费的 70%，并按照协议将收益支付给服务商和投资人，最后将剩余收益平均分配给三个受益凭证持有人。证券交易结束时，耶鲁大学收到了现金和信托中的股权。

然而，在成功实现 Zerit 专利许可收益权证券化后不久，由于用户变动、价格下降、新药出现等原因导致的 Zerit 药品销售量急剧下降，BioPharma Royalty 信托从百时美施贵宝公司获取的 Zerit 专利许可费开始大幅度降低。自 2001 年第四季度起，BioPharma Royalty 信托连续三个季度无法按照协议支付款项而违约。2002 年 11 月底，依据受托人请求，BioPharma Royalty 信托被迫进入提前清偿程序。

虽然，此次专利收益权证券化最终以失败收场，但耶鲁大学仍然达成了其融资的目的，且无须承担对投资人的偿还责任，成了其中的赢家。此次证券化交易是以 Zerit 的专利许可使用费收益权而非耶鲁大学的信用为担保的，而且该收益权已经转移给了 BioPharma Royalty 信托，因此，投资人对耶鲁大学没有追索权，耶鲁大学无须对此次交易失败承担责任。

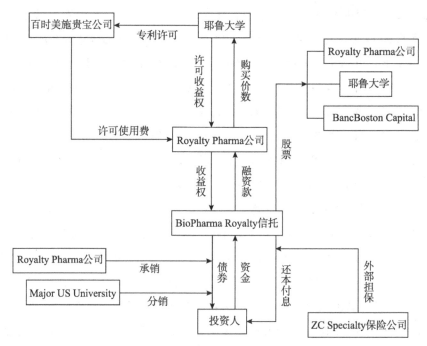

图1-8 Zerit专利许可收益权证券化运营示意

资料来源：邹小芃，王肖文，李鹏. 国外专利权证券化案例解析［J］. 知识产权，2009（1）：91-95.

2. 专利许可收益权质押

专利许可收益权质押是专利质押的一种。与常规的专利所有权质押不同的是，专利许可收益权质押是以专利许可收益权为质物，而专利所有权仍归出质人所有。如前文所述，金融机构在审核出质人的贷款申请时，特别是在专利直接质押中，更加注重的是专利所能带来的预期收益。因此，以专利的许可收益权作为质押物，其变现更加容易，从而更有利于降低金融机构的风险。

案例：美国 Dyax 公司专利许可收益权质押融资❶

美国 Dyax 生物技术公司（以下简称 Dyax 公司）是一家高科技生物技术公司。2008 年 8 月，Dyax 公司与专门从事全球医疗相关专利质押融资的金融投

❶ 丁锦希，李伟，郭璇，等. 美国知识产权许可收益质押融资模式分析——基于 Dyax 生物医药高科技融资项目的实证研究［J］. 知识产权，2012（12）：99-103.

资机构美国 Cowen 医疗专利融资贷款公司（以下简称 Cowen 公司）签订知识产权质押贷款合同。Dyax 公司以其生物医药专利"噬菌体展示技术授权项目"（简称 LFRP 项目）的专利许可收益权作为出质物向 Cowen 公司贷款 5000 万美元，还款期限 8 年。2012 年 1 月，双方再次达成一笔 8000 万美元的贷款项目，且仍以 LFRP 项目专利许可收益权作为出质物，贷款期限 6 年。两项贷款的利息分别为 16% 和 13%。对于贷款的偿还方式，双方约定 Cowen 公司获得 Dyax 公司 LFRP 项目许可费的前 1500 万美元的 75%、超过 1500 万美元部分的 25%，直到协议终止，贷款付清。Dyax 公司成功地以其具有较为稳定现金流收入的专利许可收益权进行了质押融资。

第五节　本章小结

近年来，在产业专利竞争、亲专利政策、引入资本运作等因素的推动下，以美国为代表的全球专利运营市场蓬勃发展。所谓专利运营，就是以实现专利价值最大化为目的而进行的资产配置和经营运作的市场活动。专利运营以"专利权"为客体，以紧扣专利的产权本质，侧重于专利资产的动态经营和专利价值的动态实现。受到专利权的无形性、地域性、时间性、独占性等特性的影响，专利运营也具有无形风险性、地域限定性、时间贬损性及权利易侵性等基本特征。作为一种无形资产，专利的经济价值更多受到其他市场因素的制约。其中，专利资产有效性、市场运作资本化、商业模式成熟度作为专利运营的核心三要素，对专利运营的效果有着直接的影响。

分析全球专利运营产业的发展脉络，我们可以看到，国际上开展专利运营的主体日趋多元化，国际技术转移传播趋向于网络化，国际专利技术市场交易平台化发展趋势也日渐凸显，专利运营业务范围进一步全球化。从产业层面来看，专利运营的发展形态主要经历了基于产权保护的专利运营、基于垄断竞争的专利运营、基于资产管理的专利运营以及基于资本运作的专利运营四个阶段。专利运营产业的发展总体呈现出参与主体日趋多元、产业规模不断扩大、产业层次不断提升等特点。具体观察专利运营的商业模式，可以看到，专利运营模式的发展主要经历了基于所有权的专利运营、基于使用权的专利运营、基于支配权的专利运营以及基于收益权的专利运营四个阶段。

第二章 中国专利运营产业的发展现状

第一节 中国专利运营产业的基本概况

相较国外，我国专利运营产业的发展起步相对较晚。我国第一部《专利法》于 1985 年开始正式实施。在专利制度建立初期，由于专利数量较少、专利保护意识较弱等原因，我国专利运营仅限于普通的专利转让、许可、作价投资等简单模式。随着我国加入 WTO，一方面，中国企业在走向海外的过程中不断遭遇"专利危机"，如 2002 年 6C 联盟向中国 DVD 厂商索要专利费；另一方面，国际知名知识产权运营公司进入中国开展专利运营，如高智发明进入中国市场开展发明投资。在此背景下，我国企业对专利重要意义的认识不断加深，开始尝试专利池、专利质押融资等较为复杂的专利运营模式。近些年，我国专利数量显著提升，深入挖掘和实现专利价值的需求日益激增，专利运营得到了政府、企业、高校、科研院所、服务机构等诸多主体越来越多的关注和重视。目前，中国专利运营产业正开始朝着专业化和体系化的方向发展。

一、专利运营的主体

与国际趋势类似，目前我国专利运营的参与主体呈现出多元化特征。不仅包括专利的创造者和使用者，如科技企业、高校、科研院所、个体发明人等，也包括专利服务提供者，如提供专利申请、诉讼、担保、保险、融资、展示、交易、信息分析、价值评估等专利运营相关服务的机构组织。

2013 年，为配合专利导航工程实施，国家知识产权局确定了一批国家专利运营试点企业。截至 2016 年 6 月，共有 115 家企业被确定为国家专利运营试点企业，包括生产型企业和服务型企业两类，具体名单见表 2 - 1。根据国家专利运营试点企业培育工作指引，生产型企业❶在专利运营方面的主要任务包括：一是推动专利技术的集成和突破，以核心专利为基础形成专利组合并持续优化；二是通过专利交易、专利许可、投融资等途径，促进企业专利价值最大化和产业价值链地位提升。服务型企业❷的主要任务则包括明确专利运营服务模式，建设专利运营服务平台，研究开发适应市场需求且具有自身优势的专利运营服务产品，牵头搭建专利运营服务网络，以及培育不同类型和层次的专利运营人才。

表 2 - 1 国家专利运营试点企业名单（截至 2016 年 6 月）

序号	试点企业名称	产业领域	类型	批准时间
1	武汉邮电科学研究院（集团）	光通信领域	生产型	2013.8
2	南车株洲电力机车研究所有限公司	电气系统集成、列车控制技术等		2013.8
3	国民技术股份有限公司	移动支付、信息安全、通信等		2013.8
4	中国铁道建筑总公司	铁路、公路、机场、港口建筑施工		2013.8
5	中国航天科技集团公司	航天工程及技术		2013.8
6	中国航天科工集团第三研究院	装备制造、光电子信息		2013.8
7	中广核工程有限公司	核电站工程设计及建设		2013.8
8	电信科学技术研究院	信息通信领域		2013.8
9	国家电网公司	电力设备制造、电网安全稳定控制等		2013.8
10	中国大唐集团公司	燃煤火电、水电、燃机、煤化工等		2013.8
11	中粮集团有限公司	农产品、乳制品、粮油食品加工生产		2013.8

❶ 国家知识产权局. 国家专利运营试点企业（生产型企业）培育工作指引［EB/OL］. http://www.sipo.gov.cn/ztzl/ywzt/zldhsdgc/gjzlyysdqy/201311/t20131104_874678.html，2013 - 10 - 21/2017 - 06 - 17.

❷ 国家知识产权局. 国家专利运营试点企业（非生产型企业）培育工作指引［EB/OL］. http://www.sipo.gov.cn/ztzl/ywzt/zldhsdgc/gjzlyysdqy/201311/t20131104_874679.html，2013 - 10 - 21/2017 - 06 - 17.

序号	试点企业名称	产业领域	类型	批准时间
12	西南化工研究设计院有限公司	新材料、新能源及节能技术		2013.8
13	海信集团有限公司	数字多媒体、家电、智能商用设备等		2013.8
14	天津药物研究院	医药		2013.8
15	浙江正泰电器股份有限公司	电气设备、分析及测量控制技术		2013.8
16	北汽福田汽车股份有限公司	中重卡发动机、车身等		2013.8
17	浙江海正药业股份有限公司	医药制剂、生物制药、中成药等		2013.8
18	中兴通讯股份有限公司	LTE/3G/2G、云计算、智能终端		2013.8
19	腾讯科技（深圳）有限公司	计算机、互联网		2013.8
20	特变电工股份有限公司	变压器、高压开关柜、电线电缆等		2013.8
21	重庆润泽医药有限公司	手术动力系统、植入器材等		2013.8
22	湖南华曙高科技有限责任公司	3D打印技术		2013.8
23	福耀玻璃工业集团股份有限公司	浮法玻璃、汽车玻璃及玻璃生产设备		2013.8
24	四川长虹电器股份有限公司	编解码技术、数字电视、芯片技术等	生产型	2013.8
25	同方威视技术股份有限公司	安全检查设备		2013.8
26	珠海格力电器股份有限公司	家电行业		2016.1
27	鲁南制药集团股份有限公司	医药		2016.1
28	英飞特电子（杭州）股份有限公司	LED照明		2016.1
29	深圳市朗科科技股份有限公司	电子信息存储与传输业		2016.1
30	联想（北京）有限公司	IT行业		2016.1
31	长城汽车股份有限公司	汽车技术		2016.1
32	合肥美的电冰箱有限公司	轻工业		2016.1
33	天能电池集团有限公司	工业制造		2016.1
34	京东方科技集团股份有限公司	半导体显示		2016.1
35	成都新柯力化工科技有限公司	新材料		2016.1
36	洛阳轴研科技股份有限公司	制造业		2016.1
37	北大方正集团有限公司	电子、医药、金融等		2016.1
38	力帆实业（集团）股份有限公司	制造业		2016.1

序号	试点企业名称	产业领域	类型	批准时间
39	天士力控股集团有限公司	医药	生产型	2016.1
40	歌尔声学股份有限公司	电子行业		2016.1
41	正大天晴药业集团股份有限公司	医药		2016.1
42	科沃斯机器人有限公司	家庭服务机器人、清洁设备		2016.1
43	陕西煤业化工集团有限责任公司	煤炭开采、煤化工、钢铁等		2016.1
44	奇瑞汽车股份有限公司	汽车生产及销售		2016.1
45	广州广电运通金融电子股份有限公司	专用设备制造业		2016.1
46	新奥科技发展有限公司	新能源、环保技术		2016.1
47	西安西电捷通无线网络通信股份有限公司	通信网络与信息系统安全	服务型	2013.8
48	江苏佰腾科技有限公司	食品化学、新材料和农业机械等		2013.8
49	深圳市中彩联科技有限公司	数字电视技术、LCD/3D 显示技术		2013.8
50	摩尔动力（北京）技术股份有限公司	能源与动力、3D 打印技术		2013.8
51	常熟紫金知识产权服务有限公司	电子信息、生物医药		2013.8
52	天津滨海国际知识产权交易所有限公司	全领域		2013.8
53	北京国之专利预警咨询中心	全领域		2013.8
54	中国专利技术开发公司	全领域		2013.8
55	北京智谷睿拓技术服务有限公司	智能手机、移动互联网		2013.8
56	北京泰尔凯达电信信息咨询有限公司	ICT 领域、移动互联网、物联网等		2013.8
57	北京科慧远咨询有限公司	信息通信、电力电子		2014.12
58	北京合享新创信息科技有限公司	电子信息、医疗器械、LED		2014.12
59	北京中强智尚知识产权代理有限公司	互联网、机械、电子、计算机、软件、通信、自动化、生物医药、化工等领域		2014.12
60	北京中献电子技术开发中心	信息高新技术、生物高新技术、农业高新技术		2014.12
61	北京中铁科信息咨询有限公司	铁路及轨道交通相关技术领域		2014.12
62	中国国际技术智力合作公司	电子信息领域		2014.12

序号	试点企业名称	产业领域	类型	批准时间
63	北京荷塘投资管理有限公司	能源、材料、信息、生物医药、节能减排与环境保护、高端装备与先进制造等领域		2014.12
64	北大赛德兴创科技有限公司	信息技术、生物技术、化工材料、新能源、航空航天、高端装备制造等		2014.12
65	北京康信知识产权代理有限责任公司	电子信息、仪器仪表、新材料、新能源、生物医药、机械装置及运输		2014.12
66	北京市柳沈律师事务所	电子、机械、化学等领域		2014.12
67	深圳市联创知识产权服务中心	电子信息、医疗器械		2014.12
68	广东省产权交易集团有限公司	科技金融		2014.12
69	佛山市海科知识产权交易有限公司	机械、新材料、电子信息等领域		2014.12
70	深圳中科院知识产权投资有限公司	信息、能源、材料、资源、农业、医药等领域	服务型	2014.12
71	江苏汇智知识产权服务有限公司	农业机械、汽车、泵、微制造、新材料、生物化工等领域		2014.12
72	苏州工业园区纳米产业技术研究院有限公司	微机电系统为主的优势纳米技术领域		2014.12
73	江苏天弓信息技术有限公司	小核酸技术领域		2014.12
74	成都行之专利代理事务所	民用核技术、油气化工、电子信息技术、生物医药、航空航天、新材料、光机电一体化等领域		2014.12
75	成都九鼎天元知识产权代理有限公司	集成电路设计产业、生物与医药产业、微波通信产业、创意设计		2014.12
76	株洲市技术转移促进中心有限公司	轨道交通装备制造		2014.12
77	长沙技术产权交易所有限公司	新材料、新能源、节能环保、先进制造技术与汽车、生物医药、农业新技术		2014.12
78	天津滨海新区科技创新服务有限公司	电子信息、生物医药、智能制造		2014.12

序号	试点企业名称	产业领域	类型	批准时间
79	上海盛知华知识产权服务有限公司	生物、化学、材料、机械、物理、电子、信息技术		2014.12
80	上海硅知识产权交易中心有限公司	电子信息技术领域		2014.12
81	上海新诤信知识产权服务股份有限公司	通信、信息科技、LED照明、生物医药、互联网		2014.12
82	青岛联合创新投资管理有限公司	全领域,主要涉及生物、机械、电子、化学、材料、自动化领域		2014.12
83	山东星火知识产权服务公司	石油、化工、生物能源、环保、节能		2014.12
84	武汉化院科技有限公司	化工新材料、磷资源开发与综合利用、光机电控与先进制造等领域		2014.12
85	武汉知识产权交易所	电子信息技术、生物与新医药、航空航天、新材料、高技术服务业、新能源及节能、资源与环境、高新技术改造传统产业	服务型	2014.12
86	重庆帕特克劳知识产权服务有限公司	机械、化工、材料、通信、生物医药、电子信息等领域		2014.12
87	福州技术市场	电子信息、纺织服装、机械制造、轻工食品		2014.12
88	中国科学院长春应用化学科技总公司	化学、化工新材料、新能源等领域		2014.12
89	河南省亿通知识产权服务有限公司	电子、化工、医疗、食品、通信、新能源、机械、生物、新材料等领域		2014.12
90	海南经济特区产权交易中心	海洋、信息、生物和医药、热带亚热带农业、建筑工程、新能源		2014.12
91	贵州派腾科技服务有限公司	医药、化工		2014.12
92	上海数字电视国家工程研究中心有限公司	地面数字电视传输		2016.1
93	青岛橡胶谷知识产权有限公司	化工橡胶机械		2016.1

序号	试点企业名称	产业领域	类型	批准时间
94	山东山琦知识产权运营管理有限公司	农村环保设备、工业机器人、风机等		2016.1
95	北京创驿科技发展有限公司	电子通信、生物医药、集成电路等		2016.1
96	七星天（北京）咨询有限责任公司	电子、通信、半导体等		2016.1
97	赛恩倍吉科技顾问（深圳）有限公司	化工、机械、机电与自动化等		2016.1
98	深圳市精英知识产权运营服务有限公司	节能环保、新一代信息技术、生物等		2016.1
99	广州博鳌纵横网络科技有限公司	全领域		2016.1
100	杭州杭诚专利事务所有限公司	机械、通信、电子信息等		2016.1
101	南昌金轩科技有限公司	新材料、生物和新医药、航空等		2016.1
102	天津市天元生产力促进有限公司	生物医药、电子通信、先进制造		2016.1
103	成都市卓睿科技有限公司	新能源汽车、汽车、汽车模具等	服务型	2016.1
104	无锡品源知识产权运营有限公司	新能源、新材料、电子通信等		2016.1
105	北京中誉威圣知识产权代理有限公司	医药		2016.1
106	金信国际知识产权代理有限公司	全领域		2016.1
107	成都弘毅天承知识产权代理有限公司	电子信息、3D打印、节能环保等		2016.1
108	武汉光谷知识产权联盟管理有限责任公司	工程机械、信息通信、生物医药等		2016.1
109	河南行知专利服务有限公司	机械、物理、电力电子等		2016.1
110	广东高航知识产权运营有限公司	新一代信息技术、新能源与节能环保、生物医药等		2016.1
111	哈尔滨市松花江专利商标事务所	电子通信、机械制造、材料化工等		2016.1
112	山西科贝律师事务所	机械、化工、电力等		2016.1
113	上海博彧士科技有限公司	新能源、新材料、电子信息等		2016.1
114	北京高文律师事务所	环境、能源、电子等		2016.1
115	中国技术交易所有限公司	电子信息、通信、移动互联网等		2016.1

资料来源：国家知识产权局. 国家专利运营试点企业名单（截至2016年6月）[EB/OL]. http://www.sipo.gov.cn/ztzl/ywzt/zldhsdgc/gjzlyysdqy/201606/t20160602_1272705.html，2016 - 06 - 02/2017 - 06 - 17.

二、专利运营的客体

自 2008 年实施国家知识产权战略以来，我国的专利数量迅速增加。如图 2-1 所示，2016 年，国家知识产权局受理的国内专利申请量近 330.5 万件，同期增长 23.8%；而国内专利授权量也超过 162 万件，同期增长 2.1%。而我国的有效专利数量也从 2008 年的 34 万件增长到 2016 年的 177 万件。

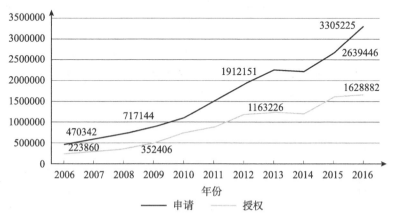

图 2-1 中国专利申请量和授权量增长趋势（2006—2016）

资料来源：《国家知识产权局统计年报》和《国家知识产权局专利业务工作及综合管理统计月报》。

根据世界知识产权组织于 2016 年 11 月发布的《世界知识产权指标 2016》报告显示，2015 年全世界共提交了大约 290 万件发明专利申请。其中，中国的发明专利申请最多，达 110.2 万件，差不多为美国、日本和韩国的专利申请量之和，成为世界上首个单一年度内发明专利申请受理量超过百万的国家。这也是中国连续第五年占据世界专利申请量首位。如图 2-2 所示，2009 年以来，我国的发明专利申请量增长速度明显高于美国、日本、韩国等国家和地区。

该报告还显示，2015 年，全球发明专利授权量大约 124 万件，同期增长 5.2%，是 2012 年以来增长速度最快的一年。而这主要归因于中国发明专利授权量的增长。如图 2-3 所示，2015 年，中国发明专利授权量多达 35.9 万件，超过美国，成为世界上发明专利授权量最多的国家。

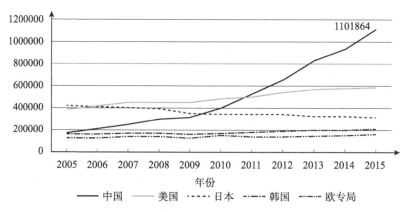

图 2-2 世界五大知识产权局发明专利申请增长趋势（2005—2015）

资料来源：WIPO Statistics Database，October 2016.

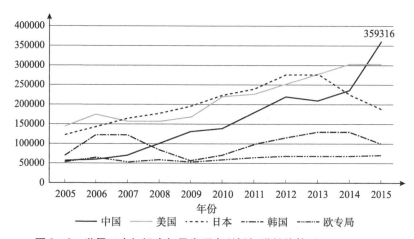

图 2-3 世界五大知识产权局发明专利授权增长趋势（2005—2015）

资料来源：WIPO Statistics Database，October 2016.

三、专利运营的模式

当前，我国的专利运营模式以专利转让、专利许可（包括专利池许可）、专利作价投资和专利质押等为主。如图 2-4 所示，2016 年，我国专利转让、专利许可、专利质押三种主要模式运营次数总和突破 17 万次，涉及专利件数达 16.3 万件。

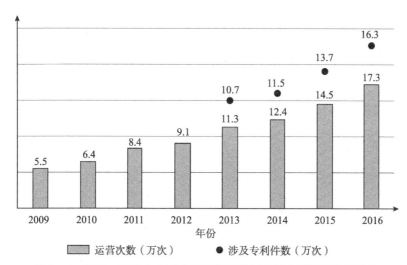

图 2 - 4　2009—2016 年中国专利运营次数及涉及专利件数变化趋势

资料来源：知识产权出版社 i 智库.2016 年中国专利运营状况研究报告［R］，2017.

（一）专利转让

专利转让是我国专利运营最主要的表现形式。如图 2 - 5 所示，2009 年至 2016 年，我国专利转让次数逐年增加，且在转让、许可和质押三种模式为主的运营产业整体中，专利转让次数占比始终高于60%；2016 年占比甚至接近90%。

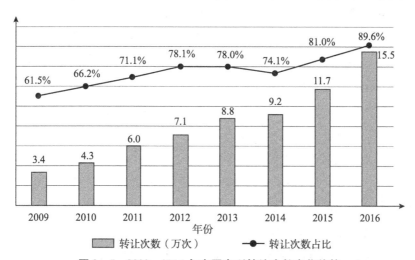

图 2 - 5　2009—2016 年中国专利转让次数变化趋势

资料来源：知识产权出版社 i 智库.2016 年中国专利运营状况研究报告［R］，2017.

（二）专利许可

如图 2 - 6 所示，2009 年至 2016 年，我国专利实施许可次数基本保持在 2 万次左右。其中，2014 年许可次数最多，约 2.4 万次。然而，2016 年，我国专利许可次数显著下降，仅为 7133 次，涉及专利件数为 6631 件。

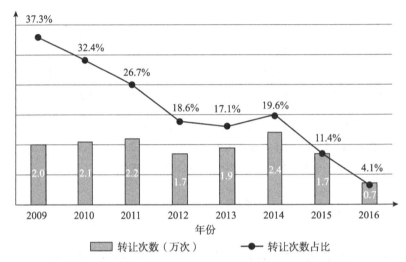

图 2 - 6　2009—2016 年中国专利实施许可次数变化趋势

资料来源：知识产权出版社 i 智库 . 2016 年中国专利运营状况研究报告［R］, 2017.

在多种形式的专利许可中，专利池许可也是我国诸多产业内实体开展专利运营的主要模式。我国专利池的建设起步较晚，大多成立于 2000 年以后。其中，比较成熟的全国性专利池有 AVS、TD - SCDMA、WAPI、CBHD、IGRS、中彩联专利联盟、空心楼盖专利联盟、顺德电压力锅专利联盟、佛山陶瓷专利联盟、中国地板专利联盟等，地方性专利池有中国镀金属抛釉陶瓷专利制品产业合作联盟、广东伦教梳齿接木机专利联盟、深圳 LED 专利联盟、广东省恩平市电声行业专利联盟、中国地板专利联盟、四川广汉石油天然气装备制造产业专利联盟，等等。表 2 - 2 是国家知识产权局公布的，截至 2017 年 2 月，备案在册的产业知识产权联盟名单。

总体来看，我国的专利池以企业间协作为主。例如，专利谈判、专利侵权应诉等，大部分缺少核心专利，对外实施专利许可的较少，除了深圳彩电专利联盟、AVS、深圳 LED 专利联盟成立了专门的专利池管理机构外，其他大多数都没有独立的专利联盟管理实体。

表 2－2　备案在册的产业知识产权联盟名单（截至 2017 年 2 月 10 日）

序号	备案编号	推荐单位	联盟名称
1	国知联备 2015001	北京市 知识产权局	北京市智能卡行业知识产权联盟
2	国知联备 2015002		北京市音视频产业知识产权联盟
3	国知联备 2015003		北京食品安全检测产业知识产权联盟
4	国知联备 2015004		中关村能源电力知识产权联盟
5	国知联备 2015005		北京新型抗生素行业知识产权联盟
6	国知联备 2015006		北京市抗肿瘤生物医药产业知识产权联盟
7	国知联备 2015007		北京射频识别技术知识产权联盟
8	国知联备 2015008		北京市经济技术开发区云计算知识产权创新联盟
9	国知联备 2015009		北京智能硬件产业知识产权联盟
10	国知联备 2015010		北京现代农牧业知识产权联盟
11	国知联备 2015011		北京汽车产业知识产权联盟
12	国知联备 2015012		北京轨道交通机电技术产业知识产权联盟
13	国知联备 2015013		北京热超导材料产业知识产权联盟
14	国知联备 2016023		中国集成电路知识产权联盟
15	国知联备 2016024		移动智能终端知识产权联盟
16	国知联备 2016025		中国地基基础技术创新知识产权联盟
17	国知联备 2016026		北京高端精密机电产业知识产权联盟
18	国知联备 2016027		中药大品种知识产权联盟
19	国知联备 2017001		中国矿业知识产权联盟
20	国知联备 2015014	辽宁省 知识产权局	营口市汽车保修检测设备行业专利联盟
21	国知联备 2015015	吉林省 知识产权局	化工新材料产业知识产权联盟
22	国知联备 2015016	江苏省 知识产权局	新医药技术创新知识产权联盟
23	国知联备 2015017		膜产业知识产权联盟
24	国知联备 2015018		江苏省物联网知识产权联盟
25	国知联备 2015019		泰州市特殊钢产业技术创新与知识产权战略联盟
26	国知联备 2015020		南京光电产业知识产权联盟
27	国知联备 2015021		特殊船舶及海洋工程配套产业知识产权联盟
28	国知联备 2015022		江苏省石墨烯产业知识产权联盟
29	国知联备 2015023		江苏省机器人及智能装备制造产业知识产权联盟
30	国知联备 2015024		大气污染防治知识产权联盟
31	国知联备 2015025		海洋工程装备和高技术船舶产业知识产权联盟
32	国知联备 2015026		中国船舶与海洋工程产业知识产权联盟

序号	备案编号	推荐单位	联盟名称
33	国知联备 2015027	浙江省 知识产权局	湖州市电梯产业知识产权联盟
34	国知联备 2016020		杭州高新区（滨江）物联网产业知识产权联盟
35	国知联备 2016021		浙江省磁性材料产业知识产权联盟
36	国知联备 2016022		台州市黄岩电动车塑件产业知识产权联盟
37	国知联备 2015028	山东省 知识产权局	新型健身器材产业技术创新专利联盟
38	国知联备 2015029		山东省石墨烯产业知识产权保护联盟
39	国知联备 2015030		国家化工橡胶专利联盟
40	国知联备 2015031		山东省化工产业知识产权保护联盟
41	国知联备 2015032		济宁市智能矿山知识产权战略联盟
42	国知联备 2015033		济宁市工程机械产业知识产权战略联盟
43	国知联备 2015034		宁津县电梯产业知识产权联盟
44	国知联备 2015035		枣庄高新区锂电新能源产业知识产权创新联盟
45	国知联备 2015036		山东省新型防水材料产业知识产权保护联盟
46	国知联备 2015037		中国盐碱地产业知识产权保护联盟
47	国知联备 2015038		地下埋设物智能化管理知识产权联盟
48	国知联备 2016001		存储产业知识产权联盟
49	国知联备 2016002		山东省专用汽车产业知识产权联盟
50	国知联备 2016003		山东省知识产权运营联盟
51	国知联备 2016004		菏泽市生物医药产业知识产权联盟
52	国知联备 2016005		中国黄金珠宝加工产业知识产权联盟
53	国知联备 2016006		淄博市知识产权运营联盟
54	国知联备 2015039	河南省 知识产权局	南阳市汽车零部件产业知识产权联盟
55	国知联备 2015040		中国冶金辅料（保护渣）产业知识产权联盟
56	国知联备 2015041		漯河市食品产业知识产权战略联盟
57	国知联备 2015042	湖南省 知识产权局	轨道交通装备制造业专利联盟
58	国知联备 2015043	广东省 知识产权局	LED 产业专利联盟
59	国知联备 2015044		电压力锅专利联盟
60	国知联备 2015045		中国彩电知识产权产业联盟
61	国知联备 2015046		深圳市工业机器人专利联盟
62	国知联备 2015047		深圳市黄金珠宝知识产权联盟
63	国知联备 2016007		深圳车联网知识产权联盟

序号	备案编号	推荐单位	联盟名称
64	国知联备 2016008	广东省知识产权局	深圳市医疗器械行业专利联盟
65	国知联备 2016009		新能源标准与知识产权联盟
66	国知联备 2016010		平衡车产业标准与知识产权联盟
67	国知联备 2016011		家用榨油机专利联盟
68	国知联备 2016012		佛山市医疗智能科技专利联盟
69	国知联备 2016013		健康照明专利联盟
70	国知联备 2016014		汕头市濠江区工艺行业协会专利保护联盟
71	国知联备 2016015		第三代半导体专利联盟
72	国知联备 2016016		恩平市电声行业专利联盟
73	国知联备 2016017	海南省知识产权局	海南省热带特色高效农业知识产权联盟
74	国知联备 2016018		海南省南药产业知识产权联盟
75	国知联备 2016019		海南省食品产业知识产权联盟
76	国知联备 2015048	重庆市知识产权局	超声治疗医疗器械产业知识产权联盟
77	国知联备 2015049		重庆市摩托车产业知识产权联盟
78	国知联备 2015050	四川省知识产权局	四川省高效节能照明及先进光电子材料与器械技术创新和知识产权联盟
79	国知联备 2015051		四川省生猪产业知识产权联盟
80	国知联备 2015052		四川省眉山"东坡泡菜"产业专利联盟
81	国知联备 2015053		四川省自贡市硬质材料产业专利联盟
82	国知联备 2015054		宜宾市香料植物开发利用产业知识产权联盟
83	国知联备 2015055		四川省广汉石油天然气装备制造产业专利联盟
84	国知联备 2015056	中国电子材料行业协会	光纤材料产业知识产权联盟

资料来源：国家知识产权局．备案在册的产业知识产权联盟名单（截至 2017 年 2 月 10 日）［EB/OL］．http：//www. sipo. gov. cn/ztzl/ywzt/zldhsdgc/cyzscqlm/201702/t20170214 _ 1308342. html，2017 –02 –14/2017 –05 –03.

案例：我国 AVS 标准及其专利池运行状况●

　　随着技术标准与知识产权的日益结合，技术标准中核心专利的持有人往往

　　● 古村，陈磊，林举琛．我国现有专利池及其知识产权政策研究［J］．中国发明与专利，2012 （6）：17 –21.

结成专利池以解决复杂的专利授权问题。技术标准下的开放式专利池日渐成为最有影响力的专利池，如 AVS、TD‑SCDMA、WAPI、CBHD 标准及其专利池。其中，AVS 标准及其专利池是我国探索专利池组建与运营的先例。

AVS 专利池是围绕我国自主制定的第二代信源编解码技术标准，依托技术标准中涉及的技术创新成果而组建的。2002 年，国家信息产业部科学技术司批准成立数字音视频编解码技术标准工作组（Audio and Video Coding Standard Workgroup of China，简称 AVS 工作组）。AVS 工作组组织制定的《信息技术先进音视频编码》国家标准（简称 AVS 标准）是数字音视频产业的共性基础标准。2006 年，该标准系列中的《信息技术 先进音视频编码 第 2 部分：视频》被作为国家标准正式实施。2007 年，AVS 视频编码标准被 ITU‑T 确定为 IPTV 国际标准。作为中国牵头创制的第二代信源编解码标准，AVS 标准达到了当前国际先进水平。2005 年 5 月，AVS 产业联盟正式在北京成立，包括 TCL、创维、华为、海信、海尔、浪潮、长虹、上广电、中兴等国内 12 家知名企业作为发起单位，AVS 标准向产业化迈出了实质性的一步。

借鉴国外专利池的组建经验，AVS 专利池遵循了一般专利池组建的既定规则。它的组建过程包括了规则制定、专利召集、必要专利评估、知识产权谈判等操作流程。同时，AVS 专利池还成立了专门的管理机构。AVS 专利池管理机构是在中国注册的非营利组织，使命是把实施 AVS 标准所需的必要专利组织成 AVS 专利池，并进行"一站式"许可。AVS 专利池管理机构的指导与决策机构是 AVS 专利池管理委员会，具体执行机构是 AVS 专利池管理中心。AVS 专利池管理委员会由 19 位理事组成，包括实施 AVS 标准所需必要专利的所有人代表、AVS 标准用户代表、有政府工作背景的代表公共利益的专家以及 AVS 工作组组长和 AVS 专利池管理中心主任。

通常情况下国外标准组织只负责标准的制定，不负责也不干涉标准中涉及专利的许可运营工作。与这种常态不同的是，在 AVS 工作组制定标准的同时，AVS 专利池管理中心也同步开始了知识产权政策制定、专利披露、专利许可义务承诺等前期工作，并且将许可义务作为标准是否采纳该技术方案的考虑因素之一，在标准的制定中引导专利池中的权利人合理预期其未来的收益。

AVS 标准具有先进、自主、开放的特点，其知识产权政策综合考虑了专利权人和用户的共同利益，是国际知识产权和标准领域的重要创新。AVS 标准知识政策的基本原则为：AVS 标准不反对专利技术，以保证标准的先进性，但专利进入 AVS 标准必须遵守一定的条件。可以看出，AVS 标准希望在标准发布前将专利的利益索求限制在一个合理的水平，以保证标准的公益性。

1. 披露与许可政策

根据 AVS 知识产权政策规定，为了方便工作组决定是否采纳特定提案以及准备与 AVS 标准草案相关的专利报告，AVS 会员在提交任何提案时，应该做出相应披露，并且书面承诺，对于该会员因该特定提案得到 AVS 标准最终采纳而获得的与该标准有关的任何必要权利要求，该会员将就该权利要求提供符合以下条件的许可：①对于中华人民共和国授予的专利中包含的必要权利要求，按 RAND RF 条款（即按照合理且非歧视性的条款提供免费许可）或通过 AVS 专利池进行许可；②对于中华人民共和国之外授予的专利中包含的必要权利要求，按 RAND RF 条款（即按照合理且非歧视性的条款提供免费许可）或 RAND 条款（即按照合理且非歧视性的条款许可），或通过 AVS 专利池进行许可。

为利于 AVS 标准的商业应用，AVS 专题组在权衡技术性能和实施成本实质性相同的竞争性提案时将采用以下规则：在相关的专利披露中没有包含潜在的必要权利要求的提案，或者有关潜在的必要权利要求适用 RAND – RF 的缺省许可义务的提案通常应当得到优先考虑；当每个提案都有专利被披露时，专题组将优先考虑承诺提供更优惠许可条件的提案。

2. 管理与收费政策

AVS 专利池的管理采用"一站式"许可方式，其目的在于实现从一个管道对加入专利池的必要权利要求进行许可，遵循：①最大限度地将所有包含必要权利要求的专利吸收在内的原则；②诚实信用原则；③自愿参与原则；④非排他性原则；⑤非歧视性的管理原则。

AVS 标准的使用者对 AVS 编解码器或包含 AVS 编解码器的终端产品缴纳专利费。AVS 编解码器包括编解码芯片、编解码软件等体现 AVS 标准（即 AVS 视频、音频、系统、DRM，或以上标准的组合）所有特征的完整实现者。被许可人可以选择采用所有标准涉及的必要专利，也可以选择标准涉及的部分专利。专利池管理机构可以提供视频、音频以及其他部分的标准许可菜单供被许可人选择，其相应的专利许可费为整体打包费的一定百分比。该比例待定，但原则上不超过整体打包费的 80%。AVS 标准收费政策的主要特点为：①优先采纳许可条件优惠的专利，有利于保证标准的性价比；②对于国内专利，以承诺免费许可或同意加入专利池为采纳条件，使 AVS 工作组可以有效地控制标准的总体许可价格。

（三）专利质押

近年来，专利质押融资在政府的引导推动下，运营次数增长趋势明显，见图 2-7。2015 年、2016 年连续两年，我国专利质押次数接近 1.1 万次。同时，2009 年至 2015 年间，专利质押涉及的金额也在不断增长，见表 2-3。专利质押为我国中小型科技企业寻求融资提供了新的路径。

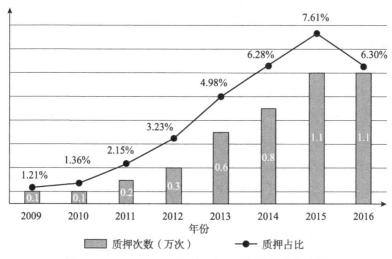

图 2-7　2009—2016 年中国专利质押次数变化趋势

资料来源：知识产权出版社 i 智库.2016 年中国专利运营状况研究报告［R］，2017.

表 2-3　2009—2016 年中国专利质押涉及金额

年　份	2009	2010	2011	2012	2013	2014	2015	2016
质押涉及金额 （单位：亿元人民币）	74.6	70.7	90	141	254	489	560	433

资料来源：知识产权出版社 i 智库.2016 年中国专利运营状况研究报告［R］，2017.

案例：上海鑫众公司专利质押融资[1]

上海鑫众通信技术有限公司（以下简称"鑫众公司"）成立于 2005 年 10 月，总部位于上海漕河泾开发区科技创业中心，注册资金壹亿零壹拾万元人民币，是一家集研发、生产、销售、系统集成及网络优化等服务于一体的国家级高新技术企业。鑫众公司主要从事从网络规划、网络设备、专业工程服务、业务平台到终端的"一站式网络优化服务"，其主导产品包括移动通信室内覆盖、移动通信直放站、基站延伸覆盖、通信控制、WLAN 无线局域网、无线网络质量检测和优化系统等无线通信产品。鑫众公司在上海、浙江、江苏、福建、河南、黑龙江等多个省市设有分支机构，已建立起覆盖全国市场的服务网络。目前，鑫众公司拥有二十余项专利和软件著作权，于 2009 年 10 月获得"高新技术企业"证书，2010 年 5 月通过 ISO 9001 质量管理体系认证、ISO 14001 环境管理体系认证，并获得工业和信息化部颁发的甲级通信系统集成资质及上海市住房和城乡建设管理委员会颁发的通信工程总承包三级资质。

鑫众公司与其最大的客户中国移动通信集团有着长期紧密的业务来往。在整个业务往来的过程中，由于行业的特点，应收账款账期较长，因此，鑫众公司流动资金的周转遇到问题。如果不增加流动资金的投入，会使企业经营受到极大影响。为此，鑫众公司决定尝试用自主知识产权质押贷款，以补充企业流动资金，用于加大研发和扩大市场的投入力度。

鑫众公司向上海知识产权交易中心咨询知识产权质押融资相关事宜，并提出申请。上海市知识产权交易中心窗口受理了鑫众公司的申请，并为鑫众公司提供了所需材料清单、表格、知识产权质押融资委托代理合同。随后，鑫众公司与上海知识产权交易中心签订知识产权质押融资委托代理合同，并提交相关材料。上海知识产权交易中心组织各专业会员单位根据企业提供的资料进行初审，并汇总各会员单位的意见，一致认为鑫众公司符合知识产权质押融资的条件，予以"通过初审"认定。初审后，上海徐汇担保有限公司、上海汇信资产评估有限公司、交通银行上海漕河泾支行等机构到鑫众公司进行现场考察。

---

[1]　中小企业知识产权融资案例三则 [EB/OL]. http://blog.sina.com.cn/s/blog_68f609380100u28v.html, 2011 – 05 – 11.

根据考察结果，上海汇信资产评估有限公司出具了评估报告；上海徐汇担保有限公司通过内审程序，出具了担保方案；交通银行上海漕河泾支行通过贷审会决定给予鑫众公司人民币300万元流动资金贷款。而后，上海徐汇担保有限公司和鑫众公司、交通银行上海漕河泾支行和鑫众公司、上海徐汇担保有限公司和交通银行上海漕河泾支行分别签订了贷款、担保合同。鑫众公司实际控制人将私有房产做反担保。同时，上海众律律师事务所出具了法律意见书，认为本次知识产权质押融资贷款符合相关法定程序；上海科盛知识产权代理有限公司为出质人和质权人办理专利质押登记的手续。最后，交通银行上海漕河泾支行给予放款。上海知识产权交易中心向徐汇区知识产权质押融资推进小组就本次质押贷款进行备案登记。上海知识产权交易中心和相关机构进行贷后跟踪管理。

鑫众公司利用企业拥有的自主知识产权，成功获得了流动资金300万元的贷款。在专利质押融资过程中，其选择了"银行＋担保机构＋专利质押＋房产反担保"的间接质押融资模式。

（四）专利作价入股

专利作价入股也是我国专利运营较为常见的模式之一。目前，实践中存在以专利所有权或专利使用权入股两种模式。对于专利使用权出资问题，虽然我国现行法律、行政法规或国务院决定以及工商总局规章层面未见明确规定或结论性意见，但从法理上来讲，约定期限内的专利许可使用权益是可以用货币估价的非货币财产，除法律、行政法规规定不得作为出资的专利外，专利使用权是符合现行《公司法》有关股东出资财产的规定的。

此外，2012年工商总局发布《国家工商总局关于支持上海"十二五"时期创新驱动、转型发展的意见》，明确提出"支持上海探索专利使用权等知识产权出资"；2014年年底湖南省出台了《关于支持以专利使用权出资登记注册公司的若干规定（试行）》，就专利使用权出资定义、形式、入股比例及条件、监管工作等方面做出了界定。可见，探索扩大知识产权出资范围，允许以专利使用权出资是一种趋势。

案例：中科院煤化所以专利使用权入股秦晋公司❶

1998 年 5 月，中国科学院山西煤炭化学研究所（以下简称"中科院煤化所"）获得"灰熔聚流化床气化过程及装置"发明专利，专利号为 ZL94106781.5。1998 年 7 月，中科院煤化所与陕西华美新时代工程设备有限公司（简称"华美公司"）签订了《合作推广灰熔聚流化床粉煤气化技术协议书》。协议约定，双方组建陕西秦晋煤气化工程设备有限公司（简称"秦晋公司"），以合作推广经营灰熔聚流化床粉煤气化技术工业成套设备。其中，华美公司以货币资金投资 75.6 万元，占股份 70%；中科院煤化所以灰熔聚流化床粉煤气化技术使用权入股，经华星事务所评估，"灰熔聚流化床气化过程及装置"专利使用权折价 32.4 万元，占股份 30%。1999 年 6 月，中科院煤化所与华美公司签订了《灰熔聚流化床粉煤气化技术保密协议》，约定保密内容为"灰熔聚流化床粉煤气化技术"的专利技术以及相关技术资料；同时，在未得到中科院煤化所的书面许可的情况下，华美公司不能将该技术提供给任何第三方。中科院煤化所实现了以专利使用权出资入股，并保留了专利所有权。

专栏：专利入股流程及相关法律问题

一、专利出资入股一般流程

以专利出资入股，需按照规定的流程办理，一般包括：

（1）股东共同签订公司章程，约定彼此出资额和出资方式。

（2）由专利所有权人依法委托经财政部门批准设立的资产评估机构进行评估，并办理专利权变更登记及公告手续。

（3）申请人或者其委托的代理人向登记机关提出申请，出具相应的评估报告、有关专家对评估报告的书面意见和评估机构的营业执照、专利权转移手续。

（4）登记机关做出准予变更登记决定的，应当出具《准予变更登记通知书》，换发营业执照。

（5）法律、法规规定的其他登记程序。

---

❶ 专利权出资还是专利使用权出资？［EB/OL］. http：//www.fabang.com/a/20150323/722459.html，2015－03－23.

二、专利出资入股前的尽职调查

以专利出资入股有两个重要前提：一是入股专利的有效性；二是以专利入股的主体是否为专利的合法权利人。因此，专利出资入股前需要进行尽职调查，包括主体资格审查和客体资格审查。

首先，主体资格审查主要是要确认入股专利是否为出资主体所有。除审查专利权属证书外，还须对专利是否为职务发明、是否为接受他人委托或与他人合作发明，以及专利是否为受让而来等可能性进行调查。我国《专利法》规定，发明人在执行职务期间，利用单位的物质资源开发的专利技术归单位所有；经两者合作完成或者接受委托而完成的发明创造，申请专利的权利属于共同完成的单位或个人，当事人另有协议约定的除外。因此，对于可能存在职务发明、委托发明、合作发明的，需进一步确定专利权利归属。同时，如果专利是受让而来，则不能只看其转让合同，还要查明该专利是否已经向国务院专利行政部门登记，否则出资人还没有成为真正的专利权人。

其次，客体资格审查的调查内容主要包括：专利权是否被终止、专利权的地域效力、专利权的剩余有效期、专利权是否进行过许可、专利权是否被质押、专利权是否正在发生法律争议（包括第三人请求宣告该专利无效、第三人指控该专利侵犯其在先权利、第三人主张其对该专利的所有权，等等），以及专利是否有被宣告无效的可能性，等等。

三、专利出资入股的风险防范

1. 订立严密的专利权出资协议

（1）在签署专利权出资协议时，一定要在协议中明确专利权名称、专利号、专利附带技术资料、用以入股的专利权内容（所有权或使用权等），以及约定办理转让登记等手续的时间和移交专利权权属有关的各种文档、资料的时间，同时设置相应的违约责任条款。

（2）若是以专利权使用权出资的，因出资人仍保留专利权所有权，故缴纳专利权年费的义务仍然由出资方承担，因此，可在专利权出资协议设置相关知情权条款、违约责任条款，防范因专利权人不按时缴纳年费导致专利权失效的风险。

（3）明确约定专利权出资所占的比例并设置公平合理的利益分配或股份调整的条款，避免因专利减值风险而带来的公司其他股东利益亏损。根据《公司法》的规定，有限责任/股份有限公司成立后，发现作为设立公司出资的非货币财产的实际价额显著低于公司章程所定价额的，应当由缴付该出资的股东补足其差额；公司设立时的其他股东承担连带责任。因此，可设置对专利权资本的年度评估制度，在必要时调整相应的专利权资本的份额。在遇到专利权资本价值发生重大变化时，赋予公司其他股东重新评估以调整股权结构的请求权。此外，如果专利权出资人实际缴付出资的时间点与其认缴出资的时间点超过一定时限（如一年），还应该对专利权价值再次进行评估，以确认专利权在此期间是否遭遇大幅减值。如果此时的专利权价值与认缴时的价值相差太多，可要求专利权出资人承担补足出资的责任，或扣减其相应出资的份额，同时也需要办理公司减资手续。

（4）须明确约定专利技术改进成果的分配，以及专利权权利瑕疵担保责任的承担问题。

2. 尽快依法办理出资专利权的权属转移手续

《专利法》第10条规定，转让专利申请权或者专利权的，当事人应当订立书面合同，并向国务院专利行政部门登记，由国务院专利行政部门予以公告。专利申请权或者专利权的转让自登记之日起生效。因此，以专利权出资的，须在专利行政部门登记后才发生权利的转移，出资程序才算完成。

3. 签订相关保密协议

目前的专利技术，一般都是需要专利加技术诀窍一起转移才能实施的，因此与专利权出资人签订竞业禁止协议、与掌握这些技术秘密的技术人员签订内部保密协议，可以有效避免因技术人员辞职、跳槽等导致的商业秘密外泄，降低专利权的资本化风险。

四、专利出资入股的税收政策规定

1. 营业税政策

根据我国《营业税税目注释》的规定，无形资产入股，参与接收投资方的利润分配，共同承担投资风险的行为，不征收营业税。但转让该项股权时，应按营业税的税目征税。

2. 个税政策

根据《财政部 国家税务总局关于个人非货币性资产投资有关个人所得税政策的通知》（财税〔2015〕41号）的规定，个人以非货币性资产投资，属于个人转让非货币性资产和投资同时发生。对个人转让非货币性资产的所得，应按照"财产转让所得"项目，依法计算缴纳个人所得税。通知所称非货币性资产，是指现金、银行存款等货币性资产以外的资产，包括股权、不动产、技术发明成果以及其他形式的非货币性资产。

计算方法根据公司法、企业会计准则、个人所得税法的规定，以非货币性资产出资，应对非货币性资产评估作价，并据此入账，经评估后的公允价值，即为非货币性资产的转让收入。

应纳税所得额＝非货币性资产转让收入－资产原值－转让时按规定支付的合理税费

应纳税额＝应纳税所得额×20%

第二节　中国专利运营产业的发展环境

一、社会环境

社会公众的知识产权意识，包括对知识产权的认知程度和知识产权的保护意识，是专利运营的文化基础。我国 2008 年起开始实施国家知识产权战略，其中一项战略措施就是要推进知识产权文化建设，包括知识产权的宣传普及和教育。多年来，各知识产权部门围绕重点工作，创新宣传方式和手段，开展常态化、多样性的知识产权保护宣传交流，如每年在全国范围内开展的"4·26"全国知识产权宣传周活动，与媒体合作建设知识产权专栏、出版专刊，等等。在 2016 年的知识产权宣传周活动中，国家知识产权局联合中央宣传部等 23 个部门共组织各类宣传活动 70 余项次，各地区开展各项活动逾 2000 项次，企事业单位组织开展相关活动数百场次，全国知识产权相关原发新闻报道近 2 万条。同时，国家知识产权局 2016 年全年共举办 6 场新闻发布会、16 场专题宣传活动，官方微信号全年推送 200 余期近 1000 条消息，关注人数超过 45000 人。❶

---

❶　国家知识产权局. 2016 年中国知识产权保护状况［R/OL］. http：//www. sipo. gov. cn/zscqgz/2016zgzscqbhzkbps. pdf，2017－04－25/2017－06－17.

此外，我国的知识产权教育培训力度也在不断加强。一方面，加强知识产权培训基地建设。截至 2016 年年底，在全国 19 个省（区、市）批复设立国家知识产权培训基地 24 家。另一方面，会同教育部门共同开展知识产权教育培训，在大连、上海等地共建或支持建设知识产权学院；联合教育部继续开展全国中小学知识产权试点示范工作，截至 2016 年年底，共 60 所学校被评定为全国中小学知识产权教育试点学校。2016 年，中国知识产权培训中心全年举办面授培训班 84 期，培训人员 7300 余人次；举办国际培训班及研讨会 29 期，参会人员 2000 余人次；远程教育培训人员约 77 万人次。全年总培训规模超过 78 万人次。❶

伴随国家知识产权战略的实施，我国社会公众的知识产权意识逐步提高。根据 2017 年 6 月国家知识产权局知识产权发展研究中心发布的《2016 年中国知识产权发展状况评价报告》❷，2015 年，我国知识产权文化环境得分比 2014 年提高了 7.78 分，同比增长 27.64%，知识产权文化环境与前些年相比有很大程度的改善。同时，由中国专利保护协会、中华商标协会、中国版权协会联合央视市场研究股份有限公司（CTR）组建的知识产权保护社会满意度调查项目组所发布的 2016 年知识产权保护社会满意度调查结果也表明，2016 年我国知识产权保护社会满意度总体发展良好，并且自 2011 年以来呈现持续提升状态。我国不断提升的知识产权文化环境为专利运营提供了积极稳定的发展环境。❸

二、法律环境

（一）专利法

专利法是专利保护的依据和基础，而有效的专利保护则是专利运营可持续的基础条件之一。我国的《专利法》于 1985 年 4 月 1 日正式实施，并先后于

---

❶ 刘然，蔡峰，宗婷婷，孟奇勋. 专利运营基金：域外实践与本土探索 [J]. 科技进步与对策，2015（1）：57-58.

❷ 国家知识产权局知识产权发展研究中心. 2016 年中国知识产权发展状况评价报告 [R/OL]. http：//www. sipo-ipdrc. org. cn/article. aspx？id=427，2017-06-14/2017-06-17.

❸ 张维. 调查：九成受访者建议加大知识产权保护力度 [N]. 法制日报，2017-04-26. 转自中国日报 http：//www. chinadaily. com. cn/micro-reading/2017-04/27/content_29111639. htm，2017-04-27/2017-06-17.

1992 年、2000 年、2008 年经历了三次修改。同时，1992 年公布的《专利法实施细则》也分别于 2001 年、2002 年、2010 年进行了修改，对《专利法》的实施做出了相应的具体规范。《专利法》对专利权的授予条件、申请及审批程序、权利的期限和终止、强制许可、专利权的保护做出了明确的规定。

目前，我国《专利法》正在进行第四次全面修改。根据 2016 年 12 月公布的《中华人民共和国专利法修订草案（送审稿）》❶，此次修改主要包括五大部分：第一，加大专利保护力度，维护权利人合法权益；第二，促进专利的实施和运用，实现专利价值；第三，实现政府职能法定，建设服务型政府；第四，完善专利审查制度，提升专利质量；第五，完善专利代理法律制度，促进知识产权服务业健康发展。

值得注意的是，此次专利法修改专门新增了"专利的实施和运用"一章，从专利立法层面促进专利的实施和运用。第七十九条（新增）明确要求"各级专利行政部门应当促进专利实施和运用，鼓励和规范专利信息市场化服务和专利运营活动"；第八十一条（新增）允许国家设立的研究机构、高等院校发明人或者设计人在不变更专利权属的前提下，可以与单位协商自行实施或者许可他人实施该专利，并获得相应收益。除此之外，此次专利法修改还针对专利许可、专利质押等运营模式做出了相关规定。一方面，引入了专利当然许可制度，从而促进构建市场供需双方对接机制，建立专利许可需求信息披露机制。所谓当然许可，即专利权人按照意愿，可以提出当然许可的声明，表明许可意向并做出对任何人给予公平许可的承诺。当然许可与普通许可最大的不同在于，当然许可的承诺方不得拒绝任何被许可方的许可请求。同时，规定了标准必要专利默示许可制度，以防止专利权人在参与国家标准制定过程中不当行使专利权损害公共利益。所谓标准必要专利默示许可制度，即参与标准制定的专利权人在标准制定过程中不披露其拥有的标准必要专利的，视为其许可该标准的实施者使用其专利技术，在此情形下专利权人无权起诉标准实施者侵犯其标准必要专利。但默示许可不等于免费许可，专利权人仍有权要求标准实施者支

❶ 国务院法制办公室. 关于《中华人民共和国专利法修订草案（送审稿）》公开征求意见的通知 [EB/OL]. http://www.chinalaw.gov.cn/article/cazjgg/201512/20151200479591.shtml, 2016 – 12 – 02/ 2017 – 06 – 17.

付合理的使用费。使用费的数额不能由专利权人单方决定，而是由当事人自行协商；双方不能达成协议的，由地方人民政府专利行政部门裁决；对裁决不服的，可以向人民法院起诉。另一方面，对专利质押行为进行了规范，规定："以专利权出质的，由出质人和质权人共同向国务院专利行政部门办理出质登记，质权自登记之日起生效。"

（二）其他法规

除《专利法》以外，专利运营作为一种商业活动，也会受到其他法律法规的约束。其中，《促进科技成果转化法》是与专利运营最为相关的法律之一。1996 年 10 月 1 日，我国《促进科技成果转化法》正式实施。该法提出，科技成果持有者可以采用自行实施、向他人转让、许可他人使用、与他人共同实施或作价投资等方式进行科技成果转化，并鼓励研究开发机构、高等院校等事业单位与生产企业联合实施科技成果转化，以及参与政府有关部门或者企业实施科技成果转化的招标投标活动。2015 年 8 月，第十二届全国人民代表大会常务委员会第十六次会议通过了《关于修改〈中华人民共和国促进科技成果转化法〉的决定》。此次修改将科技成果从处置权下放给科研单位，并规定对完成、转化职务科技成果做出重要贡献的人员应给予不低于收益的百分之五十的奖励和报酬。

此外，关于专利质押，我国实施的《担保法》第七十五条和 2007 年实施的《物权法》第二百二十三条都明确了"依法可以转让的专利权中的财产权"可以质押。关于专利作价投资，根据我国《公司法》第二十七条规定，"股东可以用货币出资，也可以用实物、知识产权、土地使用权等可以用货币估价并可以依法转让的非货币财产作价出资；但是，法律、行政法规规定不得作为出资的财产除外。对作为出资的非货币财产应当评估作价，核实财产，不得高估或者低估作价。法律、行政法规对评估作价有规定的，从其规定。全体股东的货币出资金额不得低于有限责任公司注册资本的百分之三十。"因此，专利作为一种知识产权，可以通过货币估价并进行出资，且出资比例最高可达到 70%。

以上这些法律的实施在很大程度上促进了专利运营的发展，为专利运营的开展提供了法律依据。

三、政策环境

近些年，专利运营相关内容越来越多地受到我国科技、经济等重大政策的关注。例如，2012 年发布的《中共中央国务院关于深化科技体制改革 加快国家创新体系建设的意见》提出，促进科技和金融结合，创新金融服务科技的方式和途径，特别提出推广知识产权和股权质押贷款，完善科技成果转化为技术标准的政策措施，加强技术标准的研究制定等；2013 年发布的《中共中央关于全面深化改革若干重大问题的决定》提出，加强知识产权运用和保护，健全技术创新激励机制，通过创新商业模式促进科技成果资本化、产业化；2015 年发布的《中国制造 2025》提出，针对新一代信息技术、高端装备、新材料、生物医药等十大重点领域，引导社会各类资源集聚，实现突破性发展，并且强化知识产权运用的具体措施，如培育一批具备知识产权综合实力的优势企业，支持组建知识产权联盟，鼓励和支持行业骨干企业与专业机构在重点领域合作开展专利评估、收购、转化、风险预警与应对，构建知识产权综合运用公共服务平台，鼓励开展跨国知识产权许可等。2015 年发布的《国务院关于积极推进"互联网＋"行动的指导意见》提出，加强融合领域关键环节专利导航，引导企业加强知识产权战略储备与布局；加快推进专利基础信息资源开放共享，支持在线知识产权服务平台建设，鼓励服务模式创新，提升知识产权服务附加值，支持中小微企业知识产权创造和运用；积极发展知识产权质押融资、信用保险保单融资增信等服务。

此外，2012 年国务院转发的《关于加强战略性新兴产业知识产权工作若干意见》提出，支持知识产权质押、出资入股、融资担保，探索与知识产权相关的股权债权融资方式，支持社会资本通过市场化方式设立以知识产权投资基金、集合信托基金、融资担保基金等为基础的投融资平台和工具，设立国家引导基金、培育知识产权运营机构等。2014 年国务院转发的《深入实施国家知识产权战略行动计划（2014—2020 年）》提出，加强专利协同运用，推动专利联盟建设，建立具有产业特色的全国专利运营与产业化服务平台，建立运行高效、支撑有力的专利导航产业工作机制等。2015 年国务院发布的《关于新形势下加快知识产权强国建设的若干意见》提出，严格知识产权保护、促进知识产权创造和运用，加快建设全国知识产权运营公共服务平台等。2017 年国务院发布的《"十三五"国家知识产权保护和运用规划》部署了4个重大专项，其中，首要任务便是"加强知识产权交易运营体系建设"，并提出了"完善知识产权运营公共服务平台""创新知识产权金融服务""加强知识产权协同运用"等具体任务。

为直接推动专利运营发展，我国还面向市场主体、产业、基础设施发布了一系列文件进行规范和指导。例如，《国家知识产权示范企业培育工作方案》和《国家知识产权优势企业培育工作方案》把专利运营作为企业探索实践的重要内容；《国家专利导航产业发展实验区申报指南（试行）》《国家专利协同运用试点单位申报指南（试行）》等鼓励产业专利运营活动；《关于开展市场化方式促进知识产权运营服务工作的通知》提出支持知识产权运营机构，构建运营服务体系。此外，财政部、银监会、中国人民银行等部门也纷纷出台相关政策，支持专利价值评估、专利质押融资、专利保险等专利运营业务。

这一系列政策的发布，不仅为专利运营的发展明确了方向，也为其发展提供了有力的现实支持。

综上所述，目前我国专利运营产业的发展环境正在日益改善。然而，不能忽视的是，包括知识产权保护力度、市场化改革深度、知识产权运用水平在内的诸多因素仍然对专利运营产业的发展构成了极大的挑战。

第三节 中国专利运营产业的内在逻辑

从全球专利运营产业的演进脉络来看，国外专利运营产业的发展已经较为成熟，包括美国高智、谷歌、苹果等公司在内的很多企业通过专利运营取得了巨大的成功。但同时也发现，专利运营产业的发展环境正变得越来越复杂，受到经济全球化的影响，以开放式创新和价值链竞争为典型的创新和竞争模式导致专利运营产业发展面临的挑战越来越艰巨。伴随国家对专利运营工作的重视程度的不断提升，我国专利运营产业的发展也迎来了重要机遇期。但与此同时，很多国内专利运营从业者对于如何推进专利运营产业的发展存在很多困惑。面对复杂的现实发展环境，专利运营产业对我国经济发展的支撑性作用并没有得到有效体现。在当前形势下，有必要尽快了解我国专利运营产业发展的现实需要、破解影响专利运营产业发展的关键问题，进而理清我国专利运营产业的发展逻辑。

一、推动技术创新发展

（一）开放式创新需要产权明晰激励

随着世界多极化、经济全球化的进一步发展，开放式创新已经成为我国技术创新发展的主流模式。相较传统的"内部研究和创新"的封闭模式，开放式创新注重已有成果的应用和发展，行业界限变得模糊，创新资源得以在企业和企业及相关组织之间快速流动和共享。[1] 因此，各类创新主体对外部创新成果的需求和依赖程度更加强烈，两种创新模式的具体差异如表 2-4 所示。如图 2-8 所示，在开放式创新模式下，企业与竞争者、用户、供应商、科研机构等通过协同合作、技术扩散等方式，形成创新网络，创新活动由原来的孤立系统走向开放的、互为关联的、非线性的网络结构。企业的技术资源的流入或流出，都是动态和开放性的，从而形成技术创新发展过程中技术所有权、技术使用权、技术支配权和技术收益权在不同创新主体间不同占有比重的多种组合。在该创新模式下，各创新主体之间是一种更为松散的组织关系，通过在技术链、产业链及价值链上的分工协作，形成了一种高效的价值创造机制。

表 2-4 封闭式创新与开放式创新的差异比较

项目	封闭式创新	开放式创新
创新来源	本行业里最聪明的员工都为我们工作	并不是所有的聪明人都为我们工作，企业需要和内部、外部的所有聪明人通力合作
	为了从研发中获利，企业必须自己进行发明创造，开发产品推向市场	外部研发工作创造巨大的价值，内部研发工作需要或有权利分享其中的部分价值
创新的商业化运用	如果企业自己进行研究就能首先把新产品推向市场	企业并非必须自己进行研究才能获利
	最先把新技术转化为产品的企业必将胜利	建立一个更好的企业模式要比把产品争先推向市场更为重要

---

[1] 刘文涛. 开放式创新环境下技术创新面临的挑战 [J]. 科技管理研究，2012（3）：12-14.

项目	封闭式创新	开放式创新
创新的商业化运用	如果企业的创意是同行业内最多的，企业一定能在竞争中获胜	如果企业能充分利用内部和外部所有好的创意，那么就一定能成功
	企业应当牢牢控制自身的知识产权，从而使竞争对手无法从其发明中获利	企业应当从别人对其知识产权的使用中获利，同时只要是能提升或改进企业绩效的模式，同样应该购买别人的知识产权

资料来源：CHESBROUGH H. Open innovation：the new imperative for creating and profiting technology [M]. Boston：Harvard Business School Press，2003.

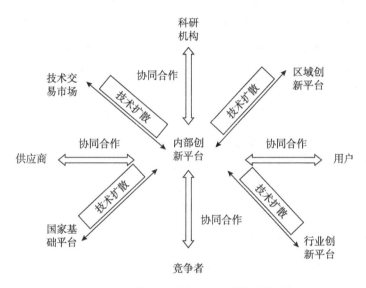

图 2 - 8　开放式创新下企业外部创新网络

资料来源：刘文涛. 开放式创新环境下技术创新面临的挑战 [J]. 科技管理研究，2012 (3)：14.

然而，无论是封闭式创新还是开放式创新，经济利益是其共同追求。创新所能带来的收益对创新者的积极主动性有很大影响，而创新的回报又受到成果的产权归属安排及保护状况的影响。经济学家迈克尔·波德因（Michele Boldrin）和大卫·K. 莱维恩（David K. Levine）在其著名的报告《完全竞争的创新》（Perfectly Competitive Innovation）中指出："完全竞争的市场是完全有能力对创新进行回报的……在我们的完全竞争的假设下，企业家对他们的创新是拥有'明确的（well - defined）'产权。"也就是说，产权清晰对技术创新具有正向的激励作用。

相较封闭式创新，开放式创新模式对产权明晰的诉求更高。事实也表明，无论是国外英特尔公司的外部资源应用模式还是国内华为公司的开放式创新平台模式，其开放式创新模式之所以能够取得巨大成功，产权明晰是创新过程中的重要前提。一方面，明晰产权有助于明确相关主体的权利和义务，明确相关主体可能要承担的风险和可获得的收益。这既是市场经济运行的基本规律和要求，也是开放式创新主体间合作的基础。另一方面，明晰产权也有助于减少开放式创新过程中的产权争议，从而在很大程度上降低由争议而引起的成本。更重要的是，由于产权处分结果与产权主体自身的利益紧密相关，产权是否清晰将直接影响产权对创新主体的激励效果，进而影响产权效率。❶ 当然，开放式创新在中国应用过程中也存在一些阻碍，那就是知识产权保护问题，如果知识产权保护力度不够，即便开放式创新成果的产权足够明晰，也很难保证开放式创新的成功。

与此同时，伴随开放式创新，不同创新主体之间的交互变得更为频繁，相较传统的封闭式创新，创新活动对外部资源的充分利用直接导致了创新效率的提升，因而产生了更多的创新权利，专利运营产业便是在这种背景下产生的。

（二）专利运营对产权明晰激励影响

正如前文所述，"产权会影响激励和行为，这是产权的一个基本功能"❷。通过市场交易而使得创新主体获得最大化的经济利益，是推动封闭式创新向开放式创新转变的根本动力，而产权明晰是交易的前提。唯有市场主体对其进行交易的标的拥有明晰的、唯一的并且是可以自由转移的产权，市场交易才得以顺利进行。科斯的第一定理及第二定理的分析完全是建立在产权初始明晰的假设之上的；在《联邦通讯委员会》一文中，科斯阐述第一定理时，强调了这一观点，他说：权利的明晰是市场交易的基本前提，最终结果（促进产值最大化）与法律判决无关。当市场交易无法为创新主体带来足够的收益时，产

---

❶ 任何一项产权，都会有一个效率的问题。产权的效率，指的是将某项财产产权用于交易、经营或者其他目的时产生的经济、社会效果。通常，清晰的产权会导致较高的效率，不清晰的产权则导致较低的效率。

❷ 国彦兵. 新制度经济学［M］. 上海：立信会计出版社，2006：106.

权制度也难以真正实现创新激励效应。

专利运营作为一种将产权化的创新产出转化为现实生产力的过程，其本质上是将创新投资转化为产权收益的过程。通过专利运营能够实现产权收益，从而有助于平衡创新投入与产出，实现产权激励效应。专利运营以产权明晰为前提，通过不同的专利运营模式，能够有效推动所有权、使用权、用益权等权利在所有者和经营者间有序流动。伴随创新范围、组织和行为的变化对产权的外部性制度需求持续放大，专利运营不仅能够帮助私有产权实现对创新发展的激励作用，在公有产权条件下，通过对产权束的分离和组合，也可以产生不同的专利运营模式，实现有效率的产权制度安排。

二、加快要素市场化改革

（一）创新资源要素的市场化改革

从 1978 年算起，我国的市场化改革已走过 30 多个年头。但目前，我国的市场经济发展中仍然存在不可忽视的制度壁垒。大多数的改革并不彻底，并且导致了行政和市场并行的情况出现。传统体制对创新资源要素配置的影响依然明显。这造成了多元化市场主体的缺乏，反映出市场需求的价格的欠缺，以及维持市场竞争秩序的规则的缺位。这些问题严重制约了我国创新资源要素市场的发展速度，阻碍了公平、有序的竞争，严重影响了当前我国产业转型升级的总体进程。当前，随着我国知识产权战略的不断推进，我国科技创新成果的数量已经达到前所未有的规模。然而，我国科技创新与社会经济发展脱节，科技创新项目与市场需求脱节，科技创新成果转移转化效率低下等问题不容忽视。归根结底，是创新资源要素配置出了问题，创新资源并没有按照市场运行规则进行供给，从而导致创新资源配置低效的问题。为了有效盘活科技创新成果，真正实现创新驱动发展，需要尽快推动以创新资源要素为核心的市场化改革。强化技术创新中的市场导向，根据市场需求选择技术研究方向、路径，充分发挥市场在创新资源配置中的主导作用。处理好国家财政资金与企业特别是与民营企业的关系，加大财政投入、完善政府补贴，鼓励企业将财政资金资助获得的科技成果转化出来。同时，亟须打通科技创新体系中企业、政府、高校和科研机构之间的"阻碍"，实现人才、资本、技术、知识自由流动，不同创新主体之间加强合作、协同创新。人才、知识等创新要素在自由流动中优化重组，将使创新活力竞相迸发，创新价值得到更大体现，创新成果转化和资源配置效率大幅提高。

与此同时，以核心技术为主体或基础的"知识资产"是创新资源要素最重要的一种表现形式，它也是形成创新主体竞争能力所必需的资源。具体到专利而言，作为科技成果产权化的一种表现形式，更是当前创新主体塑造核心竞争力所必需的资源。本质上讲，专利制度本身是市场经济的产物，其对科技成果的产权进行了必要制度安排。在市场经济条件下，产权主体处分、行使产权，其目的都是为了使产权发挥更好的效用，获得更高的产权收益。所以说，任何一项产权都涉及效率问题，而产权效率主要包括间接的社会效率和直接的经济效率两个方面。但是，当前专利交易或经营对经济、社会的贡献度并没有得到有效体现，专利创造水平与专利转化水平严重失衡，产权效率低下。究其原因，需要尽快推动以专利为核心的创新资源要素市场化改革进程。

（二）专利运营对产权效率提升的影响

创新资源市场化改革的核心是解决资源配置的"公平"和"效率"问题，它是由联通资源供给与需求供给的一系列过程组成。经济学上，效率标准就是资源配置的"帕累托条件"，应用于产权经济学中，指任何产权制度的调整都不可能使社会资源再配置实现更大产出或更高福利。一般效率体现为投入与产出之比，投入可有多种选择，每项投入均伴随着机会成本的比较，同时又由于效率有微观与宏观区别，因此，判断效率必须考虑四个方面的因素，即投入、产出、机会成本、社会效果。❶ 产权效率实际就是单位交易费用所实现的有效收益，可用公式表示为：产权效率 =（产权运行收益 - 产权运行成本）/产权运行成本。可见，在产权运行成本既定的情况下，产权收益越多，产权效率越高。现实中，制度改革本身并不能直接促进产权效率的提升，还须借助专利运营活动将产权化的科技成果转化为产权效益，充分发挥专利权的价值，为创新主体带来最大化的产权收益，才能促进产权效率的提升，进而实现创新对经济、社会发展的支撑效应。

---

❶ 刁永祚. 产权效率论 [J]. 吉林大学社会科学学报, 1998（1）：73 - 76.

与此同时，专利运营活动本身包括了高校、科研院所、服务机构、专业组织以及制造和金融类企业在内的各类主体，在多元化主体的参与下，专利运营活动集聚了包括人力、物力和财力在内的各类创新资源要素。依托专利运营活动，不仅有助于推进创新资源要素的市场化改革，解决创新资源要素配置的"公平"问题，还有助于平衡创新的投入与产出，实现创新资源要素配置的"效率"问题。

三、强化产业国际竞争力

(一) 产业价值链攀升对产权动力的需求

自 20 世纪 60 年代起，在第二波全球化浪潮中，全球经济体之间的联系日益加强，产业分工的范围也扩展至全球，全球市场的竞争也变得更加激烈。以要素的比较优势为基础，以产品为主体的竞争模式被打破。企业开始直接探寻关键资源能力的效率潜力，专注于密集使用关键资源能力的生产环节，以效率优势巩固市场地位，并与其他企业组成价值网络，完成产品的生产过程。例如，Intel、Nike、富士康等跨国企业巨头，它们并不参与完成产品的所有属性和功能，而仅仅控制价值链的某一环节，以模块的形式承担产品的某项功能并专注于其创新和升级。这种新的国际化生产过程将产业国际竞争的重点聚焦到了全球产业价值链，是否能够在价值链上占据更高、更有利的位置成为保持国际竞争优势的关键所在。然而，自改革开放以来，尽管中国通过参与全球价值链分工使得经济得到迅速发展，但我国仍处于工业化进程中，与先进国家相比还有较大差距。当前，我国产业发展普遍存在信息化水平不高、国际化程度不够和全球化经营能力不足等问题，很多产业结构仍处于全球价值链分工中的低端位置。尤其是制造业，中国 2009 年起制造业规模超过美国成为全球第一制造大国，优势集中在制造环节的产业格局，使得中国制造业在全球化发展中融入的是"被俘获"型的全球价值链治理结构，研发和营销两端的积弱，形成了中国制造业以价格竞争为主的低端生产能力过剩格局。即中国戴着全球第一制造大国的桂冠，同时面临处于全球价值链分工体系的中低端的尴尬。

根据 Humphrey 和 Schmitz❶ 的观点，从低利润的制造环节向利润丰厚的设计和营销等环节跨越，或从原有价值链借助技术突破进行新的价值链，即进入新的产业领域，正是产业升级中的功能升级和跨领域升级阶段。从国外学者的研究来看，在全球价值链中，知识产权能够为企业带来主导优势。全球价值链嵌入对产业升级的影响主要通过作用于企业的创新能力、制造能力和营销能力得以实现，这些能力的构建都离不开知识产权的强化。而现实中，强化知识产权保护与控制也成为发达国家巩固加强其在国际竞争中优势地位的主要手段。伴随我国产业转型升级的不断深入，为了提升在国际产业价值链中的位置，我国政府相继出台了一系列的政策。包括《中共中央国务院关于深化体制机制改革 加快实施创新驱动发展战略的若干意见》《中国制造 2025》《关于新形势下加快知识产权强国建设的若干意见》等在内的政策文件均明确了知识产权对于我国产业转型升级以及国际产业价值链攀升中的重要作用，并从重点产业领域的知识产权储备、布局、运用等方面提出了重点任务。当前，我国的产业仍然以劳动密集型和资金密集型为主，并且同时面临着产业升级和国际分工地位提升的双重困境。要破解这一困境，需要强化对全球价值链中知识产权的占有与控制，凸显产权在产业价值链攀升过程中的重要促进性作用。

（二）专利运营对产权动力的影响

基于其权利独占性而带来的市场价值的实现，专利运营是专利制度激励作用有效发挥的重要途径。一项专利技术通常需要经历发明、生产和商用三个阶段，才能够实现其经济价值的回报。而专利运营作为产权交易的重要手段，能够运用专利制度提供的专利保护手段及专利信息，通过不断地明晰产权与创新要素市场化改革，谋求最佳的经济回报。专利运营以最大化地实现专利权价值为目标，在为创新主体带来经济收益、充分发挥产权激励效应的同时，也有助于促进和支撑创新企业从产业价值链的低端向高端跨越，实现产权的动力效用，推动我国产业在国际竞争中实现价值链的攀升。

---

❶ HUMPHREY J, SCHMITZ H. Local enterprises in the global economy: issues of governance and upgrading [M]. Cheltenham: Elgar, 2004: 1 – 19.

案例：华为企业发展与专利运营❶

电子通信产业作为技术密集型产业，涉足其中的企业的发展深受专利壁垒的影响。特别是在经济全球化的今天，专利早已成为通信企业顺利走出国门、占据国际竞争优势的必备武器。可以说，在通信产业竞争中，没有专利寸步难行。作为我国通信产业中的龙头企业，华为的国际化进程中充分体现了专利运营对企业技术创新及价值链攀升的推动作用。

2000 年华为开始全面进入国际市场，而知识产权竞争与保护是进入国际市场的一道难以回避的门槛。由于专利储备非常薄弱，当时的华为每年要向西方公司支付数亿美元的专利费，在国际竞争中，基本上没有竞争能力。2003 年年初，华为被思科起诉，被指控涉嫌盗用思科包括源代码在内的 iOS 软件，抄袭思科拥有知识产权的文件和资料并侵犯思科其他多项专利。面对这一突如其来并早有布局的国际诉讼，华为一方面发表声明，强调"华为及其子公司一贯尊重他人知识产权，并注重保护自己的知识产权，已经停止在美国市场出售和经销这些产品"；另一方面，华为于 2003 年 3 月 20 日与 3Com 成立合资企业——华为 3Com 公司，共同经营数据通信产品的研究开发、生产和销售业务，并且新公司中华为全部以知识产权入股，并拥有控股权，以此证明自身的技术实力。最终，思科与华为于 2003 年 10 月 1 日签署一份协议，以中止在德克萨斯州地区法院的未决诉讼。作为该协议的一部分，两家公司已就一系列行动达成一致，并预期在全部实施该项行动以及独立专家完成审核程序之后，该诉讼将得以终止。这一案件不仅改变了中国通信设备厂商的"低端"形象，更为走出去进行全球竞争的中国企业敲响重视知识产权的警钟。

面对全球化加速发展以及日益激烈的国际竞争，华为始终坚持开放式创新模式，强调自主创新，强调开放。而与思科的一场博弈，使得华为深刻认识到知识产权在其全球扩张中的重要性，开始着手建立系统而严密的知识产权计划。首先，华为加大研发投入，在核心领域不断积累自主知识产权，并进行全球专利布局。华为专利研发投入累计超过 380 亿美元，是 NASA 年度预算的 2

---

❶　走出去智库：华为知识产权战略布局分析［EB/OL］. http：//opinion. hexun. com/2016 - 05 - 28/184111538. html, 2016 - 05 - 28.

倍多，2015 年度研发投入可探索冥王星 12 次。华为在中国、德国、瑞典、俄罗斯及印度等多地设立了 16 个研发中心，36 个联合创新中心，员工总数超过 17 万人。2004 年起，华为每年新增专利申请量将保持在 2000 件左右，2006 年华为提交 PCT（专利合作条约）国际专利申请 575 件，而 2003 年这一数据仅为 249 件，是思科的 2.4 倍。同时，占到中国 PCT 国际专利申请量的 14.7%，并在全球申请人中排名从第 37 位上升到 13 位，在纯通信企业中仅位于诺基亚和高通之后。2008 年，华为 PCT 专利数居全球第一，2009 年华为 PCT 专利数居全球第二。华为在专利积累上开始不断缩小与跨国竞争对手的差距。根据世界知识产权组织于 2016 年 3 月发布的公报，华为以 3898 件连续第二年位居企业专利排名榜首，高通和中兴以 2442 件和 2155 件位列其后，三星（1683 件）排第四，爱立信（1481 件）排第六。

其次，在开放式创新的基础上，华为积极通过知识产权运营实现产权收益。通过坚持不懈的研发投入和强大的专利布局，华为与业界主要厂商和专利权人，包括高通、爱立信、诺基亚、西门子、摩托罗拉、3Com、Emerson、ARM 等公司建立了良好的协商机制和交叉许可机制，为华为拓展世界市场赚取了通行证。2015 年 7 月开始，华为技术及华为终端有限公司陆陆续续向高通旗下子公司 SnapTrack 转让了 145 件中国专利和专利申请。由于华为每年依然要向高通缴纳一定的专利费用，达成此项协议有助于华为在和高通谈判中获得更多筹码以及折扣。

同时，华为不断学习、运用国际知识产权规则，通过诉讼程序牵制对手，获取市场竞争优势。2016 年 5 月 25 日，华为在美国加州北区法院和深圳中级人民法院，同时提起对三星公司的知识产权诉讼。诉讼要求三星就其知识产权侵权行为对华为进行赔偿，这些知识产权包括涉及通信技术的专利和三星手机使用的软件。这是中国企业首次对手机业同行发起类似诉讼，标志着中国科技企业在国际专利纠纷中的角色发生大反转。此前，手机业的另一个巨头苹果已经开始给华为缴纳专利费用。作为手机市场占有率排名第三的华为，敢于与前面的两位大佬三星与苹果索要专利费甚至对簿公堂，表面上源于其研发和专利上厚积薄发，更深层次的原因在于作为一家成功的国际化企业，对于专利武器和策略在商战上的灵活运用。

此外，华为还积极参与国际技术标准的制定，掌握谈判话语权。至今，华为在下一代无线通信标准 LTE 领域拥有的基本专利份额达到 15% 以上，业界领先。可见华为如今的成功离不开其在专利运营方面独特的远见。

第四节　本章小结

尽管我国专利运营产业的发展比其他发达国家起步较晚，但近些年的发展势头却十分迅猛。一方面，包括企业、高校、科研院所、政府，以及信息、法律、金融等相关机构组织都对专利运营越来越关注和重视，专利运营参与主体多元化特征明显。另一方面，在国家创新驱动战略的推动下，我国专利的专利申请、授权和有效专利保有量持续增长，跻身世界前列，奠定了专利运营的发展基础。此外，尽管目前我国专利运营业务规模并不算大，但以专利转让、许可、质押、作价投资等模式为主的专利运营呈现逐年增长的趋势。同时，我国社会的知识产权意识提升，以及专利运营相关法律和政策的制定和实施为专利运营产业的发展提供了积极的环境，拓展了专利运营模式可创新的空间。

无论是开放式创新对产权明晰的内在要求，还是资源要素市场化改革对产权效率的推动性影响，以及我国产业参与国际竞争中的价值链攀升，专利运营都为其最终发挥作用提供了重要的载体，即依托专利运营，推动具备"明晰"和"效率"特性的产权实现产权效益。纵观专利运营产业发展的逻辑进程可知，产权制度安排自始至终在其中发挥着重要作用。鉴于我国专利运营产业的发展仍然面临知识产权保护力度、市场化改革深度、知识产权运用水平等因素的挑战，中国现实环境下的专利运营产业发展迫切需要基于产权制度构建符合我国实际的专利运营体系发展框架。

第三章　构建专利运营体系的理论基础

第一节　产权理论

产权理论是新制度经济学的分支理论之一，一般认为是以科斯、诺思等人为代表的产权理论体系，主要以产权结构以及产权制度的视角研究稀缺资源的产权配置，用以分配与协调不同利益主体间的利益关系，进而实现资源的有效配置。

一、产权的内涵

（一）产权的定义

产权是以财产所有权为基础形成的，反映不同经济主体对同一财产的不同方面、不同程度的权利及相应义务的制度形式，而其本质反映为一种经济关系。概括地说，产权是关于财产权利界定、配置与运用的经济制度的概念。产权的本质是明确产权相关主体对产权客体的经济权利关系。

经济学中的产权概念首先是由科斯在研究外部性问题时提出的。与法学中的产权不同，经济学中的产权不仅仅停留于确定财产客体的权属问题，更是通过产权界定而实现特定利益。经济学中的产权更加看重的是效率和利益。

（二）产权的特征

在市场经济条件下，产权的基本属性主要表现在以下五个方面。

　　一是产权的排他性，实质上是产权主体的对外排斥性或对特定权利的垄断性，是产权的决定性特征。排他性将选择如何进行资源利用和承担此选择后果之间紧密联系起来，充分调动产权所有者的积极性，使所有者极力寻求带来最高效益的资源使用方法，成为一种提升配置效率的激励机制。排他性的特征需要产权主体付出排他成本。只有在排他成本低于主体可能获得的收益时，特定主体才会主动地对资源的排他性加以强化。

　　二是产权的有限性，其包含两方面的含义：一方面是指不同产权之间的界线或界区，即任意一项产权必须与其他产权之间划界清楚；另一方面是指特定的权利数量大小或范围，也就是说，任何产权必须有限度。当清楚划定产权边界的成本过高时，可能会出现产权模糊的情况。产权边界的划定是随着产权交易的发展而逐渐变化和细化的。

　　三是产权的可交易性，也就是说，产权能够被转手或让渡给其他主体，包括完整产权的交易和部分产权的交易。私有产权的交易有时可能会受到限制，从而出现"所有权的残缺"或"产权弱化"。产权的可交易性是建立在排他性与有限性基础之上的。排他性保证产权主体的唯一性和垄断性；有限性则使得产权可计量。可交易性是产权的重要属性，能确保产权以最具价值的方式使用，维持产权结构始终处于高效状态。产权的交易对资源的有效配置具有极为重要的意义。

　　四是产权的可分割性，即产权属于各种权利的组合，在交易中可以按照不同层次或份额分属不同主体。这一特征赋予产权更多的流动性和交易的可行性。考虑到分割产权的成本，产权并不会被无限分割，其细分程度与社会经济发展的水平正相关。此外，产权的可分割性使得产权重组，进而形成不同形式的产权结构，代表了不同的产权效率。

　　五是产权的行为性，是指产权主体被允许通过采取什么样的行为获利的权利。在产权边界内，产权主体不仅有权自主决定产权的处置和使用，并有权阻止别人侵犯产权的行为发生。

　　（三）产权的功能

　　一般来讲，产权具有如下四类功能。

　　一是资源配置功能。产权的资源配置功能是指产权制度的安排本身所具有的调节或影响资源配置状况的作用。产权安排本身就是对稀缺资源的配置，产权安排的变化会影响资源配置的结构。因此，合理的产权安排更能有效地配置和利用资源。

二是激励与约束功能。产权归根结底是一种物质利益关系。任何产权主体对其产权的行使，都是在收益最大化动机支配下的经济行为，没有收益的产权是不可思议的。产权越清晰，产权主体对其收益的预期就越明确，产权主体明晰产权、利用产权的积极性也会越高。因此，产权对经济活动具有激励作用。同时，产权对产权主体在行使产权的经济活动中所施加的强制，即产权的约束功能。产权激励与约束是产权的两个相互联系的功能。产权的激励功能侧重引导主体使其充分利用产权获取更多利润；约束在激励的过程中充当限制性因素，防止产权出现超越行为边界，维护产权的完整性和有效性。

三是外部性内部化。外部性又称为溢出效应、外部影响或外部效应等。经济外部性是经济主体（包括企业或个人）的经济活动对他人和社会造成的非市场化的影响。只要外部性存在，总是同时有人受益和受损。外部性内部化一般是指使进行某种经济活动的主体在更大程度上承担由他的活动所带来的成本或收益，相应地减少那些与其活动无关的人或群体所受到的无补偿损害或者得到的免费收益。科斯认为，如果存在产权划分，交易成本较低且参与人数较少的时候，人们可以通过私下谈判来解决外部性问题。也就是说，通过产权安排的调整能够实现外部性内部化，即降低受损一方的损失至可以接受的范围内，使经济主体有充分利用手中的资源获利的积极性。

四是协调功能。财产关系的明晰及其制度化是一切社会得以正常运行的基础。现代化市场经济条件下财产关系更加复杂和多样，这就要求社会对各种产权主体进行定位，以建立和规范财产主体行为的产权制度，从而协调经济活动中的矛盾冲突，规范和约束经济行为方式，保证社会秩序规范、有序地运行。

（四）产权的形式

任何资源的产权界定都是产权形式的变化过程，即由共有产权逐渐转化为私有产权的过程，共有产权与私人产权分别是产权形式的两个极端。

共有产权是指一个共同体内的所有成员可以自由地、不被干涉地享用某种公共物品的权利，如城市道路、公园、广场的使用。共有产权有两个特征：一是没有排他性权利；二是不具有自由转让权。产权理论关于公有产权的经济后果的推论都是建立在这两个特征之上。由于共有产权是完全不可分且具有不排他性，即共同体内部的所有成员都有权利使用该资源，这类资源通常会导致使用过度而效率降低，如著名的"公共地悲剧"（Tragedy of the Commons）。

私人产权即是将权利分配给特定的利益主体或个人，并可以在市场上流通以获取利益。阿尔钦❶认为，私有产权是在不影响其他人的私有财产的物质使用权前提下自由使用或转让各自私人财物的权利。在阿尔钦看来，转让权是私有产权体系下资源能够流动、实现有效配置的必要前提。德姆塞茨❷更强调私有产权中的排他性权利的重要性，因为排他性权利意味着有保障的、最大化的收益权，正因为收益权的存在，人们才有动力使所拥有的物品得到有效率地运用。张五常在阿尔钦和德姆塞茨认识的基础上对私有产权概念的内涵有重要的拓展，强调了自由的或排他性的收益权或收入索取权应在完整的私有产权权利结构中的重要地位。❸ 如张五常所说，私人产权的内涵应包括排他性使用权、自由转让权和排他性的收入索取权。它是三者的有机统一体，缺一不可。

二、科斯定理

科斯定理是根据诺贝尔经济学奖得主罗纳德·哈里·科斯（Ronald H. Coase）命名。他于1937年和1960年分别发表了《企业的性质》和《社会成本问题》两篇论文，这两篇文章中的论点后来被人们命名为著名的"科斯定理"，成为产权经济学研究的基础，其核心内容是关于交易费用的论断。

科斯定理较为通俗的解释是：在交易费用为零和对产权充分界定并加以实施的条件下，外部性因素不会引起资源的不当配置。因为在此条件下，当事人（外部性因素的生产者和消费者）将受一种市场力的驱使去就互惠互利的交易进行谈判，也就是说，是外部性因素内部化。一般认为，科斯定理由以下三组定理构成。

---

❶ 盛洪. 现代制度经济学（上卷）［M］. 北京：北京大学出版社，2003：70.

❷ H DEMSETZ. Toward a theory of property rights ［J］. American Economic Review，1967（57）：354.

❸ 张五常. 佃农理论 ［M］. 北京：商务印书馆，2000：168.

（一）科斯第一定理

科斯第一定理的内容是：如果交易费用为零，不管产权初始如何安排，当事人之间的谈判都会导致那些财富最大化的安排，即市场机制会自动达到帕累托最优。科斯在其 1960 年发表的《社会成本问题》一文中指出，"在市场交易的成本为零时，法院有关损害责任的判决对资源配置毫无影响"❶，或者说，在零交易成本的世界里，不论法律对有害效应的责任如何规定，资源配置保持不变，使用市场衡量的产值总和最大化❷。具体而言，假设两个生产者 A 和 B，假设 A 的生产会对 B 产生某种损害（即负外部性），在交易成本为零的条件下，有关 A 是否具有对 B 施加这种损害的权利或者说 B 是否具有要求 A 对所受的损害进行赔偿的权利的初始规定，不会影响资源的最终最优配置。因为，A 和 B 会在追求各自利益最大化的激励之下，通过市场交易，实现对于资源权利的重新安排，这样，资源的权利将由那个认为对自己能产生最大价值的人取得，从而使社会产值最大化。这一思想后被乔治·史提格勒（George Sti-gler）于 1966 年称为"科斯定理"，即通常所说的科斯第一定理。

科斯第一定理认为，只要交易成本为零且产权明晰，那么，无论最先开始的产权是怎样安排的，市场均衡的最终结果都是有效率的，能够实现资源配置的帕累托最优。因而，产权制度没有必要存在，更谈不上产权制度的优劣。当然，这种情况在现实生活中几乎是不存在的，因为，科斯定理所要求的前提——交易成本为零是不可能的。在经济社会一切领域和一切活动中，交易费用总是以各种各样的方式存在。科斯第一定理是建立在绝对理想的世界中，但它的出现为科斯第二定理做了一个重要的铺垫。

（二）科斯第二定理

科斯第一定理的成立严格地依赖于零交易成本的假设条件。离开了零交易成本的条件，科斯第一定理是不成立的。对此科斯十分明确，他强调说资源配置效率与责任规则无关性的观点"都假定在市场交易中是不存在成本的"，

---

❶　R H COASE. The problem of social costs［J］. Journal of Law and Economics, 1960（3）：10.

❷　R H 科斯. 论生产的制度结构［M］. 北京：人民出版社，1994：315.

"这是很不现实的假定"。"任何一定比率的成本都足以使许多在无需成本的定价制度中可以进行的交易化为泡影。"所以，"一旦考虑到进行市场交易的成本，……合法权利的初始界定会对经济制度的运行效率产生影响"。❶ 科斯的这一论断被总结为，在交易费用大于零的世界里，不同的权利界定会带来不同效率的资源配置，即科斯第二定理。

科斯第二定理通常被称为科斯定理的反定理，也就是说，交易是有成本的，在不同的产权制度下，交易的成本可能是不同的，因而，资源配置的效率可能也不同。所以，为了优化资源配置，产权制度的选择是必要的。

（三）科斯第三定理

科斯第二定理中的交易成本就是指在不同的产权制度下的交易费用。在交易费用至上的科斯定理中，它必然成为选择或衡量产权制度效率高低的唯一标准。那么，如何根据交易费用选择产权制度呢？科斯第三定理描述了这种产权制度的选择方法。科斯第三定理主要包括四个方面：一是如果不同产权制度下的交易成本相等，那么，产权制度的选择就取决于制度本身成本的高低；二是某一种产权制度如果非建不可，而对这种制度不同的设计和实施方式及方法有着不同的成本，则这种成本也应该考虑；三是如果设计和实施某项制度所花费的成本比实施该制度所获得的收益还大，则这项制度没有必要建立；四是即便现存的制度不合理，然而，如果建立一项新制度的成本无穷大，或新制度的建立所带来的收益小于其成本，则一项制度的变革是没有必要的。

科斯定理对产权经济理论的发展具有重要意义。科斯定理的精华在于发现了交易费用及其与产权安排的关系，提出了交易费用对制度安排的影响，为人们在经济生活中做出关于产权安排的决策提供了有效的方法。

三、产权效率与产权制度

（一）不同制度下的产权效率

根据科斯第二定理，不同的产权制度会带来不同的经济效率。受到科斯理

---

❶　R H COASE. The problem of social costs [J]. Journal of Law and Economics, 1960 (3): 16.

论的启发，产权经济学家从理性利己的角度，运用交易成本概念，深入地分析了共有产权和私人产权制度下人们不同的行为特征，并据此做出了共有产权缺乏效率而私有产权具有效率的一般性论断。

产权经济理论认为，共有产权会导致高昂的交易成本、"公共地悲剧""搭便车"问题等负面的经济效应，因此，在共有产权制度下，资源配置一般是缺乏效率的。首先，由于共同体内的所有成员都有权利自由地享用某一公共品，且不被任何人排斥，从个人利益角度出发，每一个成员都希望最大限度地满足自己对公共物品的需求，在这种情况下，要使共同体内所有成员都达成如何使用公共品的协议是十分困难的，因此，谈判和执行成本将会很高。高昂的交易费用则会降低协议达成的可能性，进而影响经济效率。其次，产权理论认为，共有产权中的"公共地悲剧"是不可避免的。阿尔钦和德姆塞茨说，"共有权利意味着使用资源的运行安排是这样的，即除非占先或连续使用资源，否则无论国家或个人都不能排斥别人来使用资源"，所以，"在共有权利体系下，一旦获得或取得，每个人就有使用它的私有权利，但在取得它之前，对同一资源只是一种共有权利"❶。戈登更明确地说："每一个人的财产就不是任何人的财产。对任何人都免费的财产是任何人都不会珍惜的，因为他若糊涂到要将之留到适当的时候再享用，结果就只会发现它已被另外一个人给拿走了。"❷ 因此，在共有制下，"人们会倾向于以全然不顾行为后果的方式去实现这些权利"❸，进而导致公共品的过度使用，造成"公共地悲剧"。同时，产权理论认为，在公共产权制度下，如果公共品是无限可分的，且共同体达到一定规模，"搭便车"问题则不可避免。奥尔森指出，"一个集团做什么取决于集团中的个人做什么，而个人做什么又取决于他们采取其他行为的相对好处"❶。所以，由于公共品的非排他性和非竞争性，公共产权缺少对共同体成员在提供公共品和利用公共资源时的激励，从而导致资源不能得到有效利用，经济效率遭受

---

❶ 盛洪. 现代制度经济学（上卷）［M］. 北京：北京大学出版社，2003：94.

❷ H S GORDON. The economic theory of a common property resource：the fishery ［J］. Journal of Political Economy，1954（62）：124 – 142.

❸ 任何一项产权，都会有一个效率的问题。产权的效率，指的是将某项财产产权用于交易、经营或者其他目的时产生的经济、社会效果。通常，清晰的产权会导致较高的效率，不清晰的产权则导致较低的效率。

❶ M·奥尔森. 集团行动的逻辑 ［M］. 上海：上海人民出版社，1994：20 – 21.

损失。

相反地，产权理论认为私有产权有利于促进交易成本的降低、有效防止过度使用和"搭便车"等公共产权的问题，从而促进资源配置效率的提升，是一种符合效率要求的财产制度。首先，私人产权制度可以减少有权参加有关资源使用产生的问题的谈判的人数，降低谈判费用。外部性的存在是资源配置低效率的重要原因。由于相比共有产权制度，私人产权制度下外部性影响的产权所有者数量较少，达成使外部效应内部化的协议的谈判费用会大大降低。其次，私人产权的排他性特征能够消除共有产权条件下的过度使用和"搭便车"问题。

（二）有效率的产权制度安排原则

尽管产权经济学家们承认私有产权效率论和共有产权非效率论在现实中并不是绝对成立的，但在讨论有效率的产权制度安排时，他们仍然建议始终遵循这两个最基本原则。同时，产权理论将这两个原则与人的有限理性、资源稀缺性和交易成本大于零的现实结合起来，认为在现实中有效率的产权制度安排应遵循如下一些基本原则。

第一，如果确立某种物品或资源的私有产权制度所需的总成本大于由此可获得的总收益，也就是说，对这种物品或资源实行公有产权是有效率的，而实行私有产权是缺乏效率的，那么，在这种情况下就应实行共有产权制度。反之，如果实行私有产权制度的总收益大于其所需要的总成本，那么，就应该实行私有产权制度。科斯指出，"在设计或选择社会制度安排时，我们应该考虑总的效果"，"只有得大于失的行为才是值得人们追求的"。

第二，对于一个多方自由参与的交易，如果任何一方的行为对交易所产生的最终价值或总绩效的变化性都有影响，但个人的影响不能无成本地分离出来，亦即产权通常是得不到完全明确界定的，那么，决定产权配置的总原则是哪一方对交易所产生的最终价值或总绩效的影响大，其就应该承担更大部分的变化性，并享有更大的剩余控制权和更大的剩余索取权。通俗地说，这就是能力、责任、权力、利益统一的原则。当责、权、利根据交易各方对产出的贡献能力配置，具有较强影响力的一方就能得到更加充分的激励，从而促进交易利益的提高。

第三，产权的安排应使交易成本最小化。根据这一原则，资源的权利应该配置给能使之产生最大价值的一方，这样就可以不必进行成本高昂的权利交易。如果无法确定哪一方能使权利的价值最大化，那就应该将权利配置给能使权利的交易以最低的成本实现的那一方。这样就可以使资源最终更有效地转移到能使之产生最大价值的人那里，从而提高整个社会的经济效率。

促进效率是以上三个原则的唯一出发点。上述原则具有大量的历史和现实的事实基础。正如库特所指出的，它们还不仅是规范性的原则，也是描述性的实证原则。上述原则的精神实质是只要是可能或有效率的，就要求尽量使个人明确并承担自身行为的全部责任，并使其尽可能多地获得由于自身行为所创造的利益，从而尽可能减少由于责任或受益权利不明晰导致的公共财产问题。而且这些原则贯彻只能依赖于市场交易的事实参与者本人而不是其他什么人或组织，因为基于有限理性和最大化行为的假设，产权理论认为，只有当事人才最清楚自己所拥有资源的最有价值的用途。科斯指出，"一个有效的经济体系，不仅需要市场，而且需要适度规模的组织内的计划领域。这种混合应该是什么样的，我们发现是竞争的结果"❶。这意味着保证符合上述原则的产权安排的实现，就要求市场交易各方必须对自己的资源的所有权具有排他性和转让性。这一切深刻体现了对私有产权效率论和共有产权非效率论的贯彻。

第二节 交易费用理论

交易费用理论是现代产权理论的基础，其基本思路是：围绕交易费用节约这一核心，把交易作为分析单位，找出区分不同交易的特征因素，然后分析什么样的交易应该用什么样的体制组织来协调。交易成本理论中的制度在经济分析中的重要性，使许多经济学者重构了制度经济学，并把它与19世纪末20世纪初德国历史学派和美国制度主义理论家的那种注重对制度做描述性分析的研究区分开来，冠之以"新制度经济学"（New Institutional Economics），但我们仍然习惯地称之为制度经济学或制度分析学派。

---

❶ R·H·科斯. 论生产的制度结构 [M]. 上海：三联书店上海分店，1994：355.

一、交易费用的内涵和构成

交易费用（Transaction Costs，或称交易成本）的概念由科斯于 1937 年在《企业的性质》一文中首次提出。科斯[1]在尝试解释企业何以存在时"发现"："市场和企业都是两种不同的组织劳动分工的方式（即两种不同的'交易'方式），企业产生的原因是企业组织劳动分工的交易费用低于市场组织劳动分工的费用。"科斯[2]认为，交易成本是"通过价格机制组织生产的费用，最明显的成本就是发现相对价格的费用，还有市场上发生的每一笔交易的谈判和签约费用，此外，利用价格机制也存在其他方面的费用"。科斯[3]指出，不仅市场有交易费用，企业本身产生的如行政管理费用、监督缔约者费用、传输行政命令费用等组织费用也可以看作企业内部的交易费用。当企业扩大时，企业内部的交易费用也随之扩大，当其扩大到与市场上的交易费用相当时，企业的规模便不再扩大。

威廉姆森按照交易时序将交易成本划分为六项，包括搜寻成本（商品信息与交易对象信息的搜集）、信息成本（取得交易对象信息与和交易对象进行信息交换所需的成本）、议价成本（针对契约、价格、品质讨价还价的成本）、决策成本（进行相关决策与签订契约所需的内部成本）、监督交易进行的成本（监督交易对象是否依照契约内容进行交易的成本，如追踪产品、监督、验货等），以及违约成本（违约时所需付出的事后成本）。威廉姆森[4]后来又进一步将交易成本整理区分为事前与事后两大类。其中，事前的交易成本包括签约、谈判、保障契约等成本；事后的交易成本包括适应性成本（签约双方对契约不能适应所导致的成本）、讨价还价的成本（两方调整适应不良的谈判成本）、建构及营运的成本（为解决双方的纠纷与争执而必须设置的相关成本），以及约束成本（为取信于对方所需之成本），等等。

张五常[5]认为交易成本包括一切不直接发生在物质生产过程中的成本。张五常在研究中选取了鲁滨孙·克鲁索经济做对比，对现实世界中的交易费用进

[1]　R H COASE. The nature of the firm [J]. Economica, 1937 (16): 386 – 405.

[2][3]　盛洪. 现代制度经济学（上卷）[M]. 北京：北京大学出版社，2003：70.

[4]　O E WILLIAMSON. The economic institutions of capitalism [M]. New York：The Free Press, 1985：20.

[5]　张五常. 交易费用的范式 [J]. 社会科学战线，1999 (1)：1 – 9.

行描述。他指出，交易费用不可能发生在一个人的、没有产权、没有交易、没有任何一种经济组织的经济体中。他认为在实际生活中很难把不同种类的交易费用加以区别，所以他所定义的交易费用是广义的，包括信息费用、监督管理费用和制度结构变化引起的费用。张五常认为，只要是一个人以上的社会，就会需要如何约束个人行为的规则，即需要制度。从广义的角度讲，制度是因为交易费用产生的，所以交易费用也可以叫作制度成本。张五常的交易费用主要指发生在人与人的社会关系之中的费用。

通常情况，交易成本是指为达成交易所要花费的全部费用，包括聚集交易参与者的交通费、差旅费，收集和传递有关信息的广告费、通信费，达成交易协议的费用等。❶

二、交易费用的成因及特征

在科斯的分析中，科斯并没有专门分析交易费用产生的原因。科斯首先赋予"交易"以稀缺性，或者说，他首先认识到交易（活动）的稀缺性，就使分析"交易费用产生的原因"有了基础，但科斯并没有明确指出：稀缺就是产生交易费用的根源。尽管他实际上已经揭示出了这一点，但他只是从实事出发，赋予交易以稀缺性，从而把交易作为制度经济学的基本分析单位，但他没有分析其产生原因。

威廉姆森对这一问题的分析，要深刻得多。威廉姆森将交易成本的成因归结于人性与环境两类因素，具体包括以下六种：一是有限理性（Bounded Rationality），即交易参与主体因其心智、情绪等因素而在交易活动中受到限制；二是投机主义（Opportunism），指交易参与主体为谋求自身经济效益而采取不正当行为，导致各方交易监督成本提高；三是不确定性与复杂性（Uncertainty and Complexity），因为交易环境中存在大量不可预知的因素，导致交易双方议价成本增加；四是少量交易（Small Numbers），某些交易过程专属性过强，或因为异质性信息与资源无法流通，使得交易对象减少、市场运作失灵；五是信息不对称（Information Asymmetric），交易双方所掌握的交易信息常常不对等，这无疑会增加交易中信息收集等成本；六是气氛（Atmosphere），指由于交易

---

❶ 徐大伟. 新制度经济学［M］. 北京：清华大学出版社，2015.

双方立场不同，对彼此的信任程度会影响交易关系的建立，进而影响交易成本。

威廉姆森[1]在交易费用理论的发展上做出了重大贡献，他认识到交易具有以下三个基本特征：交易的频率、交易的不确定性和交易资产的专属性。这些特征将对交易成本高低产生影响。一是交易的频率（Frequency of Transaction），指交易发生的次数。频率越高，相对的管理成本与议价成本也升高。交易频率可以通过影响相对交易成本而影响交易方式的选择。二是交易的不确定性（Uncertainty），指交易过程中各种风险的发生概率，包括偶然事件的不确定性、信息不对称的不确定性、预测的不确定性和行为的不确定性等。为应对和预防风险的发生，交易成本必然升高。三是交易资产的专属性（Asset Specificity），指在不牺牲生产价值的条件下，资产可用于不同用途和由不同使用者利用的程度。也就是说，当交易所投资的资产本身不具有市场流通性，或者契约一旦终止，投资于资产上的成本难以回收或转换使用用途，则称之为资产的专属性。

这三个特征是区分各种交易的主要标志，也是使交易费用经济学与解释经济组织的其他理论相区别的重要特点，尤其是资产专属性。[2] 在不确定性的环境下，为达到节约交易费用的目的，决策必须是应变性的、过程性的。而资产专用性使事后机会主义行为具有潜在可能性，资产专用程度越高，事后被"敲竹杠"或"要挟"的可能性越大，通过市场完成交易所耗费的资源比一体化内部完成同样交易所耗费的资源要多。[3] 威廉姆森[4]在研究中强调有限理性、机会主义和资产专属性，因为假如这三个因素没有同时出现，交易费用就不会存在。

三、交易费用的测度

对交易费用的测度一直存在争议。有学者认为交易费用中搜集信息、谈判

---

[1]　O E WILLIAMSON. The economic institutions of capitalism［M］. New York：The Free Press, 1985：43 – 80.

[2]　王洪涛. 威廉姆森交易费用理论述评［J］. 经济经纬, 2004（4）：11 – 14.

[3]　伍山林. 交易费用定义比较研究［J］. 学术月刊, 2000（8）：8 – 12.

[4]　O E WILLIAMSON. The economic institutions of capitalism［M］. New York：The Free Press, 1985.

和签约等费用会涉及人的时间和精力的耗费，很难用货币衡量，要准确地计算交易费用是不可能的。另一些学者则认为，虽然不能够精确地计算交易费用，但还是可以通过间接的方法对交易费用进行近似计算。

（一）宏观层面交易费用的测度

在宏观层面上对国家和地区的交易费用进行计量，最具代表性的是瓦里斯和诺思。他们对交易费用的计量方法包括以下几个部分[1]：①在人类行为理论的基础之上对交易费用和转型成本进行定义——交易费用是执行交易功能的成本，是在交易中界定、保护、实施产权而消耗的所有资源的总和。转型成本则是执行转型功能的成本，是为改变物质属性而消费的资源总和。②对计量任务进行调整，只计量通过市场的各种交易费用，并把这些形成交易成本的活动定义为交易服务，因此计量的任务就是加总各种交易服务并计量其价值。③加总交易产业的价值。所谓的交易产业就是在公开市场上为产权交换提供交易服务的部门，包括金融业、房地产业、批发零售业、广告业、咨询业、保险业等。④在非交易产业中，划分企业职员的职业，一是提供交易服务的职业；二是提供转型服务的职业。提供交易服务的职业收入就是交易费用。这些职业包括：业主、经理、主管、监督员、测量员、会计、营销人员等。⑤加总除转移性支付外的国家公共部门为国防、教育、城市服务等活动而支付的费用。⑥把以上各项对应于国民经济核算账户，加总交易费用。该总额就是该社会制度运行的成本。瓦里斯和诺思用该方法对美国1870—1970年的交易费用进行了测算，结果是美国国民收入45%以上是交易费用，100年间增长了将近25%。

（二）微观层面的交易费用测度

微观层面的交易费用测度包含公共部门以及行业或企业交易费用的测度，有时在公共部门公共政策实施的交易费用的测算上，也会涉及个人交易费用的测算。

---

[1] J J WALLIS, D C NORTH. Measuring the transaction sector in the American economic growth [M]. Chicago: University of Chicago Press, 1986: 95 – 162.

1. 公共部门交易费用的测度

McCann 和 Easter❶利用国家资源保护服务部门所收集的数据，对减少非点源污染政策的交易费用进行了测度，结果显示其交易费用占总资源保护成本的38%。Mettepenningen 等❷采用普通调查法对包括交易费用在内的多种农业环境计划所包含的成本进行对比，并采用一年登记法对具体的成本值进行测度，最终显示交易费用占农业环境计划总成本的14%，占补偿支付的25%。

2. 行业或企业交易费用的测度

Stoll 和 Whaley❸直接采用价差加佣金作为证券市场交易费用的计算方法对证券交易市场的交易费用进行了测度，得到纽约证券交易所的交易费用占市场价值的2%，而其他较小的证券交易所交易费用占市场价值的9%。Karpoff 和Walking❹、Bhushan❺分别构造价格、交易额、公司规模、已发行股票额为代理变量，假定代理变量与交易费用呈负相关，进而通过代理变量测度了证券市场的交易费用。Royer❻对牛奶市场的交易费用进行了测度，但与前人不同，他对比了市场与合约条件下信息、谈判、强化成本分别占交易费用的比重。结果显示，在市场条件下，三者占交易费用的比重分别为16%、50%、34%；在合约条件下，三者占交易费用的比重分别为1%、1%、98%，表现出了不同条件下交易费用构成的不同。

除了采用基数方式测度交易费用外，采用序数比较的方式对交易费用进行测度也是可行的，并且可以解决交易费用中某些内容不容易量化的难题。威廉姆森最早指出，尽管直接测度事前和事后的交易费用很困难，但可以通过制度

❶　L MCCANN, K W EASTER. Estimates of public sector transaction costs in NRCS programs [J]. Journal of Agrecultural and Applied Economies, 2000 (3)：555 – 563.

❷　E METTEPENNINGEN, A VERSPECHT, G V HUYLENBROECK. Measuring private transaction costs of European agri – environmental schemes [J]. Journal of Environmental Planning and Management, 2009 (5)：649 – 667.

❸　H R STOLL, R E WHALEY. Thansaction costs and the small firm effect [J]. Journal of Financial Economics, 1983 (1)：57 – 59.

❹　J M KARPOFF, R A WALKING. Short term trading around ex – dividend days：addition evidence [J]. Journal of Finacial Economics, 1998 (2)：291 – 298.

❺　R BHUSHAN. An informational efficiency perspective on the perspective on the post – earning drift [J]. Journal of Accounting and Economics, 1994 (1)：46 – 65.

❻　A ROYER. Transaction costs in milk marketing：a comparison between Canada and Great Britain [J]. Agricultural Economics, 2011 (2)：171 – 182.

的比较，把一种合同与另外一种合同进行比较来测度交易费用。

第三节　制度变迁理论

制度变迁理论是新制度经济学的重要理论分支。该理论的研究重点集中于经济结构和制度对经济增长的影响以及经济制度的发展演化规律，既要阐明制度的内涵及其功能，又要研究制度变迁的动因及规律，而有效的制度是刺激经济增长的关键。

一、制度变迁的内涵及其动力机制

（一）制度变迁的内涵

1. 制度

经济学意义上的制度（Institution）是指，"一系列被制定出来的规则、服从程序和道德、伦理的行为规范"，诺思称之为"制度安排"。制度安排指的是支配经济单位之间可能合作与竞争的方式的一种安排。制度安排旨在提供一种使其成员的合作获得一些在结构外不可能获得的追加收入，或提供一种能影响法律或产权变迁的机制，以改变个人或团体可以合法竞争的方式。诺思所讲的制度变迁和制度创新都是指这一意义上的制度。制度一般包括正式制约（如法律）和非正式制约（如习俗、宗教等），以及它们的实施，这三者共同界定了社会的尤其是经济的激励结构。

2. 制度变迁

所谓的制度变迁是指一种制度框架的创新和被打破。制度可以视为一种公共产品，它是由个人或组织生产出来的，这就是制度的供给。由于人们的有限理性和资源的稀缺性，制度的供给是有限的、稀缺的。制度有供给，也有需求。随着外界环境的变化或自身理性程度的提高，人们会不断提出对新的制度的需求，以实现预期增加的收益。当制度供给与制度需求相吻合的时候，我们称之为制度均衡，反之则称为制度非均衡。在一个较短的时期内，制度均衡也可能出现，此时制度有一定的稳定性特征。换言之，制度并不是每时每刻都在变化过程中，因为随时变化的制度也许没有供给主体，更重要的在于没有需求主体，时刻变化的制度无法给微观经济主体提供稳定的预期激励。但从较长的时期看，制度非均衡又是必然的。一项制度不可能适应所有的环境情况，也就是说，不存在任何环境条件下都适用的制度。社会经济环境变化了，经济主体就会产生对新制度、新规则的需求，此时，旧制度要么被抛弃，要么进行自我扬弃，以适应新环境，要么就得补充新的内容，进行自我创新。制度的废弃、变革、创新等就形成了制度变迁。所谓变迁，实际上是权力和利益的转移再分配，即产权的重新界定。制度变迁的成本与收益之比对于促进或推迟制度变迁起着关键作用，只有在预期收益大于预期成本的情形下，行为主体才会去推动直至最终实现制度的变迁。

（二）制度变迁的动力机制

理论界研究制度变迁动力机制的理论观点有很多，不同的学派对此都有不同的认识。概括起来，主要有以下几种观点。

1. 经济增长推动说

以舒尔茨为代表的经济增长推动假说认为，制度变迁是由经济增长引起的，经济增长是制度变迁发生的动力源泉。在《制度与人的经济价值的不断提高》一文中，舒尔茨[1]指出，尽管不具有普遍意义，然而经济学领域内的制度可视为是一种具有经济价值的服务的供给者，是经济领域里的一个内生变量，因对经济增长动态的反应而发生制度变迁。类似地，拉坦[2]也认为"制度变迁可能是由对于经济增长相联系的更为有效的制度绩效的需求所引致的"。

2. 技术决定论

这种假说将技术视为推动经济增长与制度变迁的动态原因，认为新制度安排的出现是由于技术改进产生的成本收益变化导致的结果，主张技术变迁决定制度变迁。持这种观点的有凡勃伦、其追随者阿里斯及马克思。

技术决定论在老制度主义学派的著作中也是一个处于支配地位的观点。凡

---

[1]　舒尔茨. 制度与人的经济价值的不断提高［A］//科斯，等. 财产权利与制度变迁——产权学派与新制度学派译文集. 上海：上海三联书店，2004：257.

[2]　拉坦. 诱致性制度变迁理论［A］// 科斯，等. 财产权利与制度变迁——产权学派与新制度学派译文集. 上海：上海三联书店，2004：333.

勃伦和他的追随者采用技术与制度的矛盾分析法，将技术视为经济发展和增长的动态因素，认为技术创新过程是由其自身内在力量和历史必然推动的，技术是社会进步、制度变迁、文明形成的根本原因；阿里斯更将制度视为静态因素，认为制度是古代的、静止的，并且缺乏技术创新所需要的组织上的可变性，西方经济的发展不能归功于市场制度，是技术的发展才使市场的发展成为可能。进一步地，凡勃伦和阿里斯提出了老制度经济学研究的第一个主要纲领，"该纲领集中考察了新技术对制度安排的影响，考察了既定社会惯例和既得利益者阻碍这种变迁的方式"。正如埃尔文·K. 青格勒所言，在凡勃伦的体系中，正是动态技术与静态制度之间的辩证斗争与冲突导致了经济与政治被慢慢地置换与替代，经济组织的体系经历了历史的变迁与调整。❶

　　有趣的是，不仅在老制度主义那里技术是推动经济增长与制度变迁的动态因素，在马克思的历史唯物主义视野中，技术的变迁也是导致制度变迁的基本原因。"马克思比他的同时代学者更深刻地洞见了技术与制度变迁之间的历史关系。"在马克思主义基本理论中，生产力和生产关系的矛盾变化推动了制度的演进和变迁，生产方式的变化——主要是技术的变迁——决定着生产关系的变化并导致制度变迁；科学技术的发展导致社会分工和生产工艺的进步，而其所带来的生产潜力却不能在现有的经济组织中得以实现，结果一个充满活力的经济组织去替代现有的体制并创立出能把新技术的潜力转化为现实的新型制度形式。尽管马克思强调了生产方式的变化（技术变迁）与生产关系的变化（制度变迁）之间的辩证关系，但是他们相信生产力提供了社会制度变迁的更为基本的动态力量，社会制度演化和变迁的根本动力在于生产力尤其是科学技术的发展。

　　3. 制度自我循环累积说

　　制度自我循环累积说主张制度变迁本身是经济发展的动态原因，具有自我循环累积机制，对经济增长起决定作用的是制度性因素而非技术性因素。这一学说的代表人物首推道格拉斯·诺思教授和罗伯斯·托马斯教授。在其二人的经典著作《西方世界的兴起》一书中，他们开宗明义地指出："有效率的经济

---

　　❶ 拉坦. 诱致性制度变迁理论［A］// 科斯，等. 财产权利与制度变迁——产权学派与新制度学派译文集. 上海：上海三联书店，2004：330.

组织是经济增长的关键；一个有效率的经济组织在西欧的发展正是西方兴起的原因之所在。"[1] 诺思和托马斯不同意将技术创新、规模经济等看作经济增长的源泉，他们"反复强调了制度变迁比技术变迁更为优先且更为根本的观点"[2]，并进一步分析道：所谓经济增长就是人均收入的长期增长，一些通常被认为是影响经济增长的因素，如技术创新、规模经济、教育发展和资本积累等并不是经济增长的原因，而恰恰是经济增长的结果和表现。近代欧洲经济增长的真正的决定原因是私有产权制度的确立，只有能够提供个人刺激的有效的制度才是经济增长的决定性因素，是制度的进步刺激了技术的发展，因此是制度决定技术。

4. 技术与制度双线互动论

与技术决定论和制度决定论的"单线"说不同，技术与制度双线互动假说认为，制度变迁是技术变迁与制度变迁之间的一个互动过程，"关于技术或制度变迁的相对优势的观点一般不具有生产性的"[3]，不应该把二者割裂开来只强调其中的一个，而应该把二者统一起来看作一个互动的过程。拉坦是这一假说的主要代表人物，他认为"导致技术变迁的新知识的产生是制度发展过程的结果，技术变迁反过来又代表了一个对制度变迁需求的有力来源"[4]。他主张，"技术变迁与制度变迁之间相互依赖性很高，必须在一个持续的相互作用的逻辑中来进行分析"[5]。其实，熊彼特的创新理论也基本持这样的观点，其著作《经济发展理论》中提到的解释经济变迁和社会演进的经济学框架就既包含技术创新因素又包含制度创新因素。

5. 预期利益偏好说

很多经济学者都是从预期利益偏好角度来考察制度变迁的动因的，其中以

---

[1]　North D，R P Thomas. The rise of west world：a new economic history ［M］. Cambridge：Cambridge University Press，1973：5.

[2]　拉坦. 诱致性制度变迁理论 ［A］ //科斯，等. 财产权利与制度变迁——产权学派与新制度学派译文集. 上海：上海三联书店，2004：331.

[3]　拉坦. 诱致性制度变迁理论 ［A］ //科斯，等. 财产权利与制度变迁——产权学派与新制度学派译文集. 上海：上海三联书店，2004：338.

[4]　拉坦. 诱致性制度变迁理论 ［A］ //科斯，等. 财产权利与制度变迁——产权学派与新制度学派译文集. 上海：上海三联书店，2004：327.

[5]　L MCCANN，K W EASTER. Estimates of public sector transaction costs in NRCS programs ［J］. Journal of Agricultural and Applied Economies，2000 （3）：555 – 563.

戴维斯和诺思 1979 年的经典文献《制度变迁的理论：概念与原因》、丹尼尔·布罗姆利教授 1989 年的专著《经济利益与经济制度》和我国杨瑞龙教授于 1998 年发表的论文《我国制度变迁转换方式的三阶段论》为代表性成果。

戴维斯和诺思从外部收益的来源入手，认为制度是经济主体或行动团体之间的一种利益安排，外部收益的出现和变化"诱致人们去努力改变他们的制度安排"，是制度变迁的动因来源。"从理论上讲，有许多外部事件能导致利润的形成。在现有的经济安排状态给定的情况下，有些利润是无法获得的，我们将这些收益称为'外部利润'。"❶ 在 1979 年的一篇论文中，戴维斯和诺思分析了影响制度变迁的五种因素，即制度环境、制度安排、初级行动团体、次级行动团体以及制度装置，并指出：制度变迁就是指由于规模经济、外部性、风险和交易费用等制度环境的变化所导致经济主体或行动团体之间利益格局的变化经各级主体相互博弈所达成的新的制度安排，"如果预期的净收益超过预期的成本，一项制度安排就会被创新"❷。此外，诺思教授也在其著作中明确指出相对价格和偏好的变化是引起制度变迁的诱因，这些论断无疑是利益偏好说最透彻的阐发。

丹尼尔·布罗姆利教授对制度变迁的动因分析是围绕"制度交易"这一核心概念展开的。在他看来，"当经济和社会条件发生变化时，现存的制度结构就会变得不相适宜。为对新的条件做出反应，社会成员就会尽力修正制度安排（或者是惯例或者是所有权），以至于使它们与新的稀缺性、新的技术性机会、收入或财富的新的再分配和新的爱好与偏好保持一致"。"在对新的经济条件做出反应的过程中发生的这些意在确立新的制度安排的活动，我们称之为制度交易。"❸ 布罗姆利❹认为，"导致制度交易的偏好会增加特殊集团的利益，从而表现出，作为要求，它会反对现行的制度结构。这种要求企图改变现存的

---

❶ 戴维斯，诺思. 制度变迁的理论：概念与原因［A］//科斯，等. 财产权利与制度变迁——产权学派与新制度学派译文集. 上海：上海三联书店，2004：276.

❷ 戴维斯，诺思. 制度变迁的理论：概念与原因［A］//科斯，等. 财产权利与制度变迁——产权学派与新制度学派译文集. 上海：上海三联书店，2004：274.

❸ 丹尼尔·W. 布罗姆利. 经济利益与经济制度——公共政策的理论基础［M］. 上海：上海三联书店，上海人民出版社，1996：130.

❹ 丹尼尔·W. 布罗姆利. 经济利益与经济制度——公共政策的理论基础［M］. 上海：上海三联书店，上海人民出版社，1996：131.

制度安排，由此提出一种新的、与此不同的行为准则或所有权结构。"为此，布罗姆利提出了四种制度交易的概念，即提高生产率、直接增加货币化净所得的制度交易，重新分配收入的制度交易，重新配置经济机会的制度交易，重新分配经济优势的制度交易，同时明确指出："这些制度交易会作为对新的经济条件和机会的自动反应而出现，或者它们会由于缺乏自动的变化以至于外部强制而出现"，"这类制度变迁的产生背景对于理解制度和制度变迁是至关重要的"。❶ 换句话说，在布罗姆利看来，使人们对于利益的偏好引起了对制度交易的偏好，进而引起了制度变迁。

类似地，我国学者杨瑞龙教授在 1998 年发表的《我国制度变迁转换方式的三阶段论》一文中指出，"随着产品和要素价格、市场规模、技术等的变化，就会打破原有的制度均衡，出现新的获利机会，从而产生制度要求"，"如果组织或操作一个新制度安排的成本小于其潜在制度收益，就可以发生制度创新。至于一个社会通过何种制度变迁方式来获取这一潜在收益，则主要受制于这个社会的各个利益集团之间的权力结构和社会偏好结构"。❷ 显然，杨瑞龙教授是从制度变迁的供给和需求双方来考察制度变迁的发生的，虽然，他没有明确指出利益偏好是制度变迁的动因，然而我们不难看出，这里已经隐含了人们对利益偏好的追求是制度需求产生的诱因，进而会在制度供给方存在的情况下引起制度变迁。

6. 利益集团论

奥尔森是第一个系统而全面地研究利益集团与制度变迁关系的经济学家，确切地说，他的利益集团理论和集体行动的研究是围绕国家之兴衰而展开的。然而从他的《集体行动的逻辑》和《国家的兴衰》两部著作中，我们不难辨析出，在奥尔森眼中制度变迁的发生取决于利益的需要，利益集团给予利益一致性而产生。由于新制度给人们提供了比旧制度更好的利益，因而人们希望或采取行动使制度发生有利于自己的变化，而这种变化的行动就来自联合起来的集团。进一步地，他得出结论，制度变迁的根源取决于利益集团的形成和发

❶ 丹尼尔・W. 布罗姆利. 经济利益与经济制度——公共政策的理论基础［M］. 上海：上海三联书店，上海人民出版社，1996：172.

❷ 杨瑞龙. 我国制度变迁转换方式的三阶段论［J］. 经济研究，1998（1）：3-7.

展，"他既不认为制度完全是理性设计的产物，因为不同的利益集团的博弈，才是决定一个制度优劣的根本原因；也不认为制度完全是自然演进的，因为利益集团显然是一个对制度变迁具有决定作用的，并且具有明确利益目标的主体"❶。

实际上，制度变迁是错综复杂和多种多样的，其发生动因不可能只有某几种原因，也不可能仅存于某几个领域之内。这里我们将制度变迁的动力分为内因与外因两方面：内因主要取决于以人们的需要和利益不断得到满足和由预期利益引起的利益冲突不断得到缓解为内在动力的生产力的发展；外因则主要指诱发性环境的变化，如新技术的发明、人口的变化、自然资源禀赋的改变、意识形态的冲击、文化传统的变迁、政治法律军事环境的变动以及来自国外的影响等外部因素。人们的需要和利益是人类一切历史活动的内在动因，二者利用利益自身的双重结构实现动力传递。利益机制是制度变迁动力结构中的动力传递机制，而利益冲突是诱发制度变迁的最直接动因。外部因素的变化通过改变各级主体的效用和预期、引发利益冲突并借助利益动力机制影响制度变迁的生发和进程。

二、制度变迁理论的主要内容

诺思在《经济史中的结构与变迁》中具体地提出了制度变迁的三块基石：描述体制中激励个人和集团的产权理论，界定实施产权的国家理论和影响人们对客观存在变化的不同反应的意识形态理论。诺思沿用了新古典经济学理性人的假设，利用交易费用理论，指出产权对经济增长的重要性，而产权又是国家界定的，同时一个国家的经济绩效也取决于产权的有效性。意识形态是一种行为方式，意图使人的经济行为受一定的习惯、准则和行为规范约束，这就解释了新古典增长模型中的非理性行为和资源配置的非市场形式的增多等问题。诺思理论与以往理论不同的是，诺思使用了交易费用理论，注意到了制度以及产权等的重要性，采用新的视角有效地解释了国家理论，推动了制度变迁理论的发展。

---

❶ 程虹. 制度变迁的周期——一个一般理论及其对中国改革的研究 [M]. 北京：人民出版社，2000：14.

（一）制度变迁中的产权理论

将产权理论与制度变迁结合是诺思的一大理论贡献。诺思在《西方世界的兴起》里，认为制度因素是经济增长的关键，一种能够对个人提供有效激励的制度是保证经济增长的决定性因素，其中产权最重要。诺思分析，英国通过颁布专利法，构建有效的产权结构，促进了技术创新发展，而同时期的法国和西班牙由于没有建立类似的能有效保护私人财产和限制皇权的制度结构，无法对个人创新提供适当的激励而落后。"一个有效率的经济组织在西欧的发展正是西方兴起的原因所在"，而有效率的组织需要在制度上做出安排和确立所有权，以便形成一种刺激，将个人的经济努力变成私人收益率接近社会收益率的活动。

诺思认为，科斯等人创立的产权理论有助于解释人类历史上交易费用的降低和经济组织形式的替换。根据产权理论，在现存技术、信息成本和未来不确定因素的约束下，在充满稀缺和竞争的世界里，解决问题的成本最小的产权形式将是有效率的。竞争将使有效率的经济组织形式替代无效率的经济组织形式，为此，人类在为不断降低交易费用而努力着。有效率的产权应是竞争性的或排他性的，为此，必须对产权进行明确的界定，这有助于减少未来的不确定性因素，从而降低产生机会主义行为的可能性，否则，将导致交易或契约安排的减少。

（二）制度变迁中的国家理论

国家的存在是经济增长的关键，又是人为经济衰退的根源，这一悖论使国家成为经济史研究的核心。诺思在制度变迁理论中对产权理论虽然没有多大发展，但独到之处在于将产权理论与国家理论结合起来。因为国家并不是"中立"的，国家决定产权结构，并且最终要对造成经济增长、衰退或停滞的产权结构的效率负责。在诺思看来，关于制度变迁的国家理论既要解释造成无效率的产权的政治或经济组织的内在的活动倾向，又要说明历史上国家本身的不稳定性，即国家的兴衰。为此，他把自己的国家理论称为"界定实施产权的国家理论"。

国家理论首先要说明国家的性质。关于国家的性质，政治学和历史学中有各种解释，但归纳起来主要有两种：掠夺论（剥削论）和契约论。掠夺论认为国家是某一集团或阶级的代理者，它的作用是代表该集团或阶级的利益向其他集团或阶级的成员榨取收入。即国家是掠夺或剥削的产物，是统治者掠夺和剥削被统治者的工具。契约论则认为，国家是公民达成契约的结果，它要为公民服务，国家在其中起着使社会福利最大化的作用。这种理论有悠久的历史，近年来在新古典经济学家的重新解释下又得以复兴。显然，这两种理论都有一定的道理，都能在历史和现实中找到佐证，但它们均不能涵盖所有的国家形式，因而是不全面的。从理论推演的角度看，国家带有掠夺和契约的双重性。因而，诺思倡导有关国家的"暴力潜能"（Violence Potential）分配论。他认为，国家可视为在暴力方面具有比较优势的组织。若暴力潜能在公民之间进行平等分配，便产生契约性国家；若分配是不平等的，则产生掠夺（剥削）性国家。

诺思认为，具有一个福利或效用最大化的统治者的国家模型具有三个基本特征：第一，国家为获取收入，以一组被称为"保护"或"公正"的服务作为交换；第二，为使国家收入最大化，它将选民分为各个集团，并为每一个集团设计产权；第三，国家面临着内部潜在竞争者和外部其他国家的竞争。

诺思指出，国家提供的基本服务是博弈的基本规则。国家的目的有两个：一是界定形成产权结构的竞争与合作的基本规则，使统治者的租金最大化；二是降低交易费用以使社会产出最大化，从而使国家税收最大化。诺思研究发现，在历史上的许多阶段，"在使统治者的租金最大化的产权结构与减低交易费用促进经济增长的有效率体制之间，存在着持久的冲突。这种基本矛盾是使社会不能实现持续经济增长的根源"。也就是说，国家上述两个目的之间存在的冲突并导致相互矛盾乃至对抗的行为出现，是国家兴衰的根本原因所在。

（三）制度变迁中的意识形态理论

西方正统的经济学理论一直忽视或排除意识形态在经济增长和制度变迁中的作用，其他一些社会学家尤其是马克思主义理论家则十分重视意识形态的作用。诺思在吸收两种理论的精华的基础上，发展了自己的具有意识形态成分的制度变迁理论。诺思指出，新古典理论不能解释两种行为：一是包括"搭便车"（Free Ride）在内的机会主义行为；二是对自我利益的计较并不构成动机因素的行为，即利他主义行为。诺思的制度变迁理论突破了新古典理论限于严格的个人主义的功利性假设，明确指出"变迁与稳定需要一个意识形态理论，并以此来解释新古典理论的个人主义理性计算所产生的这些偏差"。

意识形态，根据诺思的解释，是由互相关联的、包罗万象的世界观构成，包括道德和伦理法则。市场机制得以有效运行的一个重要条件是，人们能遵守一定的意识形态。"社会强有力的道德和伦理法则是使经济体制可行的社会稳定的要素。"在诺思看来，意识形态是降低交易成本的一种制度安排。例如，在界定和执行产权的成本大于收益的情况下，不能用产权来解决"搭便车"问题，这时就要靠意识形态来约束人们的行为。再如，政治组织和经济组织确定的规则需要一个遵从过程。遵从也是有成本的。如果对个人的最大化行为缺乏某种制约，产生了过高的遵从规则的成本，这将使政治或经济制度无法安排，那么就需要花费大量的投资去使人们相信这些制度的合法性。在这种情况下，政治或经济制度的安排需要和意识形态相结合。人们之所以能够不计较个人利益而采取服从社会规则的行为，这正是意识形态在起作用。他指出："在社会成员相信这个制度是公平的时候，由于个人不违反规则和侵犯产权，那么规则和产权的执行费用就会大量减少。"

诺思还用意识形态理论解释"搭便车"行为。在经济学上，所谓"搭便车"就是获得利益而逃避付费的行为。这种行为妨碍市场的自动调节过程。因此，一个成功的意识形态必须能够克服"搭便车"行为，这是各种意识形态的一个中心问题。在诺思看来，意识形态是一种行为方式，它通过提供给人们一种"世界观"而使行为决策更为经济。如果集团的每个成员具有共同的意识形态、具有共同的利益，就容易组织起来实现集团的目标；反之，如果存在分歧的意识形态，利益目标互不相同，且不了解对方的行为信息，则在集体行动时，就有人不承担任何代价而享受集体行动的利益，"搭便车"现象就不可避免。集团成员数目越多，"搭便车"行为就越严重。因此，解决"搭便车"问题的条件有两个：一是集团成员的数目要适度；二是对个人提供有选择性激励。对持不同意识形态的成员，集团应致力于人力资本投资，通过宣传教育以形成统一的意识形态和对集体行动的"虔诚"，来节省集体行动的组织成本和信息费用。或者是制定精确的规则并加以实施，对成员的"搭便车"行为进行监督和惩罚。当然，地域不同、年龄不同、职业不同和经历不同的人们具有不同的意识形态，但成功的意识形态必须是灵活的，这样才能更好地、有效地解决"搭便车"问题。

（四）制度变迁的"路径依赖"问题

路径依赖（Path Dependence）类似于物理学中的"惯性"，一旦进入某一路径，无论是好的还是坏的，就可能对这种路径产生依赖。其实关于自我增强机制（Self – reinforcing Mechanisms）和路径依赖的研究，最早是由阿瑟（W. Brian Arthur）针对技术演变过程提出的。道格拉斯·诺思把前人关于技术演变过程中的自我强化现象的论证推广到制度变迁方面，提出了制度变迁的路径依赖理论。

诺思把路径依赖解释为"过去对现在和未来的强大影响"，指出"历史确实是起作用的，我们今天的各种决定、各种选择实际上受到历史因素的影响"。诺思认为，制度变迁过程与技术变迁过程一样，存在报酬递增和自我强化的机制。这种机制使制度变迁一旦走上了某一路径，它的既定方向会在以后的发展过程中得到自我强化。所以，人们过去做出的选择决定了他们现在可能的选择。沿着既定的路径，经济和政治制度的变迁可能进入良性的循环轨道，迅速优化；也可能顺着错误的路径往下滑，甚至被"锁定"（Lock – in）在某种无效率的状态而导致停滞。一旦进入锁定状态，要摆脱就十分困难。

诺思研究发现，决定制度变迁路径的力量来自两个方面：不完全市场和报酬递增（Increasing Returns）。就前者而言，由于市场的复杂性和信息的不完全，制度变迁不可能总是完全按照初始设计的方向演进，往往一个偶然的事件就可能改变方向。就后者而言，人的行为是以利益最大化为导向的，制度给人们带来的报酬递增决定了制度变迁的方向。诺思接着指出，在一个不存在报酬递增和完全竞争市场的世界，制度是无关紧要的；但如果存在报酬递增和不完全市场时，制度则是重要的，自我强化机制就会起作用。

制度变迁的自我强化机制有四种表现：①设计一项制度需要大量的初始设置成本，而随着这项制度的推行，单位成本和追加成本都会下降。②学习效应。通过学习和掌握制度规则，如果有助于降低变迁成本或提高预期收益，则会促进新制度的产生和被人们接受。制度变迁的速度是学习速度的函数，但变迁的方向却取决于不同知识的预期回报率。③协调效应。通过适应制度而产生的组织与其他组织缔约，以及具有互利性的组织的产生与对制度的进一步投资，实现协调效应。④适应性预期。当制度给人们带来巨大的好处时，人们对之产生了强烈而普遍的适应预期或认同心理，从而使制度进一步处于支配地位。随着以特定制度为基础的契约盛行，将减少这项制度持久下去的不确定性。

总之，路径依赖对制度变迁具有极强的制约作用，并且是影响经济增长的关键因素。如果路径选择正确，制度变迁就会沿着预定的方向快速推进，并能极大地调动人们的积极性，充分利用现有资源来从事收益最大化的活动，促进市场发展和经济增长，这反过来又成为推动制度进一步变迁的重要力量，双方呈现出互为因果、互相促进的良性循环局面。如果路径选择不正确，制度变迁不能给人们带来普遍的收益递增，而是有利于少数特权阶层，那么这种制度变迁不仅得不到支持，而且加剧了不公平竞争，导致市场秩序混乱和经济衰退，这种"锁定"局面一旦出现，就很难扭转，许多发展中国家在这方面教训深刻。因此，制度变迁的国家必须不断解决"路径依赖"问题。

第四节　创新生态系统理论

一、生态学相关概念

19世纪中期德国生物学家恩斯特·海克尔（Ernst Heinrich Haeckel）首次将生态学定义为"研究生物有机体与其周围环境相互关系的科学，尤其强调动物与其他动物、植物之间互惠或对抗的关系"。尽管由于研究侧重点不同，目前人们对生态学的概念仍然没有统一的界定，但生态学是"研究生物及其环境相互关系的科学"已成为基本共识。系统论、控制论、信息论的概念和方法的引入，促进了生态学理论的发展。

（一）种群

种群（Biotic Population）指同一种生物在一定时间内占据一定空间所有个体的集合，种群中的个体彼此可以交配，并通过繁殖将各自的基因传给后代。种群是构成物种的繁衍单位和进化单位，也是构成群落的基本单位。一个物种通常有许多种群，同一种群的所有生物共用一个基因库，不同种群之间存在明显的地理隔离，长期隔离的结果有可能发展为不同的亚种，甚至产生新的物种。种群是生态学研究的最小的生态单位，对种群的研究主要是其数量变化与种内关系。

通常，生物学家会从种群密度、出生率与死亡率、迁入率与迁出率、性别比例、年龄结构和空间分布等方面对种群进行特征描述。其中，种群密度是指在单位面积或体积中的个体数，是种群最基本的数量特征。出生率指在某一特定时间内，一个种群新诞生个体占种群现存个体总数的比例；死亡率指在某一特定时间内，一个种群死亡个体数占现存个体总数的比例。自然状态下，出生率与死亡率决定种群密度的变化。种群的迁入率（Immigration Rate）指一个确定的种群单位时间内迁入种群的个体数占种群个体总数的比例；迁出率（Emigration Rate）指一个确定的种群单位时间内迁出种群的个体数占种群个体总数的比例。大量个体的迁入或迁出也会对种群密度产生显著影响。性别比例是指种群中雌雄个体的数目比，自然界中，不同种群的正常性别比例有很大差异，性别比例对种群数量有一定影响。种群的年龄结构是指一个种群幼年个体（生殖前期）、成年个体（生殖时期）、老年个体（生殖后期）的个体数目。分析一个种群的年龄结构可以间接判定出该种群的发展趋势，主要包括增长型、稳定型和衰退型。种群空间分布是指组成种群的个体在其生存空间的分布方式，大致包括随机分布、集群分布和均匀分布三种分布类型。

自然界中，同一空间内常生存着数种不同的生物种群，从而使生物个体之间的空间距离缩小，并出现对自然环境的竞争、对食物需求的矛盾，以及排泄物的相互影响等，进而形成种群间相互依存或相互制约的复杂关系，主要包括竞争、捕食、共生、互惠、偏利和偏害，等等。如果两个种群彼此共同利用同一短缺资源，每个种群的存在都会抑制另一个种群的发展，对另一个种群产生有害影响，那么它们之间的关系就是竞争关系。捕食是指一个种群以另一个种群为食物。当每个种群的存在对另一个种群的发展都是有利的，如果缺少任何一方对方都无法生存，那么不同种群之间的关系就是共生关系；如果缺少任何一方对方都能生存，那么它们之间的关系就是互惠关系。如果两个种群之间的相互影响是对一个种群有利而对另一个种群无利也无害，则这种关系叫作偏利；而当种群间的相互影响对一个种群有害而对另一个种群无利也无害时，则称这种关系为偏害。在生态系统中，以竞争和捕食关系最为常见。

（二）群落

群落（Community）或称生物群落（Biological Community），是指在特定的时间、空间或者生态环境中的所有生物种群的总和。也就是说，生物群落由多种生物种群按一定规律组合而形成一个有机整体，且各种群间都存在直接或间接的关系。

生物群落的基本特征包括群落中物种的多样性、群落的生长形式（如森林、灌丛、草地、沼泽等）和结构（空间结构、时间组配和种类结构）、优势种（群落中以其体大、数多或活动性强而对群落的特性起决定作用的物种）、相对丰盛度（群落中不同物种的相对比例）、营养结构等。其中，群落中物种的多样性是一个群落的重要特征，生态环境中营养物质的丰富程度会在很大程度上影响组成群落的种群数目。陆地生物群落中植物种类的多样性和结构的复杂性能直接影响动物的种类和数量。生物群落空间结构的形成是由于不同的空间结构层次上具有不同的生态条件，例如光照强度、温度、湿度等，而构成群落的每个种群都需要一个较为稳定的生态条件，每个种群都选择生活在群落中具有适宜生态条件的结构层次上。群落的结构越复杂，对生态系统中的资源的利用就越充分，群落内部的生态位就越多，群落内部各种生物之间的竞争就相对不那么激烈，群落的结构也就相对稳定一些。群落的空间结构分为水平结构和垂直结构。水平结构是指在群落生境的水平方向上，常呈镶嵌分布。由于在水平方向上存在的地形的起伏、光照和湿度等诸多环境因素的影响，导致各个地段生物种群的分布和密度的不相同。

由于群落中各个生物种群分别占据了不同的空间，使得生物群落在生态环境的垂直方向上具有明显分层现象，称为生物群落的垂直结构。

（三）生态系统

随着生态学的发展，生态学家认为生物与环境是不可分割的整体。美国生态学家奥德姆（Eugene Pleasants Odum）认为应把生物与环境看作一个整体来研究，并将生态学定义为"研究生态系统结构与功能的科学"，研究一定区域内生物的种类、数量、生物量、生活史和空间分布，环境因素对生物的作用及生物对环境的反作用，生态系统中能量流动和物质循环的规律等。1935 年，英国生态学家亚瑟·乔治·坦斯利爵士（Sir Arthur George Tansley）对生态系统的组成进行了深入的考察，为生态系统下了精确的定义。他认为生态系统是不仅包括生物复合体，而且还包括环境的全部物理因素的复合体。1940 年，苏联地理植物学家 Sucachev VN 提出生物地理群落的概念，他认为生物地理群落是地球表面特定的地段，生物群落及其稳定的地理环境成分保持一致并相互作用形成完整的相互制约的综合体。1965 年，哥本哈根会议上决定生态系统和生物地理群落是同义语，此后生态系统一词得到广泛应用。一般认为，生态系统指在一定的空间内生物的成分和非生物的成分通过物质、能量和信息相互作用构成的一个整体。生态系统主要强调同一空间内生物之间相互作用，生物与之所存在的环境相互作用。

生态系统的组成成分主要包括无机环境、生产者、消费者和分解者。其中，无机环境是生态系统的非生物组成部分，包含阳光、水、无机盐、空气、有机质、岩石等物质和能量。这些物质和能量是生物存在的基础。生产者（Producer）是指利用简单的无机物质制造食物的自养生物，包括绿色植物、光合细菌和化能合成细菌等。生产者是生态系统中连接无机环境和生物群落的桥梁，是生态系统的主要成分。消费者（Consumer）指以其他生物为食的异养生物，包括了几乎所有动物和部分微生物。消费者通过捕食和寄生关系在生态系统中加快能量流动和物质循环。以生产者为食的消费者被称为初级消费者，以初级消费者为食的被称为次级消费者，其后还有三级消费者与四级消费者等；同一种消费者在一个复杂的生态系统中可能充当多个级别。分解者（Decomposer）也叫还原者，是依靠分解动植物的代谢废物和死亡有机体而吸取营养的异养生物，以各种细菌（寄生的细菌属于消费者，腐生的细菌是分解者）和真菌为主，也包含屎壳郎、蚯蚓等腐生动物。分解者可将生态系统中无生命的复杂有机质（尸体、粪便等）分解成水、二氧化碳、铵盐等可以被生产者再利用的无机物，从而完成物质的循环。分解者是连接生物群落和无机环境的桥梁，是生态系统的必要成分。

二、创新生态系统的概念和构成

生态学的理论和方法为创新系统的研究提供了新的视角和途径。Moore 将企业生态系统定义为一种"基于组织互动的经济联合体"❶，并进一步认为"企业生态系统是一种由客户、供应商、主要生产商、投资商、贸易合作伙伴、标准制定机构、工会、政府、社会公共服务机构和其他利益相关者等具有一定利益关系的组织或者群体构成的动态结构系统"❷。在此基础上，Iansiti 和 Levin ❸提出生态位的概念来阐述创新生态系统，认为创新生态系统由占据不同但彼此相关的生态位的企业所组成，一旦其中的一个生态位发生变化，其他生态位相应也会发生变化。Adner 认为创新需要依赖外部环境的变化与生态系统的成员参与❹，创新生态系统是指一种协同机制，企业这种协同机制将个体与他者联系，并提供面向客户的解决方案，输出价值❺。黄鲁成❻提出，区域技术创新生态系统是指在一定的空间范围内技术创新复合组织与技术创新复合环境通过创新物质、能量和信息流动而相互作用、互相依存形成的系统（见表3－1，表3－2）。

与生态系统的构成要素类似，创新生态系统主要由环境要素和主体要素构成。其中，环境要素包括政策、制度、社会习俗以及文化、习惯等；主体要素主要包括企业、高校、科研机构、政府和中介机构等。类比自然生态系统，这些主体要素也可以分为个体、种群、群落。创新系统中单个的企业、高校、科研机构、政府或中介组织是系统内具有不同属性的个体。同种属性的个体又组成了一个种群，如企业种群、高校种群、中介组织种群等。这些种群之间有规

---

❶ MOORE J F. Predators and prey: a new ecology of competition [J]. Harvard Business Review, 1993, 71 (3): 75 - 86.

❷ MOORE J F. The death of competition: leadership and strategy in the age of business ecosystem [M]. New York: Harper Business, 1996.

❸ IANSITI M, LEVIEN R. Strategy as ecology [J]. Harvard Business Review, 2004, 82 (3): 68 - 81.

❹ ADNER R, KAPOOR R. Value creation in innovation ecosystems: how the structure of technological interdepedence affects firm performance in new techonology generations [J]. Strategic Management Journal, 2010, 31 (3): 306 - 333.

❺ ADNER R. Match your innovation strategy to your innovation ecosystem [J]. Harvard Business Review, 2006, 84 (4): 98.

❻ 黄鲁成. 区域技术创新生态系统的特征 [J]. 中国科技论坛, 2003 (1): 23.

律地联系在一起就形成了创新生态系统的群落。

表3-1 区域技术创新系统与生态系统的构成要素对比

生态系统要素	定义	区域技术创新系统要素	定义
种群	同种有机体的集合群	创新种群	相同资源和能力的创新实体
群落	不同生物种群的集合	创新群落	不同创新种群的综合体
生态系统	群落与环境相互作用的系统	技术创新生态系统	创新综合体与环境相互作用
生产者	用无机物制造有机物者	创新主体	实施技术创新的企业和机构
消费者	消费生长者制造的有机物者	创新成果使用者	使用新技术（产品）者
食物网	有机体的营养位置及关系	创新网	基于创新效益的创新组织关系

资料来源：黄鲁成. 区域技术创新系统研究：生态学的思考 [J]. 科学学研究，2003 (2)：217.

表3-2 区域技术创新系统与生态系统内行为对比

生态系统	创新系统
物种的生存依靠能量	持续的创新取决于持续的知识创新
适者生存通过物种变换的自然选择来实现	赢者通过技术创新满足消费者而实现
协同共进促进了相互依赖和协调	技术创新与制度创新的协同共进为竞争者提供竞争优势
互利共生提供了互补的作用和联系	技术联盟维持着技术创新主体间的合作，提高了总体的竞争力
通过捕食弱者而使种群维持在平衡水平	创新技术与产品不断更替着过时的技术与产品
食物链中高层次的物种有更多的生存机会	具有强创新能力的主体具有更好的生存机会
环境变化时，对环境进行监控并迅速做出反应的物种，更能适应环境的变化	环境观察和竞争能力强的创新主体，通过对环境的扫描和设计一个反应机制，去适应变化
迅速学习的物种，可以更好的方式适应迅速变化的环境	学习越快的创新主体，越有能力适应变化

资料来源：黄鲁成. 区域技术创新系统研究：生态学的思考 [J]. 科学学研究，2003 (2)：218.

三、创新生态系统的特征

创新生态系统具有一般系统的共同属性与整体运动规律，这就是它的整体性、层次性、耗散性、动态性、复杂性和稳定性。

（一）整体性

整体性是指，区域技术创新生态系统是诸要素的有机集合而不是简单相加，其存在的方式、目标、功能都表现出统一的整体性。整体性具体表现在：在各要素相互联系、相互制约、相互作用下，区域技术创新生态系统所具有的整体性质、功能与运动规律，已经不同于各要素在独立状态下所具有的性质、功能与运动规律，而是具有了新的属性、新的功能与整体运动规律。

（二）层次性

层次性特征可以从成分要素角度分析，也可以从行为要素角度分析。从成分要素角度分析，技术创新复合组织是由低层次的要素——技术创新主体和相关主体组成，而技术创新复合组织本身又是更大系统——创新生态系统的组成要素；从行为要素角度分析，企业的技术创新行为是由更低层次的个人的创新行为所组成，而企业的创新行为本身又是更大系统——产业内技术创新行为的组成要素。

（三）耗散性

创新生态系统在其自身发展变化中，通过与环境进行技术创新信息、能量和物质的交流，可以形成一个有序的过程，即技术创新的水平不断提高，区域科技经济与环境的协调发展质量不断提高。

（四）动态性

动态性是指区域技术创新生态系统是不断发展变化的。区域技术创新生态系统与生态系统一样，具有发生、形成和发展的过程，它的整体演化过程一般经历三个不同的时期，即初始期、成长期和完善期，每一时期都表现出鲜明的历史特点；整个过程又是一个由低级向高级、由不成熟向成熟的过渡过程；整个过程又是技术创新复合组织和技术创新复合环境相互作用、相互适应的过程。

（五）复杂性

系统的复杂性是指组成系统的各要素的多样性和相互作用的难以预测性。创新生态系统是一个由多种要素相互作用的系统，是一个极为复杂的系统。系统的复杂性虽不能为人们所左右，但人们可以不断加深对它的认识。

（六）稳定性

系统的稳定性是指系统的抗性和弹性。抗性是指系统受到干扰后产生变化的大小，变化大的系统，称之为系统抗性小；变化小的系统，称之为系统抗性大。弹性是系统受干扰后恢复原来功能的能力。一般来说，创新生态系统的稳定性是人们所追求的一种发展变化趋势。

第四章　构建专利运营体系的分析框架

第一节　专利运营的产权制度分析框架

产权制度是制度化的产权关系，是关于界定、保护和行使产权的一系列制度性安排和法律规则。在现代市场经济发展过程中，产权是所有制的核心和主要内容。我国经济社会发展中遇到的一些问题，或多或少都与产权相关。专利权作为重要的财产性权利，对其开展权利的运营必然要遵循产权制度的运行规则。

一、专利运营的产权结构

（一）产权结构及其权能分离

1. 产权结构的基本内容

任何特定财产的完整产权都是一组权利，由不同的权能组成。德姆塞茨等论及产权时，使用的都是"一组权利"的概念。由此我们不难发现，产权内部存在结构性问题。实际上产权结构论及的是，构成产权因素的种类以及相互间的数量比例，或者构成产权因素的地位及相互间的关系。如果从不同视角对产权进行考察，就会得出不同的结构情形。

首先，从内容构成上，可以划分为产权权利结构。产权包含一组权利，并且依据实践的发展还会不断地分割出更多的权利，所以，依据产权的可分解性或者可分割性，可以将产权结构划分为产权权利结构。所有权、使用权、处置权和收益权是产权的最基本权利，不同的权利内容组合表现为不同的产权结构形态，从而也界定了不同的权利范围，形成了不同的行为规范。如果从产权的可分解性出发，由所有权、使用权、处置权和收益权组成的产权权利结构是最基本的产权权利结构；由所有权、使用权、处置权和收益权衍生分解出来的权利构成的产权权利结构则属于衍生形态的产权权利结构。其次，从实施主体上，可以划分为产权主体结构。产权的界定是为了形成有效的竞争规则，最优化地配置稀缺资源，实现效率与公平的和谐统一。依据激励相容的原则，我们可以设置不同的产权代理关系，因而产生不同的产权实施主体，形成不同的产权主体结构。尤其是在科层组织较为繁杂的社会里，每个主体的能力具有边界性，这就需要充分考虑每个主体的能动性，以产权所包含的权利内容，界定不同的产权主体结构。一般来说，我们可以根据产权所容纳的权利束的可分割性定位不同的产权主体结构。此外，也可以从产权组织形式或者实现方面对产权结构进行考察，也就是立足于产权关系组合而成的组织单位对产权结构进行界定。

产权的复杂性以及结构安排的多样性和演变性，使得产权结构具有多样性的基本特征。尤其是对产权结构的种类划分，更直接地表现出了产权结构的多样性。产权结构作为各种权利的结构体现，实际上体现了每项权利的结构优化，不同的权利组合实质上表达了不同的权利内容，进而意味着不同的权利行使能力。不同的结构安排会产生不同的产权制度效率，进而影响到产权功能的释放。在实际经济运行中，我们可以从产权的权利内容、实施主体以及实施形式等多方面着手，对产权结构进行不同方式的组合，从而使得产权结构表现出多样性，这有助于我们从不同角度、不同侧面更清晰地认识产权结构，进而寻找到最能促进经济增长的最优产权结构。

2. 产权的权能分离

权能是权利主体在法律范围内享有的权利内容和功能的概括。权能分为积极权能与消极权能。其中，积极权能是指权利人为实现其所有权，对于其所有物可以实施的各种行为。根据《物权法》的规定，所有权积极权能分别为：占有、使用、收益和处分。占有是民事主体对于标的物实际上的占领、控制，是一种事实状态。使用指依照物的性质和用途，无毁损和变更地加以利用。收益指收取标的物所产生的利益，如银行利息、租金、果实、动物的生产物等。

处分是决定财产事实上和法律上命运的权能，即对所有物依法进行处置的行为。其中，法律处分包括：转让所有权、设定用益物权和担保物权。所有权的消极权能是指所有权的妨害排除力，即排除他人干涉的权能。它只在存在他人干涉时才体现出来，故称之为"消极权能"。消极权能包括所有物返还请求权、妨害排除请求权、恢复原状请求权和消除危险请求权。

所谓权能分离，又称权能与权利分离，从范围看，仅限于积极权能与权利的分离，消极权能则无单独分离的价值。所有权四项权能占有、使用、收益和处分通常与所有人结合在一起，但由于每项权能都具有可分性，所以，现实中四项权能部分或全部经常与所有人发生分离，且不影响物的所有权归属。依仗所有权的弹力性，分离出去的权能最终可恢复至所有人本人，而不至使所有人丧失所有权。四项权能的分离与恢复，恰是所有人行使所有权，发挥物的效益以满足自己生产、生活需要或实现财产利益的体现。值得一提的是，四项积极权能的运动，也证明了所有权是静态财产权只是相对而言，即所有权内部也常常处在运动状态中。

（二）专利权的产权结构及其权能分离

1. 专利权的产权结构

专利权作为一种特定的财产权，同样具有排他性、有限性、可交易性、可分解性和行为性。这些基本属性是专利运营可行性的前提和基础。专利权的排他性使得专利权具有独一无二的价值。专利运营就是要充分挖掘专利权的价值，并依赖其价值而实现价值增值，从中获取利益。因此，专利权因其排他性而表现出的价值正是专利运营的基础。专利权的可交易性、可分解性等属性为专利运营提供了可行性。专利运营的本质即是在专利权交易的基础上创造价值，实现专利权价值增值，而专利权的可分解性为专利运营的方式提供了多种可能性。同时，专利权的可分解性，在理论上，为运营中第三方服务机构或平台的构建奠定了基础。

专利权权能是指知识产权的权利内容。专利权的每项权能都是专利权这个权利的不可缺少的组成部分，是专利权的作用的体现。专利权的权能可以分为积极权能和消极权能两种基本形式。专利权的积极权能包括控制、复制、收益和处分四项。①控制权能。控制权能就是通过自己的意愿支配和控制专利资产并决定其命运的权能，控制权能的功能相当于所有权的"占有"。在权利的具体权能上，专利权因其客体的无形性而不能靠占有来加以支配，只能靠法律拟制的"特权"来加以控制。专利权的控制权能主要表现为专利权人可通过签订实施许可合同，使得专利可为他人合法实施，专利权人对专利享有控制权能。②复制权能。所谓复制权能，是指权利人对专利加以反复利用的行为资格。复制权能在功能上相当于所有权的使用权能。专利权的复制权能可以分为自己使用和授权他人使用两种基本形式。③收益权能。收益权能是指权利人享有和获取因使用专利形成的利益的权能。专利权的收益权能和所有权的收益权能具备同样的功能。权利人对专利的收益权能的实现，就是通过自己实施或者授权他人实施而享有收益，包括因设定用益专利权和担保专利权、进行普通许可、转让、出资、融资等享有收益。④处分权能。处分权能是指对专利资产进行处分的权能，包括法律处分和事实处分。专利权的处分权能和所有权的处分权能具有相同的功能。因专利权客体的无形性，专利权的处分权能以法律上的处分为主。专利权人对专利权的处分包括设定用益专利和担保专利权，转让、出资、融资、放弃等。专利权的消极权能是指专利权人禁止他人实施侵害行为并排除他人干涉的权利内容。专利权的消极权能的功能在于排除他人干涉。

专利权的积极权能和消极权能是互补的。首先，两种权能是相互独立的，在内容上二者都具有高度稳定性，且互不影响。积极权能是以权利人主动实施权利获得利益为内容，而消极权能则是以保护权利免受侵犯为内容。两种权能形式的内容没有交叉，互不干涉。其次，两种形式的权能又是相互依赖的，积极权能的顺利行使以及消极权能的实际意义都离不开对方的存在。两种形式权能的统一，是实现专利权的必要条件。例如，专利权的积极权能指向的行为是"按照特定技术方案来生产产品"，而相应的消极权能所指向的行为是"禁止他人按照特定技术方案来生产产品"。如果单有积极权能，而没有消极权能，专利权的行使会因处处受到妨害而无法实现；如果单有消极权能，没有积极权能，权利本身变得没有实际价值和意义。只有将积极权能和消极权能统一于权利之中，专利权才得以完整的实现。

2. 专利权的权能分离

我国学界普遍认为专利权权能之间非整合关系，而是分离关系，专利权的各项权能之间是相互独立的。许多学者提出，专利权是权利的集合，包含许多单独的权利。专利权权能的分离，是指构成专利权的控制、复制、收益和处分权能中的一项或数项暂时脱离开原专利权人而为他人所享有。专利权的部分权能或全部权能，可通过设定定限专利权或者其他形式与专利权发生分离。

专利权的权能分离，可因法律的规定或权利人所为的法律行为而发生。专利权的四项权能都具有其相对独立性，都可以和专利权发生分离。专利权的四项权能中的一项或者数项权能暂时脱离财产所有人时，专利权人并不会因此丧失专利权。当然，专利权的四种权能都可以和专利权发生分离，但是不能同时都发生分离。如果同时都发生了分离，则专利权就不存在了。一般而言，复制权能的分离形式，最为普遍。

专利权的权能分离是实现专利权价值的重要方式。权能分离成为专利权人行使专利权的重要方式，权能分离不仅是一种方式，而且已经发展为一种社会经济现象，成为当代社会专利权实现的重要表现形式。专利运营的过程中即伴随着专利权权能的分离。专利权的权能分离是专利运营方式的多元化发展的基础。在不同的专利运营方式中，专利权权能分离情况也有所区别。例如，在专利权人进行独占许可的情况下，专利权的控制权能将发生分离。在独占许可中，只有被许可人有实施专利，并享有依法保护专利的权利，因此，获得了对专利的支配权，专利权人不得干涉。当专利权人将专利许可给被许可人，专利权的复制权能同专利权发生分离。被许可人可依据许可协议，实施专利。在股份有限公司的股东以专利进行出资后，处分权便与专利权分离。股东在事实上就仅享有对该专利的收益权，而丧失了处分权。在专利权人无偿许可排他使用等情况下，专利的收益权也将与专利权发生分离。根据专利权人的意愿，非专利权人也可享有专利的收益权。

依赖于专利权的权能分离，专利运营才能够实现由传统的、简单的权利转让向形式更加复杂、层次更加高级的产业形态发展演进。因此，顺应专利运营产业的发展趋势，相关的制度也应当从保障权能分离的实现、避免和协调权能分离可能引起的冲突等方面做出更多的考量。

二、专利运营的产权界定

产权界定可以从产权归属和产权边界两个层面来加以解释，即确定权利的归属主体，以及明晰产权中的各种权利形成的"权利束"的边界。如果产权的所有者不是唯一，并且产权内的不同权利的边界不明确，就形成了产权的不明晰或产权模糊。产权模糊包括几种情况：一是产权的所有者是不确定的；二是产权的所有者是确定的，但不是唯一的，从而产生不同所有者的产权分配不清问题；三是产权内部的各种权利在不同的所有者之间的归属、边界不清。

（一）产权归属

产权的归属就是财产权利被某个主体所拥有。科斯指出，"权利的界定是市场交易的前提"。在现实世界里，如果没有产权的归属、划分、保护和监督等规则，也就没有产权安排，产权的交易就难以进行。因此，产权安排是人们进行交易、优化资源配置的前提，并且人们的交易是既定产权安排下的交易，既定的产权安排为人们提供了交易的框架。同时，科斯也强调，在交易费用大于零的世界里，权利界定的不同，会导致资源配置的效率也有所区别。

专利权归属主体的明晰，对专利运营至关重要。专利权归属的界定是专利运营的前提。没有明确的专利权归属界定，任何人都可以无偿使用专利，而不会受到追责，那么，以权利交易为基础的专利运营就无法发生。不同的专利权归属界定，对发明创造的积极性，专利实施、保护的主动性等都具有不同的激励效果，进而将影响专利运营的效率。

（二）产权边界

市场经济发展的实践表明，产权明晰是市场效率的前提。所谓"产权明晰"是指产权主体明确，产权边界清晰，产权关系清楚，权责相等。其中，产权边界主要是指，在明确产权归属的同时，产权中各种从属权利也应该有较为明确的区分界限。因为产权具有可分性，所以产权既可以整体转让，也可以分解出一部分来转让。因此，产权的界限、计量对象是实操的必要前提。❶

就专利运营而言，如果专利权的控制、复制、收益和处分四项权能边界不清，就不能分清各权利主体的责与利，不利于专利运营效率，同时，可能造成

---

❶ 袁庆明. 新制度经济学的产权界定理论述评 [J]. 中南财经政法大学学报，2008（6）：25 – 30，142 – 143.

利益分享不公、损害主体利益，使得交易费用增加、市场失灵，进而严重影响资源的有效配置和经济效率的提高。因此，专利权的边界清晰是专利运营的重要前提之一。只有明确了产权边界，明确各经济主体的权利界限，建立起财产的排他性，才能保护所有者合法权益。

在专利运营过程中，专利权的归属和边界不断变化，专利权的界定是一个动态化的过程。目前，我国学者从不同角度关注专利权界定问题，主要包括职务发明的专利权界定（特别是高校职务发明的专利权界定）、产学研合作中的专利权界定、国家财政资助完成的发明创造的专利权界定等。实践中，根据实际发展需要，我国政府部门也在不断对专利权界定的相关规定进行调整。随着专利运营主体的多元化、专利运营方式的多样化发展趋势，专利运营在促进专利流转、实现产权价值的同时，也对专利权的界定提出了更新、更高、更加清晰的要求。这就需要从制度设计的层面出发，以加强专利管理为抓手，完善专利流转中权、责、利的相关政策规定。

三、专利运营的产权交易

（一）专利运营的交易成本

1. 概念及分类

专利运营的交易成本可以定义为，与专利权获取、转移以及专利权价值挖掘和实现相关的成本。不同的商业模式，可能产生的交易成本有所区别。概括来讲，从专利运营的主要环节来看，专利运营的交易成本主要包括专利投资阶段的、专利整合阶段的和专利获益阶段的交易成本。投资阶段的交易成本是指为了获取能够开展运营的专利而发生的成本，包括收集具有潜在价值专利的费用、寻找专利创造合作伙伴的费用等；专利整合阶段的交易成本是指对运营的专利进行挑选并建立组合，挖掘专利价值过程中发生的成本，包括专利价值评估、作价、论证、筛选费用等；专利获益阶段的交易成本是指专利运营者凭借专利权获取经济利益过程中发生的成本，包括搜集和获取专利许可、转让等交易对象信息的费用，商定许可、融资等契约、价格及合同签订、履约监督等的费用等。

2. 成因及特征

在专利运营中，由于专利信息的外生非对称性、专利权的重复交易性、专利技术的技术外溢性、专利价值的不稳定性等特性，使得专利运营具有较高的信息成本、服务成本、保护成本、监督成本以及风险成本等，专利运营的收益存在较高的不确定性。

（1）专利信息的外生非对称性。专利运营交易双方关于专利的信息了解和掌握具有不对称性。相对来讲，专利权人更加了解专利的相关信息，如专利技术的成熟度、专利权利的稳定性等。专利运营交易双方关于专利信息的了解和掌握程度差距越大，信息搜集成本、服务成本、议价成本等交易成本就会越高。因此，专利运营的交易成本是一个随非对称程度递增而递增的单调函数，可记为：$P_1 = F_1(A)$。其中，F_1 为交易成本函数，A 为信息非对称程度。交易成本曲线见图 4-1。

（2）专利权的重复交易性。专利权作为一种无形资产，可进行重复交易。例如，专利权人可将专利的使用权通过普通许可、交叉许可、分许可等不同方式，同时与多个主体进行交易。专利的重复交易性必然导致交易频率的升高，进而相应的管理与议价等相关交易费用也会升高。所以，专利运营的交易成本是一个随交易频率递增而递增的单调函数，可记为 $P_2 = F_2(N)$。其中，F_2 为交易成本函数，N 为交易频率。交易成本曲线见图 4-2。

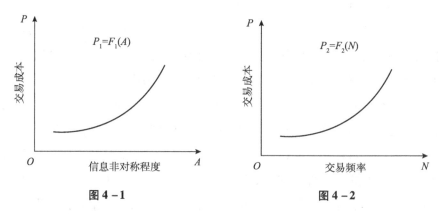

图 4-1   图 4-2

（3）专利价值的不稳定性。专利价值受到专利寿命、新技术的发展等多方面因素的影响。一般来讲，专利剩余寿命越长，专利价值越高。一种通过专利剩余寿命的期望现金流来定量评估专利价值的数学表达式为

$$V = \frac{CF_1}{(1+r)^1} + \frac{CF_2}{(1+r)^2} + \frac{CF_3}{(1+r)^3} + \cdots + \frac{CF_n}{(1+r)^n}$$

式中：V 表示专利的当前价值；n 为专利的剩余寿命；CF_n 为第 n 年通过专利权产生的期望现金流（利润）；r 为调整未来货币到当前货币的折现率。

此外，新技术对专利技术的替代性越强，专利价值越低。也就是说，替代性技术发展速度越快，专利价值越不稳定。

专利价值的不稳定性，将导致专利运营中的议价成本、风险成本等交易成本大幅增加。因此，专利运营的交易成本是一个随专利价值稳定性递增而递减的单调函数，可记为：$P_3 = F_3(S)$。其中，F_3 为交易成本函数，S 为专利价值稳定性。交易成本曲线见图 4 - 3。

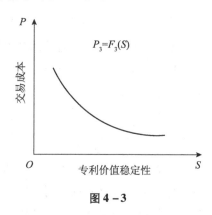

图 4 - 3

（二）降低交易成本的方法

如果界定、转让、获取和保护产权的成本高于产权所能带来的收益，那么理性的行为是放弃这部分产权。专利运营是基于专利权而开展的运营活动，如果专利权被放弃，那么专利运营也就没有任何存在和讨论的现实意义了。虽然交易成本无法彻底消除，但却是可以降低的。因此，降低交易成本是有效促进专利运营、提升产权效率的重要手段之一。在产权交易中，主要通过以下手段降低交易成本。

一是竞争，就一个专业化的部门来说，竞争程度的提高和交易成本的降低可以从以下几个方面起作用：①一个部门内部提供具有替代性产品和服务的各企业之间的相互竞争；②一个专业化部门与其他部门的交易中某个交易环节的交易费用较低；③企业内部各生产要素的所有者在同类要素市场上面临的竞争激烈。以上三点，都会促进达到帕累托最优。专利运营中的竞争，不仅包括专利提供者之间的竞争，也包括专利运营者、专利相关服务提供者之间的竞争等。良性的竞争，有利于专利运营各环节交易成本的降低。

二是合作，合作是个人与个人、群体与全体为达到共同目的，彼此相互配合的一种联合行动。制度的存在就是合作的体现，市场制度、企业制度和合约及国家制度本质上都是合作。人类的相互合作降低了交易成本，促进了社会福利的增加。在专利运营中，专利创造者与专利运营者之间的合作、专利运营者与专利相关服务提供者之间的合作等，都有利于降低专利运营的交易成本。

三是合约，为了保证交易的顺利完成，人们通常采用合约的方式来框定交易条款、违约惩罚和履约措施，这些合约规定减少了交易的不确定性，从而降低了交易成本。专利运营各相关市场活动中，通常都会签订合约，如专利权许可、转让、质押等合同，专利信息分析、专利价值评估等服务合同，等等。虽然签订合约会增加相应的契约、价格磋商等相关成本，但有利于降低侵权诉讼、违约等不确定性带来的成本。

四是保险，保险制度的产生可以降低交易成本。当交易面临各种可能的风险时，交易成本将极高甚至导致交易不可能发生。为了增加交易量或降低交易风险，相对应的保险市场应运而生。针对专利的财产权和专利侵权赔偿责任而设计专利保险制度，可有效将专利侵权风险转移给保险人，降低专利运营中可能面临的交易成本。

五是产权清晰，清晰而有保障的产权制度降低了交易成本。根据科斯定理，只要财产权是明晰的，在交易成本为零时，无论产权的初始界定如何安排，市场最终的结果都是均衡的。这说明，产权界定的充分和清晰可以使交易各方有可遵守的、明确的规则和权限边界，从而降低了各方的交易成本，以保证效率的达成。专利运营中，各市场主体之间既在商业活动中相互关联，又在利益关系上各自独立，因此明确界定各市场主体之间的产权可降低交易成本。

六是制度，降低交易成本是很多制度被制定的初衷。有效的制度能够降低市场中的不确定性、抑制人的机会主义行为倾向。从本质上说，制度为节约交易成本提供了有效途径，而交易成本的节约则是市场稳定有序的主要标志。因此，为了降低专利市场中的不确定性、降低专利运营成本，设计制定有效的财税、交易等相关制度也是十分必要的。

基于科斯理论，专利运营的价值实现逻辑的前提为充分竞争、规制完善、协同发展的市场环境，只有在可以实现运营信息的对称开放、运营活动的规范有序、运营主体的协作共享的市场环境下，产权明晰的作用才能得到充分体现，交易机制的效率才能得以保障，实现降低交易费用的结果。为此，在个体化的专利运营基础上引入系统性、平台化的运作理念，可以更好放大专利权的产权价值，提升创新的效益，推动实现创新资源的优化配置。

四、专利运营的产权保护

经济学意义上的产权要先于法权，无论是产权主体的行为和利益，还是产权的客体即财产，都独立或可以独立于法律而存在。在人类社会还没有出现国家和法律时，人们就已经因资源的稀缺性而围绕稀缺资源建立起具有排他性的权利关系了。作为客观的经济关系，产权首先是作为事实存在的。当原有产权格局导致资源配置效率下降，那么法律的权利调整成为必要。现代国家可通过设计产权制度、运用法律调整产权关系。

产权交易中，难免面临因外部性和信息不对称等原因造成的市场低效或失灵。针对市场失灵，新制度经济学提出了通过产权明晰与纵向一体化来促使外部性内部化，从而完善市场机制的新思路。根据科斯第二定理，在交易费用大于零的世界里，产权界定不同，资源配置效率也不同。然而，这种初始界定的产权是否能够得到有效执行、不受干扰和侵犯，也会对资源配置的效率产生影响。对产权的保护，也就是对产权排他性的保护，是产权存在的必要条件。对资源利用的排他性权利体系是社会经济秩序的前提。产权交易的可持续发展要求有市场之外的体制作为保证，如可靠的产权保障、有效遏制不正当市场行为的法律规定等。所以说，将政府置于经济之外，把一切都交给市场也是不可行的。但也要谨防因政府的不当干预而导致的市场失灵。

为了保护排他性的所有产权，一个社会或国家将建立各种各样的保护机制，主要包括：武力或威胁，价值体系和意识形态，习俗和习惯法，法律法规等。其中，法律保护是现代国家保护产权的主要机制。

专利权是国家依法在一定时期内授予发明创造者或者其权利继受者权利。专利权的排他性是专利权人和运营者得以通过权利运营而获益的基本前提。而实现专利价值、促进创新发展是专利制度的根本意义。无法实现价值的专利是没有存在的必要的。可以说，作为专利制度重要核心之一的专利保护，其根本目的就是为专利价值实现提供基本的保障。因此，专利权能否得到有效保护，对于专利交易市场的运行和发展具有重要意义。

对专利权的保护主要包括秩序性法律保护和救济性法律保护，即针对防止专利权侵权行为和处理专利权侵权后果两个方面的法律保护。目前，我国对专利权的保护主要有行政和司法两种途径。专利权的行政保护是当权利人的权益受到侵害时，由权利人或利害关系人向国家授权行政机关请求解决专利权争议的一种救济制度。专利权司法保护制度主要是针对民事和刑事侵权行为及其侵权行为所导致的损害后果所进行的侵权性质的判断和侵权损害的裁量，并在侵权行为触犯刑律时，追究侵权行为人的刑事责任。

当专利权的维护成本大于该权利所能带来的收益时，专利权将被放弃，造成专利权灭失或专利权侵权现象丛生。因此，针对专利权保护的成本问题，也应当得到足够重视。在构建专利运营体系时，既要考虑严格专利保护，又要通过政策制定、保护机制建立等适当降低专利权的保护成本。

此外，现实中专利运营也同样存在市场低效的可能性。为了有效治理市场低效，在专利权界定清楚并得到有效保护的基础上，政府还应当为市场交易提供安全、稳定的体制环境，同时也要避免政府的过度干预所带来的市场失灵。

五、专利运营的成本收益分析

专利运营作为一种市场行为，必然会发生相应的成本。如前文所述，专利运营是以最大化地实现专利价值，为权利所有者带来可观的收益，从而激励创新为目的的。一般情况下，只有当专利运营所能获得的收益大于专利运营所需的成本时，权利主体才会选择开展专利运营；相反地，如果专利运营所能带来的收益不足以弥补专利运营发生的成本时，权利主体则失去了开展专利运营的积极性，使得专利处于沉睡或闲置状态。因此，权衡为实现专利运营而发生的成本与通过专利运营所能取得的收益，也就是专利运营的成本收益分析，变得十分必要。这里的收益和成本应该是个边际的概念。

（一）专利权产权明晰的效用分析

我们已经知道，产权明晰既是专利运营的前提，也有利于降低专利运营中的交易成本。假设：①整个社会只有两个主体，即主体 A 和主体 B，主体 A 进行技术创新并形成专利，其专利创造的成本用货币计量，表示为 C；②主体 A 和主体 B 通过专利运营，能够实现各自的效用增加 ΔU；③在货币边际效用不变的条件下，可用一个货币单位来表示一个效用单位；④在专利运营中专利权明晰的情况下，开展专利运营的交易成本最小，为 T。

如前文所述，从产权的权能结构来看，产权明晰包括财产权明晰（即产权归属明确）和行为权明晰（即产权边界清晰）两层含义。根据以上假设，由主体 A 创造的专利其财产权是明确的，即归主体 A 所有，而在专利运营中，专利的行为权可能存在明确界定给主体 A，或者明确界定给主体 B，或者不给出明确界定三种情况。

（1）若主体 A 和主体 B 不进行专利运营，则：

主体 A 的效用变化 $\Delta U_{A_1} = -C$

主体 B 的效用变化 $\Delta U_{B_1} = 0$

社会总效用变化 $\Delta U_1 = \Delta U_{A_1} + \Delta U_{B_1} = -C$

也就是说，若主体 A 和主体 B 不进行专利运营，主体 A（创新者）的效用变化 $\Delta U_{A_1} < 0$，社会总效用 $\Delta U_1 < 0$。此时，从创新者主体 A 的角度来说，作为理性经济人，主体 A 对技术创新和创造专利的积极性将被大大削减；同时，整个社会的经济效用也无法得到增长。因此，无论从激励技术创新的角度来看，还是为了促进社会经济发展，专利运营都将在其中发挥重要作用。

（2）将主体 A 创造的专利的行为权明确界定给主体 B。在这种情况下，主体 A 和主体 B 进行专利运营可获得收益 ΔM。当主体 A 和主体 B 开展专利运营，则：

主体 A 的效用变化 $\Delta U_{A_2} = \Delta M_A - C - T_A$

主体 B 的效用变化 $\Delta U_{B_2} = \Delta M_B - T_B$

其中，$\Delta M_A + \Delta M_B = \Delta M, T_A + T_B = T$

社会总效用变化 $\Delta U_2 = \Delta U_{A_2} + \Delta U_{B_2} = \Delta M - C - T$

可见，如果将专利的行为权界定给非创新者，那么主体 A（创新者）的效

用变化 ΔU_{A_2} 只有当 $\Delta M_A > C + T_A$ 时，ΔU_{A_2} 才有可能大于零。也就是说，只有当主体 A 通过专利运营可获得的收益高于其创造专利的成本和进行专利运营的交易成本之和时，主体 A 的效用才会增加；而只有当主体 A 预测到自己的效用会增加，才会开展专利运营，并持续技术创新获取更多专利。同时，从社会总效用来看，只有当 $\Delta M > C + T$ 时，ΔU_2 才会大于零。也就是说，只有当专利运营能带来的收益高于专利创造和运营交易的成本时，社会总效用才会增加，从而促进社会整体经济发展。由于专利运营收益具有很强的不确定性，因此，尽可能地降低运营成本 T_A 和 T_B 是促进专利运营的有效途径。

（3）将主体 A 创造的专利的行为权明确界定给主体 A。在这种情况下，主体 B 因为对专利没有任何权利而无法参与专利运营，而主体 A 开展专利运营可获得收益 ΔM，则：

主体 A 的效用变化 $\Delta U_{A_3} = \Delta M - C - T$

主体 B 的效用变化 $\Delta U_{B_3} = 0$

社会总效用变化 $\Delta U_3 = \Delta U_{A_3} + \Delta U_{B_3} = \Delta M - C - T$

可见，如果将专利的行为权界定给创新者，那么主体 A（创新者）的效用变化 ΔU_{A_3} 只有当 $\Delta M > C + T$ 时，才有可能大于零。也就是说，只有当主体 A 通过专利运营可获得的收益高于其创造专利的成本和进行专利运营的交易成本之和时，主体 A 才会在效用增加的刺激下开展专利运营，并持续技术创新获取更多专利。同时，从社会总效用来看，只有当 $\Delta M > C + T$ 时，ΔU_3 才会大于零。与将专利行为权界定给非创新者相同，只有当专利运营能带来的收益高于专利创造和运营交易的成本时，社会总效用才会增加，从而促进社会整体经济发展。

对比将专利的行为权界定给创新者和非创新者两种情况，可以看到，对于一次专利运营而言，无论将专利的行为权界定给主体 A 还是主体 B，社会总效用是相同的（$\Delta U_2 = \Delta U_3 = \Delta M - C - T$）。但如果是将主体 A 创造的专利的行为权界定给了主体 B，那么，只有在 $\Delta M_A - T_A > \Delta M - T$ 时，主体 A 的效用才会相对增加；而当 $\Delta M_A - T_A < \Delta M - T$ 时，主体 A 的效用则相对减少，其开展专利运营及持续技术创新的积极性会被挫伤，进而从长期来看，也将有碍于社会总效用的增加。因此，专利权具体如何界定，应当以有利于保护创新者的效用为前提，根据不同运营模式下的收益成本分析而加以具体考虑。

（4）对主体 A 创造的专利的行为权未予以明确。如果主体 A 和主体 B 共同开展专利运营，则在运营过程中会因产权不够明晰而进行更多的交易谈判，来确定收益如何分配等问题，从而发生更多的交易费用。假设新增的交易费用为 ΔT，则：

主体 A 的效用变化 $\Delta U_{A_4} = \Delta M_A - C - (T_A + \Delta T_A)$

主体 B 的效用变化 $\Delta U_{B_4} = \Delta M_B - (T_B + \Delta T_B)$

其中，$\Delta M_A + \Delta M_B = \Delta M, T_A + T_B = T$

社会总效用变化 $\Delta U_4 = \Delta U_{A_4} + \Delta U_{B_4} = \Delta M - C - (T + \Delta T)$

从以上分析可以看出，在主体 A 和主体 B 均参与到专利运营的情况下，如果专利的产权界定不明晰，那么不论是主体 A 还是主体 B，其效用都比产权明晰条件下的效用小，社会总效用也因此减少。因此，必须尽量实现运营中专利权界定的明晰度，保证和激励技术创新主体的积极性，从而实现社会总效用的最大化。

因此，本书将分别探讨产权明晰度与专利运营成本和收益之间的关系，继而通过比较专利运营的成本和收益分析权利主体关于专利运营决定的条件。所谓产权明晰度，是指产权明晰的一种量化程度，是对产权界定的一种程度上的量化；这里特别指专利权的明晰程度。

（二）产权明晰度与专利运营成本

专利运营的顺利开展离不开权利的界定、保护和交易。如前文所述，唯有当专利权的归属和边界是明确的，专利运营的主体和客体才能得到确定；唯有专利权能够得到保护，专利权才有价值，专利运营才有发生的可能；而专利权的交易是真正为权利主体带来收益的环节，也是专利运营的核心环节。无论是专利权的界定、保护和交易都是存在成本的。因此，专利运营的成本主要包括专利权的界定成本、保护成本和交易成本等，可表示为

$$C = C_1 + C_2 + C_3 \qquad (4-1)$$

式中：C 为专利运营顺利实现的总成本；C_1 为专利运营的产权界定成本；C_2 为专利运营的产权保护成本；C_3 为专利运营的产权交易成本。

首先，关于产权界定成本，产权界定得越明晰，成本会越高，因此其边际成本为正，但边际成本的变化会因现实情况的不同而有递增、递减、不变三种

情况，产权明晰度与产权界定成本之间的关系可表示为

$$C_1 = C_1(p), \qquad \frac{dC_1}{dp} > 0 \qquad (4-2)$$

式中：C_1 为产权界定的成本；p 为产权的明晰程度。其经济含义为：产权界定得越清晰，因此所产生的成本越高；反之，产权的界定越不清晰，产生的成本越低。因此，在产权界定清晰度与产权界定成本之间存在一种正相关关系。

其次，关于产权保护成本，产权界定得越明晰，保护产权的难度会越低，产权保护的成本会越低，因此其边际成本为负，但边际成本的变化会因现实情况的不同而有递增、递减、不变三种情况，产权明晰度与产权保护成本之间的关系可表示为

$$C_2 = C_2(p), \qquad \frac{dC_2}{dp} < 0 \qquad (4-3)$$

式中：C_2 为产权保护的成本；p 为产权的明晰程度。其经济含义为：产权界定得越清晰，产权保护成本越低；反之，产权界定得越不清晰，产权保护的成本越高。因此，在产权界定清晰度与产权保护成本之间存在一种负相关关系。

最后，关于产权交易成本，产权界定得越明晰，交易成本会越低，因此其边际成本为负，但边际成本的变化会因现实情况的不同而有递增、递减、不变三种情况，产权明晰度与产权交易成本之间的关系可表示为

$$C_3 = C_3(p), \qquad \frac{dC_3}{dp} < 0 \qquad (4-4)$$

式中：C_3 为产权交易的成本；p 为产权的明晰程度。其经济含义为：产权界定得越清晰，进行产权交易的成本越低；反之，产权的界定越不清晰，进行产权交易的成本越高。因此，在产权界定清晰度与产权交易成本之间存在一种负相关关系。

因此，专利运营的总成本与产权明晰度之间的关系可表示为

$$C = C(p) = C_1(p) + C_2(p) + C_3(p)$$

$$MC = \frac{dC}{dp} = \frac{dC_1}{dp} + \frac{dC_2}{dp} + \frac{dC_3}{dp} \qquad (4-5)$$

因为，$\frac{dC_1}{dp} > 0$，$\frac{dC_2}{dp} < 0$，$\frac{dC_3}{dp} < 0$，所以，专利运营的边际成本 MC 可能大于零，也可能小于零。

当产权明晰度 p 增加一个单位时，若产权保护成本的变化值与产权交易成本的变化值之和大于产权界定成本的变化值，即 $\Delta C_2 + \Delta C_3 - \Delta C_1 > 0$，那么，专利运营总成本的变化值 C 则会减少，此时，$MC < 0$；若产权保护成本的变化值与产权交易成本的变化值之和小于产权界定成本的变化值，即 $\Delta C_2 + \Delta C_3 - \Delta C_1 < 0$，那么，专利运营总成本的变化值 C 则会增加，此时，$MC > 0$。

当产权明晰度 p 减少一个单位时，若产权保护成本的变化值与产权交易成本的变化值之和大于产权界定成本的变化值，即 $\Delta C_2 + \Delta C_3 - \Delta C_1 > 0$，那么，专利运营总成本的变化值 C 则会增加，此时，$MC < 0$；若产权保护成本的变化值与产权交易成本的变化值之和小于产权界定成本的变化值，即 $\Delta C_2 + \Delta C_3 - \Delta C_1 < 0$，那么，专利运营总成本的变化值 C 则会减少，此时，$MC > 0$。

综上，专利运营的边际成本 MC 是大于零还是小于零，会受到产权保护成本随产权明晰度的变化值与产权交易成本随产权明晰度的变化值之和同产权界定成本随产权明晰度的变化值的大小的影响，即：

当 $\Delta C_2 + \Delta C_3 - \Delta C_1 > 0$，$MC < 0$；

当 $\Delta C_2 + \Delta C_3 - \Delta C_1 < 0$，$MC > 0$。

然而，在现实中，虽然产权清晰有助于降低专利运营的交易成本，但如前文所述，专利运营的交易成本还会因专利信息的外生非对称性、专利权的重复交易性及专利价值的不稳定性而增加，从而使得专利运营的总成本不断增加。因此，实际中，专利运营的边际成本 MC 应该是大于零的。

（三）产权明晰度与专利运营收益

当产权界定清楚时，权利主体会预期基于产权的收益将上升；而当产权界定模糊时，权利主体会预期基于产权的收益将下降。产权界定的明晰度与预期收益之间存在一种正相关关系，可表示为

$$R^e = R^e(p) \qquad (4-6)$$

式中：p 为产权明晰度；R^e 为权利主体的预期收益。

以预期收益 R^e 为自变量，我们可以给出如下的产权产出与预期收益之间的函数关系：

$$Y_t = Y_{t-1} + \beta(R^e - R_{t-1}), \quad \frac{\mathrm{d}Y_t}{\mathrm{d}R^e} = \beta > 0 \qquad (4-7)$$

式中：Y_t 为第 t 期的产权产出；Y_{t-1} 为第 $t-1$ 期的产权产出；R_{t-1} 为权利主体第 $t-1$ 期基于产权的实际收益；β 为第 t 期的产权产出相对于第 $t-1$ 期的产权产出的偏离对预期收益相对于第 $t-1$ 期的实际收益的偏离的敏感度。其经济学意义为：当预期收益比上一期的实际收益多时，产权产出将会增加；当预期收益比上一期的实际收益少时，产权产出将会减少。产权产出与预期收益之间存在一种正相关关系。

将式（4-6）代入式（4-7），我们就可以得到产权明晰度与产权产出之间的函数关系：

$$Y_t = Y_t(p) = Y_{t-1} + \beta\left[R^e(p) - R_{t-1} \right], \quad \frac{\mathrm{d}Y}{\mathrm{d}p} = \beta\frac{\mathrm{d}R^e}{\mathrm{d}p} > 0 \quad (4-8)$$

其经济学意义为：当产权界定越明晰，产权产出越多；当产权界定越模糊，产权产出越少。产权明晰度与产权产出之间存在一种正相关关系。这也证明了产权安排对创新的激励效应。

一般情况，权利主体持有的有价值的专利越多，可通过专利运营获取的收益就越多。因此，假定权利主体受产权安排激励所产出的产权都是有价值的，专利运营的收益与权利主体的专利产出之间存在一种正相关关系，可表示为

$$R = \alpha Y_t, \quad \frac{\mathrm{d}R}{\mathrm{d}Y_t} > 0 \quad (4-9)$$

式中：R 为专利运营收益。

将式（4-8）代入式（4-9），得出产权明晰度与专利运营收益之间的函数关系：

$$R = R(p) = \alpha Y_{t-1} + \alpha\beta R^e(p) - \alpha\beta R_{t-1}$$

$$MR = \frac{\mathrm{d}R}{\mathrm{d}p} = \alpha\beta\frac{\mathrm{d}R^e}{\mathrm{d}p} > 0 \quad (4-10)$$

其经济学意义为：当产权界定得越清晰，专利运营收益越多；当产权界定得越模糊，专利运营的收益越少。产权明晰度与专利运营收益之间存在一种正相关关系。

（四）专利运营的成本收益均衡

由前文分析可知，产权明晰的程度对专利运营存在一定影响，产权明晰对

专利运营的促进是一个相对的过程，这个过程取决于专利运营的边际成本与边际收益之间的均衡，即在专利运营的边际收益与边际成本相等时，产权的明晰程度才对专利运营具有最大的促进作用。因为，当专利运营的边际成本小于边际收益时，进一步明确产权，可以使得专利运营获得更高的收益，说明此时的产权明晰度是过小的；而当专利运营的边际成本大于边际收益时，说明专利运营的收益已经不足以覆盖成本，此时，在市场主体"理智"的假设下，就不会继续开展专利运营了，此时的产权明晰度是过大的。寻求专利运营的边际成本与边际收益的均衡可以表示为

$$\max \pi = R(p) - C(p) \tag{4-11}$$

令
$$\frac{\mathrm{d}\pi}{\mathrm{d}p} = \frac{\mathrm{d}R}{\mathrm{d}p} - \frac{\mathrm{d}C}{\mathrm{d}p} = 0 \tag{4-12}$$

有
$$\frac{\mathrm{d}R}{\mathrm{d}p} = \frac{\mathrm{d}C}{\mathrm{d}p} \tag{4-13}$$

即 $MR = MC$

由 $MR(p) = MC(p)$ 解出 p，如 p 满足如下条件：

$$\begin{cases} \dfrac{\mathrm{d}^2\pi}{\mathrm{d}p^2} = \dfrac{\mathrm{d}^2R}{\mathrm{d}p^2} - \dfrac{\mathrm{d}^2C}{\mathrm{d}p^2} < 0 & \text{（二阶条件）} \\ R(p) > C(p) & \text{（相容条件）} \end{cases} \tag{4-14}$$

则 p 为最优的产权明晰度。

第二节　构建中国专利运营体系的制度变迁分析

制度为社会经济活动以及各类经济关系的形成和发展提供了行为框架。制度必须适应社会经济的发展而不断调整，以保障制度正面效应的发挥。制度的调整过程即被称为"制度变迁"。具体来讲，所谓制度变迁（Institutional Change）就是新制度产生、替代或改变旧制度的动态过程。制度变迁实质上是一个社会以新的、更富有效率的制度安排取代旧的、缺乏效率的制度安排，包括产权制度、竞争制度等正式规则或非正式规则的变革。专利运营作为一种基于产权制度运用而开展的经济活动，其发展与制度变迁存在千丝万缕的联系。制度变迁会影响专利运营的发展效率，专利运营也影响着制度变迁的形式、速度和路径等。

一、与制度变迁的内在联系

以经济增长为目的,专利运营与制度变迁之间是相互依赖和促进的。一方面,作为经济增长的关键,制度变迁能够为专利运营提供一种适当激励的有效产权制度安排。另一方面,作为技术创新和产业升级的关键支撑,专利运营为制度变迁提供了动力来源。

(一) 专利运营推动制度变迁

开放式创新下,专利成为链接创新价值链和创新网络的产权纽带。通过专利运营的开展,能够深度整合不同组织的创新资源,促进创新资源在企业之间、企业和相关组织之间快速流动和共享,促进不同组织的协同、协调和平衡发展,极大地激发系统的创新能力,从而促进科技创新。同时,专利运营以科技成果运用为核心,实现了产业链、创新链与资源链的"三位一体",对经济转型、产业升级起到关键性的推动作用,为经济增长注入新活力。

制度变迁是为了适应创新发展和经济增长以及更好地服务创新与经济发展所必要的自发或强制的制度创新或安排。根据新制度经济学派的观点,科学技术的进步是制度变迁的重要动因之一。诺思指出,技术进步使得产出在相当大范围内发生规模报酬递增,因此使得更复杂的组织形式的建立变得有利可图。因此,由专利运营所推动和支撑的技术创新和产业升级成了制度变迁的重要动力来源。

(二) 制度变迁促进专利运营

制度学派认为,经济增长的根本原因是交易费用的降低,而降低交易费用的关键在于制度的变迁。同样地,对于作为一种将创新投资转化为产权收益的经济行为的专利运营来说,有效的制度安排是对专利运营的一种激励。确定制度安排,明确界定产权并对产权提供有效保护,可以提高交易信息透明度,提高交易效率,提高资源的配置效率,从而降低交易成本,对专利运营起到推动促进作用。可以说,制度变迁的效率决定了专利运营的发展。

自2008年我国将知识产权提升为国家战略以来,我国的科技创新工作取得了突飞猛进的发展，尤其以专利为核心的知识产权申请与授权数量达到了前所未有的规模。但与此同时，专利的市场应用方面却并不乐观。其中很重要的原因是，受我国传统经济体系的影响，创新成果的产权制度改革一直停滞不前。可见，制度变迁对专利运营发展的重要意义。

二、与制度变迁的互动方式

诺思认为，根据产权理论，在现存技术、信息成本和未来不确定因素的约束下，在充满稀缺和竞争的世界里，解决问题的成本最小的产权形式将是有效率的。竞争将使有效率的经济组织形式替代无效率的经济组织形式。因此，有效率的产权应是竞争性的或排他性的。同时，必须对产权进行明确的界定，这有助于减少未来的不确定性因素，从而降低产生机会主义行为的可能性，否则将导致交易或契约安排的减少。以产权结构改革为中介，专利运营和制度变迁得以实现对彼此的推动作用。

（一）专利运营对产权结构的需求

伴随社会分工的深化以及全球化的开放式创新，专利运营主体更加多元化，不同专利运营主体对产权明晰的诉求越来越大，单一型的产权结构已经无法满足专利运营的现实需要。特别是，当专利运营与经济、金融、法律、科技等的融合度不断提升，专利权流转形式不断丰富、升级。从基于所有权流转的专利运营到基于使用权流转的专利运营，基于使用权和支配权流转的专利运营，基于收益权流转的专利运营，再到更多形式的专利运营，多元化的产权结构需求日益凸显。

多元化产权结构能够明确不同交易主体之间的界区。各主体权利界区越清晰，各方的权利、责任、义务越清楚，交易各方在交易过程中可能产生的矛盾越少，即使有了摩擦也有解决摩擦的制度保障，从而交易费用越低。同时，多元化产权结构还能够根据权能分离实现不同权能之间的相互制衡，从而达成权利与责任明确、利益与风险对称的目的，最终有利于提高产权运营效能。

专利制度作为恰当的产权制度安排，是资本和技术创新发展结合的利益枢纽。专利运营能够充分发掘专利价值、有效驱动产业转型升级。而产权结构调整既是专利运营产业发展的现实需求，也有利于发挥专利制度在驱动产业创新发展中的重要性作用。因此，以产权结构调整为核心的产权制度改革，是专利运营产业进一步发展的需求和推动力。

（二）产权结构对制度变迁的推动

诺思❶认为，产权结构对制度变迁的推动作用主要表现为以下两个方面。

一是产权结构将促进有效率的市场的形成。新古典经济学理论认为，市场的有效性只有靠充分竞争。诺思研究发现，市场的有效性意味着充分界定和行使产权，它意味着创造一套促进生产率提高的约束变量。面对信息不完全的市场，产权结构及其行使并得到确认能够降低或完全消除不确定性。诺思认为，市场无效率的根本原因是产权结构无效率，因此制度创新的一个重要内容就是产权结构的创新。另外，技术的变化、更有效率的市场的拓展等最终又会引致与原有产权结构的矛盾，于是形成相对无效率的产权结构。这种情况下就需要调整产权结构，进行产权结构的创新。

二是依靠产权结构推动技术进步。诺思认为，技术进步率的提高，既缘于市场规模的扩大，又出自发明者能获取发明收益较大份额的可能性。投资于新知识和发展新技术的营利性需要在知识和创新方面确立某种程度的产权。如果缺乏产权，新技术唾手可得，就会丧失发明的动力。尽管发展新技术的社会收益率总是很高的，但从历史上看发展新技术的步伐却是缓慢的，问题在于"不能在创新方面建立一个系统的产权"。一套鼓励技术变革、提高创新，并使私人收益率接近于社会收益率的激励机制就是明晰创新的产权。专利权等知识产权都旨在为发明创造者提供某种程度的排他性权利。

在全球开放式创新的大背景下，伴随我国市场化改革的不断推进，单一性的产权结构已经不再适应我国经济的发展，多元化的产权结构需求推动着以产权结构调整为核心的制度变迁的加速。

---

❶ 周其仁. 产权与制度变迁：中国改革的经验研究（增订本）[M]. 北京：北京大学出版社，2004.

三、对制度创新的路径依赖

（一）专利运营制度变迁中的路径依赖

路径依赖是制度变迁过程中的一种重要现象。诺思用路径依赖的概念来描述过去的绩效对现在以及未来的重要影响，进而提出制度变迁具有报酬递增和自我强化的机制。这种机制上的惯性使得制度变迁会沿着既定的路径方向不断自我强化，继而产生路径依赖。如果不能根据确立的发展目标不断调整路径方向，极有可能在惯性的作用下在错误的路径下演进，以至于被禁锢在某种效率低下的状态。一旦锁定，往往需要借助强大的外部效应，才有可能重新回到良性循环的轨道。

专利运营制度变迁中产生"路径依赖"的原因主要有三个方面。第一，在计划经济影响下科技成果产权不清晰，导致阻碍专利运营的规则和观念是连续的、累积的，集中反映在科研单位对专利权的支配自由度和科技人员重视论文发表和成果评定等行为特征上。第二，长期僵化的科技体制机制已形成制度惯性，造成落后的制度沉淀。专利运营在某一方面的改革措施往往被其他陈旧的制度掣肘。形成促进专利运营真正的内生动力其过程是缓慢的。第三，某些政府职能部门与现有的科技管理制度共存共荣，具有保持既有制度变迁的利益动机。由于其在涉及专利运营的利益博弈中处于优势地位，还会继续主导现有制度的延续。

随着经济进入新常态，要素红利和投资驱动对我国经济增长的促进性作用已逐渐消耗殆尽。当前，我国经济面临的主要问题是结构性问题，包括产业、区域、要素投入、经济增长动力和收入分配等方面的结构问题。针对这类问题，解决周期性波动的需求管理政策是无法有效应对的，而供给侧改革才是有效的解决路径。供给侧结构性改革，成为制度创新的必然选择。它意味着要以供给质量的提升为出发点，以改革为推进结构调整的办法，调整要素配置，提升供给有效性，使得供给结构能够灵活适应需求变化，从而促进经济社会良好有序发展。

（二）专利运营制度创新的路径选择

专利运营通过产权的合理使用，能够有效促进创新资源的流动和共享，优化要素资源市场化配置，为经济转型发展、产业结构升级提供有力支撑。尽管我国专利运营产业近几年取得了快速发展，但相较国外而言，仍处于起步阶段。我国专利运营产业的发展也亟须通过改善供给侧环境、优化供给侧机制，大力激发各类专利运营主体的活力，提升专利运营效率，进而增强专利运营产业对创新驱动战略的支撑性作用。为促进专利运营的发展，制度创新过程中必须考虑以下三个方面。

1. 适应产业创新发展

伴随创新方式的革命性转变，市场需求、资本投入、制度环境等外部条件对技术创新的趋势影响越来越大，甚至起到决定性作用。专利因其具备法律、技术、财产的多重属性，成为创新技术和金融资本结合的最佳载体和融合渠道。在开放式创新模式下，企业与外部力量结合进行技术创新，必然需要在知识产权制度的法律保护下，以知识产权为纽带建立相应的合作共享机制、利益分配机制和风险控制机制。一旦将知识产权同商业模式联系起来，并通过资本运作利用企业内外部的知识产权，那么知识产权已不仅是控制和排他技术的法定权属，而且是具有盈利预期的流动资本。专利运营实质上就是在开放式创新下基于技术资源的资本运作模式。企业应当积极参与技术资源的交易，开展专利运营，满足自身发展需求，同时尽可能地利用知识产权从外部获取利益。完善供给侧改革、支持专利运营产业发展的着眼点在于，既要积极鼓励开放式创新的参与者开展专利运营，契合专利集中管理的趋势，大力保障其合法权益，也要全面明确技术转移、转化的合法途径和义务。

2. 适应产业竞争发展

在全球产业结构调整的背景下，跨国公司纷纷运用知识产权制度的新策略、新模式，进行全球产业重组和资源优化配置。近年来，以通用、IBM、苹果为代表的传统制造业跨国公司正加速向服务型跨国公司转型，并成为推动服务业全球化的主体。随着这一进程的加速，众多传统制造业跨国公司将成为名副其实的服务业企业。与此同时，凭借强大的知识产权竞争优势，跨国公司在国际竞争中的地位得以加强。其表现之一就是，跨国公司在全球范围内充分利用知识产权制度整合资源和市场，占据国际分工和竞争的高端环节，不断增强影响力和控制力。在愈演愈烈的国际市场竞争中，以专利许可、转让、经营为核心的专利运营业务的作用日益凸显。而知识产权与资本、金融资源的全面融合，更极大地带动了高端专利运营产业的发展。高智公司即为其中的佼佼者。越来越多的跨国专利运营公司正在陆续进入中国专利市场，也折射出国内专利运营市场的无限潜力。因此，在扩大专利运营市场规模的同时，整体提升我国市场主体参与国际竞争的专利运营能力，将是专利运营相关制度变迁的首要目标。

3. 适应产业多元发展

相比将专利直接应用于产品开发的转化路径，专利运营市场呈现出多元化特征。首先是参与主体的多元。拥有专利的企业、科研机构、中介服务机构、金融机构、风险投资机构等都是专利运营市场的参与主体。其次是运营方式的多元。在基本的转让、许可方式中，还细分为以专利为基础的技术合作（JD）、专利策略联盟、专利标准化、专利信贷化、专利股权化、专利证券化等。再者是产业类型的多元。按照公司业务的战略模式和运作特质，大体包括专利控股公司（Patent Holding Company）、非专利实施的实体（Non‑practicing Entities）、专利许可执行公司（Patent Licensing and Executing Company）、专利许可代理公司及专利海盗（Patent Trolls），等等。因此，对成熟的专利运营制度而言，无论是制定激励性措施或是约束性措施，关键在于切实有效准确把握专利运营多元化发展的需求，针对性地提供有效的制度供给。

第三节 基于专利运营的创新生态系统概念模型

伴随着专利运营与技术创新、产业发展的深度融合，专利运营的发展恰如自然界的生态演化一样，不经意间从一个新的物种发展到一种新的商业生态体系。面对全新的复杂系统，我们应该如何更好地应对创新的挑战？凯文·凯利在《失控：机器、社会与经济的新生物学》中指出，"由于我们自己创造的这个世界变得过于复杂，我们不得不求助于自然世界以了解管理它的方法"❶。

一、生态系统的基本内涵

生态系统指在一定的空间内生物成分和非生物成分通过物质循环和能量流动相互作用、相互依存而构成的生态学功能单位。❷ 在自然界，任何生物群落都不是独立存在的，它们总是通过能量和物质的交换与其生存的环境不可分割地相互联系和相互作用着，共同形成统一的整体。创新生态系统的概念由美国竞争力委员会在《创新美国：在挑战与变革的世界中繁荣》中正式提出。在报告中强调，"公司、政府、教育机构与工业企业之间需要形成新型关系，以确保 21 世纪的创新生态系统能够成功适应全球经济的竞争"❸。沿用生态学的原理，我们将创新生态系统视为是在一定的环境下，各类创新要素之间通过物质、能量和信息流动共生竞合形成的系统。创新生态系统的基本要素是企业、高校、科研院所、中介机构、金融机构、投资机构和政府等物种。"在一定程度上，物质流主要有人力资本、实物资本等；能量流包括知识资本、金融资本等；信息流包括政策、市场信息等。"❹

当新产业革命和新技术革命接踵而来时，我们面对的创新生态系统已是一个集聚技术提供者、服务提供者、资本提供者、政策提供者和其他主体在内的松散耦合网络。创新网络社群化为创新生态系统成员创造更紧密的共生条件和灵活的关系选择。在大数据、移动互联、云计算等技术和管理创新的推动下，创新生态系统必然从个体水平转移到种群和群落。每一个种群都不再是单个物种的集聚，而是演变成多个物种的嵌合共生，群落之间的创新边界相互渗透与模糊化。通过专利运营，可以使得单个封闭的创新主体有意识地与相关组织协作，创造出更多有价值的产品和服务，推动创新生态系统内部与环境的共生演化。

从生态学视角审视创新生态系统时，会进一步发现专利运营对于建立充满

---

❶ 凯文·凯利. 失控：机器、社会与经济的新生物学 [M]. 北京：新星出版社，2011.

❷ 1935 年，英国生态学家 Tansley 首先提出生态系统（Ecosystem）的概念。

❸ Council on Competitiveness. Innovate America：thriving in a world of challenge and change [R]. National innovation initiative interim report，2004.

❹ 李万，常静，等. 创新 3.0 与创新生态系统 [J]. 科学学研究，2014（12）：1761－1770.

活力、持续进化的创新生态系统将发挥至关重要的作用。在通常的创新生态系统中，专利仅仅是作为系统中不可或缺的资源要素参与生态系统的运行。而专利运营的出现和发展，以新的创新组织方式赋予了创新生态系统进化的动力。专利运营通过产权纽带将技术、资本、信息有机连接在一起，充分适应创新组织的网络化、价值创造的服务化和创新主体的分散化。以专利运营的市场机制主导创新生态系统的演化，将使得创新生态系统中所有的物种、种群、群落能够按照一定的规则相互作用，并形成系统整体演化。在专利运营的激活下，创新由最初简单的价值链式结构裂变成复杂的关系网络，物种逐渐形成竞争、合作、联盟、协同等多种关系，演化出新的种群和群落，形成物质、能量和信息的有序流动。

在创新生态系统中，专利运营作为物质、能量和信息的流动方式，助推企业、高校、科研院所、中介机构、金融机构、政府等物种共生共荣，演绎出蓬勃生机的创新生态景象。专利运营打破企业与其他组织协同创新的界限，资本、服务的深度参与在根本上改变创新范式的内在结构，在创新生态系统内部涌现出更多的跨组织创新。在产权激励下，创新组织中的每一个个体、每一个细胞迸发出自我改变的能量，从而驱动整体创新组织。

在专利运营的影响下，创新范式从开放式创新跃升到网络式创新，创新生态系统中呈现出新的群落演替。各群落适应环境，彼此之间通过物质、能量、资金的流动及信息的传递相互关联构成具有自组织和自调节的创新生态系统。发明人、企业、高校、科研院所、专利代理、专利咨询管理、专利信息服务、律师事务所、评估机构、银行、基金、保险、证券等各类种群相互作用，组成新的生态功能单元。其中，发明人、企业、高校、科研院所集合演化为创新生产群落，银行、基金、保险、证券等集合演化为创新资本群落，专利代理、专利咨询管理、专利信息服务、律师事务所、评估机构等集合演化为创新服务群落。群落有时很明显，有时难以截然划分。群落之间通过一定的种群间相互关系组成特定的结构，表现出一致性、功能性、稳定性和协调性。随着创新方式、创新条件和创新环境的变化，群落特征会发生变化，甚至被性质不同的另一群落所替代。在各群落的基础上所形成的创新生态系统则遵循一般生态系统的共同属性和整体运动规律，表现出整体性、层次性、耗散性、动态性、稳定

性、复杂性和调控性。❶

遵循专利运营的逻辑，创新生态系统内部将建立全新的互动关系，更好地适应创新主体、创新模式和创新环境的不断变化。以更强的生物学隐喻来揭示创新生态系统的专利运营范式，就是专利运营决定着物质、能量和信息流动的方向，使得创新生态系统从要素的随机选择演变到结构化的群落，在系统内部表现出更强大的自组织、自调节、自适应能力。需要指出的是，通常群落中只有很少的物种会影响群落性质，它们被称为群落的优势种，生态适应性强，常对群落内部环境条件起到决定性作用，从而影响其他种类的生产和生长。❷ 这就不难解释高智等国外专利运营机构对中国创新生态系统的冲击影响，也就回应了我们必须扶持中国专利运营产业发展，培育国内高水平、专业化专利运营机构的必要性和迫切性。

基于专利运营的创新生态系统可以定义为：由知识产权运营公共服务平台作为组织核心连接创新生产群落、创新资本群落、创新服务群落等各种关系，实现技术、信息、资本、政策和人才等要素在创新网络系统中的流动，实现持续性的共创价值，如图4-4所示。

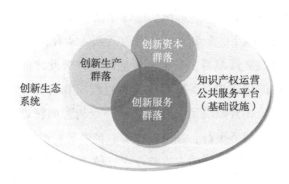

图4-4　基于专利运营的创新生态系统

二、生态系统的层次结构

以平台为核心，创新生态系统可重构为核心生态圈、可扩展生态系统和完整

❶ 黄鲁成. 区域技术创新系统研究：生态学的思考 [J]. 科学学研究, 2003（2）：215 - 219.

❷ 黄璐琦，郭兰萍. 中药资源生态学 [M]. 上海：上海科学技术出版社, 2009.

生态系统三个层面。每个层面又包括若干创新要素，并最终形成复杂的网络结构。

1. 核心生态圈

以专利申请、审查和授权的云数据作为主要支撑体系，直接对接所有创新主体，以专利审批的公信力产生极强的用户黏性，在专利申请人和权利人的基础上进而形成良好的用户基础。通过改进专利运营基础服务，不断增强用户获取能力和用户黏性，提升用户体验，催生服务产品和服务范围。

2. 可扩展的生态系统

由社区网络、大数据、云计算联结的专利运营服务网络，连接分散在不同地域、不同行业的创新主体和投资主体，适应创新方式、组织和行为变化，提供精准的供需对接，帮助每年数以百万计的技术实现市场价值。通过提供专利数据和服务的无缝对接，全面降低专利市场信息获取门槛和难度，提升活跃投资者数量，促进创新主体的互动进化。

3. 完整生态系统

由创新主体、资本主体和服务主体等不同主体相互交织形成的开放、多维、共同演进的复杂网络结构，与外部环境全方位互动，在内部动态调整结构适应环境变化，不断衍生出系统未有的特性和功能。通过积极的政策支撑和全新的业务模式，各类主体利用专利运营的基础设施管理创新投资业务，全面创立知识产权价值实现渠道，真正形成创新的市场导向机制。

三、生态系统的运行机制

专利运营是基于互联网开放的社会化创新协同网络，其实现基础是价值网络而不是单一的主体或某条价值链。在专利运营网状协同下，以专利为产权利益纽带，创新主体可以获得投资，投资主体可以参与创新，服务主体为创新主体和投资主体提供桥接服务，从而实现创新的大规模社会化协同。在创新生态系统成员合作创新中，由于知识流动跨越组织边界而各组织目标不同、知识特性因素、成员的机会主义行为等因素，系统成员间很容易产生冲突，这种冲突的存在会阻碍系统成员间的知识共享与交流，影响系统运行效率。❶ 正如生态

---

❶ 吴绍波，刘敦虎. 新兴产业平台创新生态系统形成及其管理对策研究 [J]. 科技进步与对策，2014（5）：65－69.

学上已揭示的一般规律，各要素共生共荣，协同演化和互相适应，必然按照相互默契的某种规则，与不断变化的新环境相协调。

Scholten 等❶研究了复杂自组织的平台创新生态系统运行机制。在以平台为基础设施的创新生态系统中，大数据、云计算、智能化、移动互联网是作为生产要素的实现。创新提供者、资本提供者、服务提供者、政策提供者不再孤立分散在价值链上的某一环节，而是形成特定的群落参与创新生态系统演进的全过程。按照创新系统中各群落之间的依存方式，基于专利运营的创新生态系统的共生机制主要包括动力机制、调节机制及约束机制三个方面。

一是动力机制。"创新生态系统的动力机制，是指创新主体和要素创新动机的产生及由此导致创新主体创新行为的机理。"❷ 具体而言，以专利为载体形式的产权是作用于创新生态系统的主要动力因素。以产权作为创新主体的市场与契约合作关系，才能在系统内形成具有共同行为模式的更紧密合作关系，为创新生态系统成员创造共生条件。创新主体能够通过专利申请授权界定权利边界使创新成果的产权清晰化，投资主体能够通过订立产权契约使资本与技术对接并得到强有力的产权保护，服务主体能够通过充分的信息分析提供专业服务加速产权的交易流转。基于专利运营的创新生态系统中，创新、投资和服务等创新群落之间形成具有共同目标的价值网络，产生竞争合作、衍生变异、价值溢出等效应，群落内部保持物质、能量、信息的畅通循环和流动，群落之间相互依赖、相互影响，以产权保护为动力的市场机制和政策环境推动创新生态系统不断进化，以实现追求产品技术创新和利润最大化的目标，最终实现持续创新。

二是调节机制。创新生态系统是开放的系统，其行为经常受到外部环境的影响，需要良好的调节机制发挥作用。大量事实证明，只要时间充足且外部环境相对稳定，生态系统总是按照一定规律向着组成、结构和功能更加复杂化的方向演进。在创新生态系统演化中，专利运营能够调节系统的稳定性和多样性，实现一种持续的静态均衡。在平台上，创新、投资和服务等相关种群或群

❶ S SCHOLTEN, U SCHOLTEN. Platform – based innovation management: directing external innovational efforts in platform ecosystems [J]. Journal of the Knowledge Economy, 2012, 2 (3): 164 – 184.

❷ 温兴琦. 基于共生理论的创新系统结构层次与运行机制研究 [J]. 科技管理研究, 2016 (14): 1 – 5.

落都占据一定的生态位，彼此间关系通过专利运营逐步协调而紧密协作，并与政策环境等共同形成结构较为完整、功能比较完善的创新生态系统，外来物种的入侵如跨国公司低价掠夺创新成果就比较困难。同时，复杂的专利运营网络使能量和信息通过多种途径进行流动，一个环节或途径发生变化中断可以由其他方面的调节得到缓冲或抵消，创新生态系统能够始终处于相对稳定的状态。创新生态系统的稳定性与系统内的多样性和复杂性紧密联系。平台上开展专利运营的服务机构数量越集中、产品越丰富、服务越多样，创新生态系统抗外界干扰的能力就越强，系统内部稳定程度就越高。

三是约束机制。创新生态系统的复杂特性要求不同群落之间通过专利运营进行全方位合作。然而，不同群落作为独立利益体参与合作具有不同的利益诉求。同一群落的内部成员之间即便在共生的前提下亦难免存在竞争。"创新生态系统的冲突产生于知识产权信息的不完全性、技术知识共享行为的不确定性、技术知识使用的不可预测性、相互依赖的非对称性以及技术配套的专用性等方面。"❶ 要充分发挥专利运营的网络协同效应，就必须在平台上加强信息公开披露，最大限度地消除信息不对称的风险，防范创新过程中虚假信息、搭便车、敲竹杠等机会主义行为。同时，通过完善创新生态系统的治理机制，形成平台上系统成员之间的谈判协调和契约订立机制，保证知识共享协同的透明化机制设计，建立合理完善的行为约束、风险分担、资产定价和违约补偿机制，规范和约束创新主体的市场行为，降低创新生态系统的制度运行成本。

第四节　构建中国专利运营体系的基本思路

一、体系构建的问题导向

在中国，科技体制机制改革始终是改革的重点和难点。由于我国科技体制是仿照苏联的科技发展体制建立起来的，具有浓重的计划经济色彩，在某段历史时期对迅速提高国家整体科技水平起了关键的作用。但随着科技人员队伍日

---

❶ 吴绍波，刘敦虎. 新兴产业平台创新生态系统形成及其管理对策研究 [J]. 科技进步与对策，2014（5）：65－69.

益庞大，科研投入逐年增长，行政干预过多的弊端逐渐显现，我国科技体制表现出创新活力不足、资源配置效率低下、市场效益不突出等诸多缺陷。将科技体制机制作为改革的重点，其核心目标就是要以市场机制激发创新活力，提升创新效率，优化资源配置。而推动科技成果转化被认为是推进科技与经济结合，解决科技、经济两张皮的基本路径，也被视为科技体制机制改革的落脚点之一。

经济学上认为在产权界定清楚的情况下，不同的产权制度决定着不同的资源配置效率。产权制度是公认最有效率的市场机制。因此，在科技领域完善产权制度一直是我国科技体制机制改革的方向。❶ 早在 1985 年，中共中央发布《关于科学技术体制改革的决定》（中发〔1985〕6 号），提出了"开拓技术市场，疏通技术成果流向生产的渠道，改变单纯采用行政手段无偿转让成果的做法""要注重解决技术成果的配套、商品化生产和经济效益等方面的问题，以提供适用技术市场需要的技术商品""要制订有关的法规和制度，保证买、卖、中介三方的合法权益"等一系列改革举措。这不仅标志着我国科技体制改革全面启动，亦对其后改革思路影响深远。改革伊始，我们就将科技成果产权改革作为改革的主线，围绕科技成果产权制度改革进行了大量的制度设计和政策创新。改革的思路从最初的改革科研经费管理到科技人员权益激励，从建设技术市场到推动产学研结合，从提高研发投入强度到科技机构管理体制改革，但收效甚微，科技成果转化难仍然是制约中国创新驱动发展的桎梏。30多年过去，我们似乎穷尽了各种改革路径❷，问题依然存在，从未有真正意义上的实质性突破，甚至问题情况更为错综复杂，利益更加纠葛多元。

那么，问题究竟出在哪儿？

问题一，如何界定科技成果的产权边界？毫无疑问，市场机制是解决"科技成果转化难"问题的根本出路。长期以来，我国科技成果大多是在政府财政性资金支持下由国有科研单位获得，国家是科技成果的所有者、控制者和

---

❶ 《中共中央关于全面深化改革若干重大问题的决定》提出，"完善激励创新的产权制度、知识产权保护制度和促进科技成果转化的体制机制"，"深化科技体制改革，健全技术创新市场导向机制，发挥市场对技术研发方向、路线选择、要素价格、各类创新要素配置的导向作用"，为破除制约科技成果转化的制度性障碍指明了方向。但在实际中，科技体制机制改革却举步维艰、踌躇不前。

❷ 王天骄. 中国科技体制改革、科技资源配置与创新效率 [J]. 经济问题，2014（2）：33 – 39.

监督者。❶ 尽管每一次科技成果产权制度改革都试图对科技成果的权益分配上有制度性突破，却一直忽略了一个最基本也是最重要的问题——科技成果的产权边界在哪里？众所周知，科技成果属于经济学上的资源范畴，虽然在法律上可主张财产权利，但属于非市场化的产权形式，其产权并不清晰。科技成果的产权不清晰表现在多个方面：一是所有权模糊。国家享有占有、使用、支配科技成果的一切权利，并由国家指定的政府部门代行权利。近年来国家逐步放开对科技成果产权的管控，国家授权科研单位自行行使科技成果处置权和收益分配权，转由科研单位代替所有者行使所有者权利。二是行为权不明晰，即国家、科研单位和科技人员分别作为行为主体，权责利关系不明确，均不享有完整的权利，导致信息成本、组织成本和代理成本高昂，抑制了科研单位和科技人员参与科技成果转化的积极性和创造性。科技成果的产权不清晰，在国家、科研单位与科技人员之间就始终无法建立有效率的产权安排。

问题二，如何提高科技成果转化的产权效率？假定科技成果的产权边界清晰，但按照谁出资谁享有权利的原则，国家作为科技成果的产权所有者，理所应当对科技成果履行管理职责和收益权责。国家所有意味着将产权所有者的权力赋予各职能部门。一方面，科技等部门负责项目资金的分配和科技成果的认定。另一方面，财政等部门负责对科技成果的转化进行审批和科技成果的收益监管。在这种条块分割的制度设计下，其产权交易的市场效率可想而知。尽管公有产权和私有产权都是市场经济中有效的产权形式，但在同等的市场条件下，通常认为私有产权的资源配置效率相较于公有产权更有优势。因此，科技成果转化的路径事实上始终沿着公有产权向私有产权转化的方向推进。在科技体制机制改革初期，在不改变科技成果权属的前提下，国家根据科技成果转化的收益对科技人员予以奖励，将收益权予以部分让渡。❷ 之后再进一步放开管制，允许科技成果承担单位依法处置，前提是经财政部门的行政审批，进一步将处置权下放。❸ 而历经在中关村国家自主创新示范区等一系列试点后，科技成果处置权、收益权管理开始突破公有产权的界限，政府部门不再对科技成果

---

❶ 本节讨论的科技成果转化均针对国有科研单位在国家财政性资助下获得的科技成果。

❷ 《促进科技成果转化法》（主席令〔1996〕68号）。

❸ 《科技进步法》（主席令〔2007〕82号）、《关于国家科研计划项目研究成果知识产权管理的若干规定》（国办发〔2002〕30号）。

的处置权和收益分配权进行审批或备案，科技成果收益留归承担单位，其中一部分可归科技人员。近期，部分地区开始在探索科技成果所有权改革，鼓励高校院所与发明人以股份等方式，对职务科技成果分割确权。❶ 因此，科技成果产权改革必须考虑在科研单位与科技人员之间划分合理的产权关系，才能更多地以私有产权的形式提高产权效率。

问题三，如何确定科技成果的产权结构？新制度经济学家认为，产权是以所有权为核心的"一束权利"。任何完整的产权的权能结构都包括所有权、支配权、使用权和处置权四项权能。在一定条件下，产权的权能是可以分离和组合的。所有权是产权主体，即产权所有者的独占权；而支配权即为主体对科技成果的控制权，主体可以为国家、科研单位，也可以是科技人员。国家作为所有者，在满足一定条件下，可以将处置权和使用权赋予相应的单位和个人。科技成果的各项权能并非由单个权利主体单独享有，因此必须进一步把握科技成果的权能结构演变过程，准确地认定科技成果产权的权能结构，界定国家、科研单位和科技人员各自享有的权能界限。因此，在产权主体不变的情况下，将科技成果以产权形式合理地分离和组合权能，可使其具有更好的利用价值，降低交易费用，鼓励在市场上的产权交易。科技成果的各项权能并非由单个权利主体单独享有，有必要把握科技成果的权能结构演变过程，划分科技成果产权的权能结构，界定国家、科研单位和科技人员各自享有的权能界限。

归结起来，科技成果转化难的核心症结就在于明晰产权。正如科斯在其著名论文《社会成本问题》中指出，"没有产权的初始界定，就不存在权利转让和重新组合的市场交易"❷。科技成果的产权关系不明晰，交易风险大，市场交易就不可能活跃。同时，科技成果的非市场化产权形式，亦导致其权责不明确，产权激励和约束不足，产权自然就难以顺畅流动。

二、产权制度的改革思路

诺思指出，"一个有效率的产权制度是经济长期增长的关键"。产权是现

---

❶ 《促进国内外高校院所科技成果在蓉转移转化若干政策措施》（成委办〔2014〕29号，简称"成都十条"）。

❷ 罗纳德·科斯. 社会成本问题［A］// 科斯，等. 财产权利与制度变迁——产权学派与新制度学派译文集. 上海：上海三联书店，2004.

代市场经济制度的核心。只有抓住了产权问题，才能从根本上打破部门的利益藩篱，释放出充沛的市场活力。30 余年的实践证明，产权制度改革是中国科技体制改革的主线和实质。只有通过产权制度改革，建立市场激励机制，才能优化配置创新的要素结构，提高创新效率。专利制度是界定创新成果产权的根本性制度。换言之，基于专利制度的产权制度，对科技成果进行产权界定、配置、经营和保护，才能从根本上解决科技成果转化难的问题。事实上，以专利运营促进科技成果转化的关键作用已为全球发达经济体所证实。下面就如何构建中国专利运营体系，建立推动科技成果转化的新型市场机制提出系统的发展思路。

需要明确指出的是，专利运营在概念内涵和运作模式上完全区别于科技成果转化，更谈不上是科技成果转化的延伸或演变。就市场的行为性而言，专利运营与科技成果转化具有对象的高度相关性和逻辑上的一致性。尽管两者具有类同的市场导向，却遵循不同的市场交易逻辑。科技成果是具有学术或经济价值的知识产品，而专利是创新成果制度性保护的产权载体。对发明创造进行新颖性、创造性和实用性的"三性"审查，实质上是清晰界定创新成果产权边界的过程。授予专利权，是法律承认创新成果私有产权并赋予其产权保护的结果。科技成果转化是科技成果经济价值量化的商品交换活动，而专利运营是实现创新成果市场价值的产权交易活动。专利运营具有不同的产权表现形式和多样性的产权交易方式。在专利运营过程中，可以在不破坏原有的产权结构的情况下，以市场化的方式对专利权权能进行分离和组合，即"政府的归政府，市场的归市场"。专利运营的效益将与科技人员的收益密切相关，矫正科技人员因科技成果公有产权化而导致的各种异化行为，如不愿意将财政资助获得的创新成果按照职务发明申报专利，或私下与人合作转让相关成果、采取个人或其他途径申请专利等行为规避管制等，以强化产权激励的方式从根本上提高专利创造质量。

在专利运营中，权利的转移和交易是实现价值增值的根本。当权利界定模糊，专利运营利益相关者无法确定权利能够给自己带来的效用大小，而不能满足参与主体对效用的期待，这将严重影响相关主体开展专利运营的积极性。此外，根据新制度经济学理论，产权明晰是降低交易成本的有效途径。专利权界定不足或模糊，会导致运营中各方利益相关者缺少可遵守的明确的规则和权限边界，增加各方的交易成本，从而减弱相关主体的积极性。因此，明晰产权的举措包括：一是要提高专利审查授权质量，合理确定专利权的保护范围，清楚地界定创新成果的产权边界，保证市场交易中产权的稳定性。二是建立国家财政资助专利的标识制度，确认专利权的产权归属。在不改变所有权的前提下，以此推动专利经营权和管理权的私有化。三是改革职务发明制度，划定专利权的产权结构，提高发明人的积极性。四是建立国家财政资助专利权限期转化机制，明确专利运营的管理职责、组织形式和约束条件等，形成产权交易的竞争机制，避免科技成果闲置。

信息不对称、市场不规范使专利运营具有很大的不确定性，均是导致交易费用高昂的主要原因。这无疑会阻碍专利运营的产权分配效率，阻碍专利资产的利用和流转，进而影响社会的总体福利。因此，降低交易费用的举措包括：一是建立专利运营交易的信息平台和信息披露机制，规范专利运营的产权流转程序，以充分、准确的信息消除交易中的不确定性。二是必须针对专利运营的各类市场活动特点，面向专利权人、企业、科研机构、服务机构等各类专利运营市场主体实施正向激励的财税激励政策，进一步发挥产权激励的效应。三是加强产权保护，维护市场秩序，确保专利运营的市场主体能够正当行使产权的各项权利，权益不受到侵犯，或在侵权行为发生时，能够得到充分及时的法律救济。四是加强专利信息利用，加强专利运营与产业发展市场需求的融合。

三、生态系统的治理机制

创新生态系统的治理机制，是指通过正式与非正式、内部与外部制度安排来协调创新生态系统所有利益相关者之间的利益关系，建立系统成员共同参与决策的要素协同机制，最大限度地消除因信息不对称而产生的机会行为、逆向选择和道德风险，实现系统与外部环境的物质和能量交换，保障系统成员的正当利益，推动系统进入有序均衡状态。显然，创新生态系统的治理主体不仅包括创新生态系统内部的平台、企业、高校院所、服务机构、金融机构及其他相关配套主体，同时也包括外部的政府和行业协会等。

（一）外部治理模式

在外部环境中，政府主导的制度安排对创新生态系统的稳定和协调起到非常重要的作用。政府可以通过制定相应的扶持政策措施为创新生态系统提供良好的发展环境，包括建设全国性知识产权运营公共服务中心平台为生态系统演进提供基础设施，设立重点产业专利运营基金促进种群间相互能量和物质的传递，股权投资专利运营机构培育生态系统的新物种。发挥政府对创新生态系统的治理作用，加强政策支持的灵活性、多样性和系统性，应建立包括创新管理、财税激励、产业发展和知识产权保护在内的完整政策体系框架，有针对性地解决创新生态系统发展的重大问题，促进系统成员之间的协同演化和互相适应。政府外部治理的重点有以下三点。

一是应当持续加强专利运营的产权保护力度。专利运营的发展高度依赖于产权保护的强度，没有国家对产权保护的重视和加强，就没有快速增长的专利资产。虽然目前我们已经是全球专利拥有量第一的大国，但是我们的专利质量还有很大的提升空间，需要国家持续提升专利审查质量，严格专利审批，清晰确定专利的权利要求保护范围。制定促进专利权属明确的创新管理政策，推进专利权能分离的资本化运作。

二是应当持续加强专利运营的数据信息公开。政府对专利运营所需的各类公共数据开放是打造创新生态的核心所在。要改变以往封闭性提供专利运营服务的理念，为各类市场主体提供更加便捷、更加多元、更加有效的服务。在保证数据安全性和可控性的前提下，将一些政府公共数据接口开放给专利运营机构进行开发，加快形成专利运营的生态体系。

三是应当持续加强专利运营的市场规则秩序。在平台开放时必须要设定明确的底线规则和强有力的市场监管以保障公众利益。平台的治理规则在创新生态系统中将发挥至关重要的作用，在多样性的创新生态系统中，平台的市场交易规则缺位，将会使得生态系统失衡，甚至给产业生态造成巨大的危害。要运用大数据、云计算加强对平台各类主体的市场监管。

（二）内部治理模式

基于专利运营的创新生态系统是半开放的动态系统，要经历一个从简单到复杂、从不成熟到成熟的演变过程，其早期阶段和成熟阶段具有不同的内部治理模式。在创新生态演进中，不同阶段分别存在平台主导的单一治理模式和利益相关者主导的多主体治理模式。

在早期阶段，平台被视为创新生态系统中的领导者，通过制度安排配置彼此间的权责关系，控制系统成员的机会主义行为，保证系统的运行，从而形成平台主导的单一治理模式。如前所述，围绕产权关系的任何创新活动都在平台完成，所以平台可对创新活动实现精细化管理，做到用户识别、业务分类和交易管理。平台作为创新生态系统的组织核心，开放之初便需高度重视平台规则的制定，将系统成员的权益保障和公平竞争放在重要的位置，实现市场环境的自净化，维护创新生态系统有序运行。

在成熟阶段，更多利益相关者进入，系统成员之间以及与环境之间存在更广泛的互动关系，表现出多主体共同治理的特征。创新提供者、资本提供者、服务提供者和政策提供者等所有利益相关者都应参与创新生态系统的治理，通过一定的契约安排和制度设计来分享控制权，实现多主体互动治理。在利益相关者主导的多主体治理模式下，系统成员的互动关系互为函数，相互依赖但不对称。要规范强势主体的市场行为，加强弱势成员的议价能力，实现生态系统内部的合作与协调。平台则必须持续地创新，输出更强大的引领能力，如通过大数据研发新的专利运营产品和服务，设立产业专利运营基金等方式让系统成员在平台上不断演替和裂变，推动创新生态系统由一种稳态跃升到另一种稳态。

第五节　本章小结

产权制度相关理论为我们更深层次地理解专利运营提供了一种有效的分析框架。从产权结构来看，首先，专利权作为一种特殊的财产权，其具有的排他性、有限性、可交易性、可分解性等基本属性是专利运营可行性的前提；其次，专利权的权能分离，是专利运营实现由传统的、简单的权利转让向形式更加复杂、层次更加高级的产业形态发展演进的基础。不同形式的专利运营中，其专利权的权利结构也各不相同。因此，明确专利运营过程中的产权归属和边界就变得非常重要。产权归属明确，专利运营的主体才能得以确定；产权边界清晰，专利运营参与主体各方的权、责、利关系才清楚，进而才能够通过运营获取收益而实现产权对创新的激励效应。正因为产权明晰能够使交易各方有可遵守的明确的规则和权限边界，所以，产权明晰是降低专利运营交易成本的重要方法。产权的明晰度不仅影响专利运营的成本，也影响专利运营的收益。在市场主体理智的条件下，只有当专利运营的收益大于成本时，它们才会选择进行专利运营。因此，通过专利运营的成本与收益比较可得出一个优化的产权明晰度，从而通过适当的产权界定，促进专利运营。其中，专利运营的成本除了受到产权明晰度的影响外，还因专利信息的外生非对称性、专利权的重复交易性、专利价值的不稳定性以及专利的保护环境等因素的变化而变化。

专利运营的成本与收益之间的均衡，是市场主体考虑是否开展专利运营的关键所在。因此，尽可能地提高专利运营的收益或者降低专利运营的成本是促进专利运营的有效路径。因为，专利运营的收益存在太多不确定性，所以，降低专利运营的成本成为我们应当考虑的重点。除前文提到的产权明晰以外，有效的制度也能够通过降低市场中的不确定性、抑制人的机会主义行为倾向等降低交易成本。随着社会经济的发展，制度也不是一成不变的，而是需要以更有效率的制度来代替无效率的制度，也就是制度变迁。同样地，专利运营产业的发展对制度变迁提出了要求，成为制度变迁的动力，同时，制度变迁的效率会影响专利运营的发展进程。专利运营与制度变迁之间的互动关系，主要体现在专利运营对多元化产权结构的需求，以及产权结构对制度变迁的推动作用之中。在专利运营制度变迁中，应当避免路径依赖现象的发生。鉴于当前我国专利运营产业发展现状和存在的主要问题，为大力激发各类专利运营主体的活力，提升专利运营效率，改善供给侧环境、优化供给侧机制成为制度创新的必然选择。此外，以促进专利运营的发展为目标，制度创新必须要适应产业创新发展、适应产业竞争发展、适应产业多元发展。

生态学原理为我们分析解决创新的可持续发展问题提供了新的思路。创新生态系统正是在这样的背景之下被提出来的。作为技术创新的成果，一直以来，专利都被广泛地认识为创新生态系统中不可或缺的资源要素参与生态系统的运行。而专利运营的出现和发展，为创新生态系统的健康和可持续发展提供了新的动力。因此，分析把握基于专利运营的创新生态系统相关理论，一方面有利于深入理解专利运营对于激励创新的积极作用，另一方面也为研究探讨专利运营未来的发展目标奠定了理论基础。我们将基于专利运营的创新生态系统定义为，由全国性知识产权运营公共服务中心平台作为组织核心连接创新生产群落、创新资本群落、创新服务群落等各种关系，实现技术、信息、资本、政策和人才等要素在创新网络系统中的流动，实现持续性的共创价值。以全国性中心平台为核心，该创新生态系统可重构为核心生态系统、扩展生态系统和完整生态系统三个层面。每个层面又包括若干创新要素，并最终形成复杂的网络结构。按照创新系统中各群落之间的依存方式，基于专利运营的创新生态系统的共生机制主要包括动力机制、调节机制及约束机制三个方面。基于专利运营的创新生态系统概念模型的提出，不仅涵盖原有的价值链模式，更将目光投向投资和服务，以专利运营平台的形式满足创新生态系统的演进需求。专利运营实践和理论的发展是对创新系统范式的重大突破，对构建创新生态系统具有重要意义。

基于制度经济学和创新生态学的视角分析专利运营，并建设全国性知识产权运营公共服务中心平台，为构建良好的创新生态系统运行机制奠定了坚实的理论和实践基础。我国专利运营体系的构建应当以界定科技成果的产权边界、提高科技成果转化的产权效率以及确定科技成果的产权结构等相关问题为导向，以明晰产权和降低交易费用为主要改革思路，并遵循生态系统的治理机制。我们完全可以期待，遵循新的生态理念和治理模式，中国专利运营产业必将引领全球专利运营产业进入新的发展阶段。

第五章 构建专利运营体系的政策框架

第一节 国外专利运营体系的政策演进

一、促进产权明晰的政策

在国外促进专利权明晰的政策中，美国的《拜杜法案》是最具影响力的。在《拜杜法案》制定之前，美国联邦政府持有国家财政资助项目产生的专利权。但实际上，政府作为专利权的所有者，并没有足够的动力和能力进行专利商业化的开发。受制于复杂的审批程序，此类专利技术很少向私人部门转移。数据表明，截止到 1980 年，美国联邦政府持有近 2.8 万项专利，但只有不到 5% 的专利技术得到转移转化。❶

1980 年，美国颁布的《拜杜法案》创新了对政府资助科研项目成果知识产权归属制度，将国家财政资金资助项目产生的专利权归属于被资助的研究机构，但保留了政府相应的权利，从根本上解决了阻碍专利运营发展的专利权利归属、管理职责、收益分享等主要政策障碍。

《拜杜法案》赋予政府、产业界、研究机构相应的权利义务和职责。其中，要求科研机构接受政府资助时，必须履行及时披露研发成果的义务。如果科研机构选择保留发明所有权，则必须履行申请专利、声明受资助、报告实施

---

❶ MOWER D C, NELSON R R, SAMPAT B N. Ivory tower and industry innovation——university - industry technology transfer before and after the bayh - dole act［M］. Stanford, California：An Imprint of Stanford University Press，2004.

情况、优先发展本国产业以及将收益分配给发明人和用于科研、教育等一系列义务。针对产业界，则允许小型企业或者非营利性组织（包括大学，但不包括大型企业、外国人或者管理经营的合约人）取得政府资助所获发明的专利权。基于政府资助的发明而生产并销售的产品中，在美国制造完成的数量必须占据一定比例。政府则拥有受限制的使用权，并对受资助单位未保留的发明持有决定该项发明由谁来继续商业化的"介入权"（March – in Right）。[1] 《拜杜法案》通过合理的制度安排，为政、产、研的三方合作，促进专利权的商业化提供了有效的产权激励。

《拜杜法案》被视为美国专利运营产业发展的催化剂，成为美国技术创新拉动经济贡献的关键因素。其立竿见影的政策效应吸引了欧、亚、拉美等包括英国、德国、意大利、日本、俄罗斯、中国、丹麦等在内的许多国家和地区的注意。这些国家纷纷效仿美国制定并实施类似的规制。以日本为例，1999 年，日本颁布了《产业活力再生特别措施法》，修改了大学发明专利权的归属原则，由早先的归研究人员个人所有改为归研究机构所有，并允许私立大学转让知识产权。该项法案有效促进了日本高校与企业的合作，提升了企业的创新活力，并促进了高校科技成果的转化。需要强调的是，在 1999 年颁布该法案之前，日本已经对相关法律做了一系列的政策调整。例如 1998 年，颁布《大学等技术转移促进法》，鼓励大学设立技术转移机构，推进研究成果商业化；1999 年，颁布《关于促进大学等的技术研究成果向民间事业者转移的法律》，鼓励大学及研究机构设立科技成果转化中介机构（TLO），促进大学及研究机构专利的取得及向产业界的转化。但是，这些政策调整的实施效果并不明显。另外，尽管《产业活力再生特别措施法》对政府资助项目完成的发明创造的归属做了规定，但日本并不存在与政府资助研究知识产权下放相适应的法人化资产运营管理体制。[2] 因此，日本随后于 2004 年 4 月 1 日起实施《国立大学法人法》，将原有的国立科研院所改革为独立事业法人，为明晰产权归属在体制上做了进一步理顺，为该法案顺利实施扫清了障碍。

与其他国家立法相比，德国更为重视职务发明立法促进专利的运用与实施

---

❶ 廖晓淇. 美西地区科技创新和知识产权体系考察报告 [J]. 中国软科学，2009（2）：177 – 182.
❷ 郑玲，赵小东. 政府资助研发成果知识产权管理制度探析 [J]. 知识产权，2006（5）：42 – 45.

的关键作用。为此，德国于 1957 年颁布了《雇员发明法》，对本国法律管辖范围内的雇员和雇主各自针对职务发明和自由发明的权利和义务做出了规定，并指出，只要雇佣关系受德国法律管辖的雇员在其雇佣期间做出了发明，无论该发明在何地、何领域、以何原因以及如何做出，均属于《雇员发明法》调整的范围。根据该法规定，雇员发明分为职务发明和自由发明两类。无论是职务发明还是自由发明，雇员均有向雇主报告的义务，但是，职务发明受雇主占有权利约束，而自由发明则不受雇主占有权利约束。

针对高等院校的教授、讲师等雇员完成的发明，《雇员发明法》规定了"大学所有权"原则，以促进高校建立有效的专利管理体系，实施技术转移，加强产学研合作；但发明人享有有关发明的一些基本权利，包括决定是否公开、何时公开以及以何种方式公开其发明的自由。《雇员发明法》除了解决发明归属问题，还对雇员的报酬请求权及报酬的确定方式做出了明确规定。同时，为保护雇员的权利，《雇员发明法》对合同自由进行了法定限制。

然而，值得注意的是，许多国家仅仅是在涉及职务发明的权益归属上进行调整，忽略了配套性的对权益归属、管理原则和利益分配三者等内容的规范，导致技术成果或专利权的商业化并不理想。

二、加强产权保护的政策

以美国为代表的西方国家，自 20 世纪 80 年代起，为了发挥本国科技实力的优势，提升国家竞争力，开始强化专利制度，对本国的高科技进行专利保护，法院和政府对专利的态度从反专利（Anti – patent）转变为亲专利（Pro – patent），并推出配套政策以执行"亲专利"政策。美国的亲专利政策举措❶主要表现在以下六个方面。

（1）针对知识产权的反垄断审查的弱化。里根政府缩减了司法部的反垄断部门，有意识地弱化了反垄断政策，弱化了政府对大公司垄断行为的监督，为推行亲专利政策做出了制度上的让步和准备。当局行政机构认为知识产权提供的经济动力是从发明中提取经济利润的合理途径，不再假定知识产权所有者拥有必要的经济影响力而需进行反托拉斯审查，并将大部分知识产权许可从反

❶ 管煜武，单晓光. 美国亲专利政策与高科技产业竞争力［J］. 科学学研究，2007（4）：654 – 659.

托拉斯审查中移走。反托拉斯执法被要求与新经济结构相适应。在此基础上，各项亲专利政策陆续推出。

（2）联邦巡回上诉法院的设立。根据1982年联邦法院改进法，美国设立了美国联邦巡回上诉法院（CAFC）。联邦巡回上诉法院的设立是亲专利运动中最重要的改革，对美国专利政策产生了极为深远的影响。联邦巡回上诉法院设立以后，全国的专利案件的上诉案都由联邦巡回上诉法院管辖，从此审判标准得以统一，诉讼的可预测性得以提高，从而降低了当事人的诉讼成本，专利价值提高。

（3）美国专利商标局地位的上升。亲专利政策施行以来，美国政府加强了对专利商标局的重视，从资金和人员等各方面为美国专利商标局的工作给予了极大的支持。随着知识产权在美国经贸政策中比重的增加，美国专利商标局在联邦政策制定过程中的影响力日益扩大。

（4）重视知识产权在外贸和外交政策中的地位。例如，1988年美国通过了《联邦贸易和竞争法案》，强调了对外贸易中的知识产权保护；定期公布"特别301条款"，把保护美国知识产权不力的国家列为"重点国家"，并通过调查、贸易制裁等方式加强海外知识产权保护；充分利用美国关税法"337条款"，对侵害美国知识产权的进口商品发出强制排除令或禁止进口令，并由海关扣押侵权产品；在外交政策中，美国也积极致力于建立全球化的更有利于本国的知识产权制度，推行美国标准。

（5）扩大了专利的保护范围。1980年，美国联邦最高法院通过 Diamond v. Chakrabarty 案，确定了"凡是阳光下人造的东西，都可以授予专利"的原则。这一原则为以后专利种类的增加拓展了无限的空间。向来被认为不属于专利保护范围的，如计算机软件、基因工程以及商业方法等也被授予了专利。诸多以往被认为属于公共知识的基础研究和知识创新成果也被纳入专利产权保护范围。专利保护领域的拓展，使得美国通过法律巩固了其在知识经济领域的"先发优势"，有利于美国企业把高科技优势转化为产业竞争优势。

（6）放松了对专利池技术垄断的管制。专利池政策表现出了美国对技术垄断态度的转变。美国对专利池的态度一直趋向于保守❶，曾经解散了一些专利池。20 世纪末，面对日益强大的日本和欧盟，美国认识到垄断虽然阻碍了国内的自由竞争，但在国际贸易中企业垄断联盟显然比单个企业更加具有竞争优势。司法部和联邦贸易委员会认为专利池这种制度安排对社会带来的收益大于成本。因此，1995 年美国司法部和联邦贸易部共同颁布了《知识产权许可的反托拉斯指南》，其中特别强调了有关专利池的政策，即根据专利池是否对竞争产生较大的促进作用而决定是否允许其存在。

美国的亲专利政策通过保护创新者的利益，刺激了更高层次的创新，更重要的是，促进了专利价值的提升，提高了权利人专利转让、许可而带来的收入，促进了专利技术向生产力的转化。亲专利政策从制度层面为促进美国的科技优势转化成竞争优势提供了保障。❷ 但同时，亲专利政策的实施也带来了诸如阻碍技术传播、公共财产私有化、高科技创业进入壁垒、专利网竞赛导致的技术创新成本上升等负面影响。

三、扶持产权流转的政策

为了激励专利转让，英国、荷兰、西班牙等 10 多个国家均先后实施了内容相似的"专利盒"制度，以促进本国的技术创新和技术成果商业化。"专利盒"是一种对企业来自某种特定类型的符合条件的知识产权（IP）的所得，特别是来自专利的所得，而提供的公司所得税减免优惠激励政策。之所以将该项优惠称为"专利盒"，是因为在纳税申报表中，享受该优惠政策的纳税人需要在一个空格里打钩。与其他税收激励，如研发抵免、加计扣除有显著的不同，"专利盒"制度是在创新生命周期的后期对转让知识产权（IP）产生的所得（在所得产生的时候）提供税收优惠，进而激励研发之后的商业活动而不是研发活动本身。

法国是最早实施"专利盒"制度的国家。2000 年法国制定了"专利盒"

---

❶　过去的 150 年间，专利池在美国经济制度的演变中扮演了一个重要的角色。1917 年组建的一个航空技术专利池几乎囊括了所有美国飞机制造商，池中两个主要的公司——怀特公司和科蒂斯公司曾经利用专利池阻止了美国建造第一次世界大战急需的新型飞机。

❷　丁道勤. 美国亲专利政策的司法变迁及其启示 ［J］. 云南大学学报：法学版，2014 （5）：158 － 162.

制度，并于次年开始实施。根据最新修改的政策规定，对符合条件的专利转让与商品化收入适用 15% 的优惠税率，远低于普通商品或服务适用的 33.10% ~ 38.00% 的一般税率。匈牙利在 2003 年也制定了"专利盒"制度，规定对符合条件的知识产权特许权使用费和转让所得在征税时可从总收入中减除 50%。比利时于 2007 年出台的"专利盒"制度规定，对专利收入等适用 6.8% 的优惠税率，这远低于 33.99% 的普通税率。荷兰 2007 年的"专利盒"制度规定，对于符合条件的专利收入，按 10% 的税率征收企业所得税。2010 年，该制度被改名为"革新盒"（Innovation Box），并将适用范围扩大到了专利之外的技术创新领域。另外，卢森堡（2008 年）、西班牙（2008 年）、马耳他（2010 年）、列支敦士登（2011 年）、瑞士（2011 年）、塞浦路斯（2012 年）、英国（2013 年）、葡萄牙（2014 年）等国也先后制定并实施了类似的"专利盒"制度，对符合条件的科技成果商品化收入实行较大幅度的税收优惠。❶ 欧洲主要国家"专利盒"政策比较详见表 5 - 1。

"专利盒"政策的实施鼓励了专利权人的专利商业化行为，对企业创造高附加值产品和提供高附加值工作起到了推动作用。同时，"专利盒"政策通过降低企业专利产品的税负，提升产品的税后利润，弥补了因专利的外溢效应而造成的损失，在一定程度上弥补了市场在激励专利商业化中的失灵。

第二节　中国专利运营体系的治理模式

专利运营治理的本质就是以政府为治理主体，规范专利运营市场秩序的公共管理活动。建立适应中国专利运营发展变化的治理模式，有效解决专利运营中出现的各类问题，可以基于三个方面思考：一是对成熟市场经济国家专利运营政策的借鉴；二是对中国现有专利运营政策的完善；三是对专利运营产业发展现状的认知。上述方面不仅是专利运营治理资源供给的主要来源，也是专利运营治理模式选择的约束条件，治理模式如图 5 - 1 所示。

---

❶ 王鸿貌，杨丽薇. 欧洲十二国专利盒制度的比较与借鉴 ［J］. 知识产权，2016（4）：108 - 113.

表5-1　欧洲主要国家"专利盒"制度比较

税收因素	比利时	法国	匈牙利	卢森堡	荷兰	西班牙	英国	中国
有效税率（%）	6.8	15	5或9.5	5.76	5.0	15	10	因所得大小而不同
实施以及修订时间	2007年	2001年、2005年、2010年	2003年	2008年	2007年、2010年	2008年	2013年	2008年、2009年、2010年、2013年
符合条件的IP	专利以及扩展的专利证书（后者是可取得专利的发明以及相关的技术诀窍）	专利以及扩展的专利证书、可取得专利的发明以及工业制造工艺	专利、技术诀窍、商标、企业名称、商业秘密以及版权	专利、商标、设计、域名、模型以及软件版权	来自技术研发活动的专利和IP	专利、秘密工艺、公式、计划、模型、设计以及技术诀窍	专利、补充的保护证书、监管资料保护以及植物新品种权	专利技术、计算机软件著作权、集成电路布图设计、植物新品种、生物医药新品种、其他技术
是否适用已经存在的IP	2007年1月1日后授予的或使用的IP	是	是	2007年12月3日以后研发或获得的IP	2006年12月31日以后的IP	是	是	2008年1月1日以后的IP
符合条件的所得	专利所得减去获得IP的成本	从特许权使用费中减除成本管理IP之后的净额	特许权使用费	特许权使用费以及嵌入的特许权使用费	来自符合条件的IP的净所得	专利净所得	来自符合条件的IP的净所得	技术转让所得＝技术转让收入－技术转让税费
是否有上限规定	减除限额为税前所得税的100%	无	减除限额为税前所得税的50%	无	无	有，研发IP过程中所发生成本支出的6倍	无	无

资料来源：王鸿貌、杨丽薇. 欧洲十二国专利盒制度的比较与借鉴 [J]. 知识产权，2016（4）：110-111.

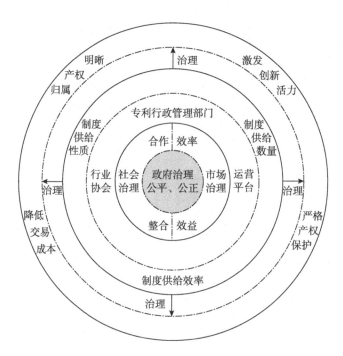

图5-1 中国专利运营体系治理模式

一、治理价值取向

专利运营体系是包括产权制度、市场结构、运营主体和管制规则在内的复杂性系统。对治理主体的价值选择，是实现专利运营可持续发展和有效治理的前提条件。价值取向是确立专利运营治理模式不可或缺的约束条件。在专利运营的市场化进程中加强价值取向引导，不仅能够避免政策制定的价值取向偏差，还可以理性引导市场行为。

（一）产权思路

如前所述，专利权是经济学上重要的产权概念，通常被理解为资源稀缺条件下人们使用和控制技术资源的权利。同时，专利权又是民事权利体系的重要组成部分，是专利权人依法享有的利益范围，包括人身权和财产权。在权利受到侵犯时，权利主体得请求国家机关予以救济。不仅如此，在实施专利权时，须区别于有形财产，考虑无形财产权的特性。

在市场经济条件下，市场主体对产权进行使用和处分的主要目的就是获取更加高额的经济收益。这就说明，效率问题是每项产权都无法回避的问题。专利运营作为基于专利权流转、以权利价值增值为追求的商业活动，同样涉及效率问题。同时，作为创新资源有效使用和合理配置的先决条件，专利运营是优化创新资源配置、实现产权效率的重要途径。根据新制度经济学理论，产权效率与交易费用有关。而专利运营的交易成本主要涉及专利权界定、流转和保护等环节中产生的成本。因此，构建专利运营体系的治理模式，要按照产权的思路，有必要放弃一些传统的建立在有形财产基础之上的观念，构建契合于无形财产特点和规律的权利归属和利益分配关系，梳理可能涉及的各种利益主体和利益关系，对各种权利构造做出明确的制度安排并建立相应的激励机制，尽可能降低交易费用，提高市场运行效率，促进实现共同的治理目标。

（二）治理主体

专利运营治理是专利行政管理部门和社会机构、市场主体共同管理专利运营公共事务的总和，是协调各类利益的联合行动。中国的专利运营治理是以政府权威作为前提条件，以社会整体利益为出发点，任何运营活动都是在政府市场监管下得以实施的。其参与者不仅包括政府部门，也可以是社会组织和市场主体。因此，多元协同治理是符合专利运营产业现实发展要求的治理模式。专利行政管理部门是实施专利运营治理活动的主要行为主体。虽然行业协会和运营平台也参与治理活动，但受到政府治理制约，更多的是为政府治理服务，弥补其治理不足。作为治理主体，专利行政管理部门要在多元治理结构中承担统筹协调不同利益方的责任和义务，形成政府、社会和市场的良性互动，构建起政府主导、社会协同、共建共享的治理格局。

（三）治理方式

加强专利运营治理，并不完全取决于专利行政管理部门的公权力及权威，关键还在于能否采取新的治理方式和技术路径。要采用多元主体治理的合作主义模式，一方面要明确专利行政管理部门与不同政府部门间的权力依赖关系；另一方面要推动市场主体间形成有效治理网络。要关注专利运营市场条件的变化和商业模式的创新，强调治理效率和依法治理，对专利运营治理模式进行及时调整，以全国性的专利运营交易平台为依托建立新型的政府管理方式和社会管理模式。要把市场机制和私人管理手段引入专利运营治理中，降低治理成本，用最小化成本获取最大化的收益，有效指导、控制和监督市场运行。要采取信息披露机制，促进专利运营治理的方式公开化、规范化、制度化。

二、治理制度安排

专利运营的主体复杂性、行为动态性和模式多变性使得单一的治理模式无法有效解决问题。专利运营的治理实质上是政府治理、社会治理、市场治理三者的混合。三种治理模式之间既有相融互补的特点，但也存在对立冲突的一面。其中，政府治理立足监管，强调公平和公正；市场治理立足竞争，强调效率和效益；社会治理立足协商，强调合作和整合。由于不同的利益取向，治理各方很难达成一致的治理目标，需要新的制度安排来消除不同治理模式之间的对立冲突。

诺思认为，制度包括正式、非正式两种。其中，正式制度大多由国家提供，国家可以说是最大的制度供给者。在当前我国专利市场尚不健全、相关产权制度亟待完善的情况下，市场机制并不能够有效发挥其对专利运营行为的调节作用，因而，我们更应深入思考如何为专利运营实现其价值发现，即挖掘专利价值最大化的功能，以及为增加交易透明度、规避专利权流转经办人可能面临的责任和风险，提供有利的制度供给。只有在配套的政策法规与健全的市场运营机制的保障下，专利运营才能顺畅地开展起来，专利才能够通过市场转化更好地为国家的创新发展提供支持。因此，政府治理应当充分发挥国家作为最大制度供给者的作用，满足专利运营产业发展需求，通过制度供给提供有效率的产权激励。

在为专利权流转提供制度基础时，国家的作用主要表现在：一是界定和明晰产权；二是降低产权界定和流转中的交易费用。同时，国家在供给制度时必须考虑以下三个问题：第一，制度的性质问题。制度的性质和质量，不仅决定何种经济活动是可行的、会赢利的，还将决定公司和组织的内部结构转变的效率。第二，制度的数量问题。国家在提供制度时会出现制度的供给与制度的需求基本相等、制度供给不足、制度供给过剩三种情况。第三，制度的效率问题。制度的性质对其效率有很大的影响。由政府实施强制性的制度创新，使制度的供给达到最优水平。

专利是一种具有稀缺性的资源。这种稀缺性要求我们必须要对其进行合理配置。资源流动是实现资源利用最大化的重要方式。从专利本身来看，专利权的流动重组是实现专利最大价值的必经之路。从投资人的角度来说，专利权的稀缺性为其实现资本增值带来了新的可能，因此，他们对参与专利权的流转也有很强的积极性。现实中，无论是专利的所有者还是投资人，他们都有对专利权流转的潜在需求。专利运营正是实现专利权流转，为利益相关方带来价值的有效路径。随着开放式创新和国际价值链分工的发展，专利权的流转已经形成一个完整的系统，包括从权利界定、流转方式的选择、中介服务、寻找权利转让方、价格竞争、完成转让等系列环节，是一个系统工程。因此，围绕专利权的流转系统来思考和设计市场交易的规则、加强业务协作是实现社会治理和市场治理的关键环节。

三、治理实现路径

专利运营作为功能再造式的治理实践，将会成为驱动创新发展、实现创新效益的强大动力。产权理论、制度变迁是理解专利运营治理模式的核心要素。提升专利运营体系的治理功能，重点是加强专利运营的产权制度供给，进一步规范专利运营的行政行为、市场行为和社会行为。

（一）完善明晰产权归属的制度供给

产权归属清晰是专利得以流转、能够成功运营的基本前提。作为最大的制度供给者，国家的首要行动目标就是制定社会活动中界定、形成产权结构的竞争与合作的基本规则，即在要素和产品市场上界定所有权结构，从而使统治者收益最大化。因此，无论是从经济活动顺利开展的要求来看，还是从国家追求利益的自身需求来看，完善明晰专利权归属的制度供给，是政府首先应当做的。完善明晰产权归属的制度供给，重点从专利管理政策体系入手。

（二）完善降低交易成本的制度供给

当交易成本过高时，人们进行产权交易的意愿就会降低，专利运营是很难推进的。降低交易成本，是有效激励专利运营的途径之一。同时，国家的第二个基本目标就是在产权界定规则的框架中，降低交易费用，使得社会产出最大化，从而增加国家税收。从产权制度的角度来看，国家在促进专利运营中能够且必须发挥的作用之一，就是通过完善制度供给，降低交易成本。降低交易成本的制度供给主要包括财税激励、产业扶持等政策制度。

（三）完善激发产权活力的制度供给

产权的价值需要在流转中才能够充分显现出来。专利运营的发展目标也正是通过权利的流转来释放产权价值、实现权利效益最大化。国家在支持引导专利运营产业发展的过程中，有必要通过完善以明晰产权为核心的产权制度改革、培育专利运营市场主体、建立健全专利市场交易机制等方面的制度供给，刺激社会组织参与专利运营的积极性，推进产权合理流转，从而充分激发专利运营市场活力。

（四）完善严格产权保护的制度供给

在没有国家的情况下，人们生活在霍布斯式的丛林里，更多的时间不是用来生产财富，而是去相互争夺。同样地，在专利权得不到有效保护的情况下，人们可以肆意侵犯他人权利而不需要付出任何代价，专利运营更是无从谈起。奥尔森论证认为，经济成功有两个经济条件：一是要求可靠而清晰界定的权利；二是不存在任何形式的巧取豪夺。可见，权利保护的重要性。按照新制度经济学的分析，国家在产权界定、保护等方面是有着天然优势的，与私人保护产权相比，国家的存在可以大大地降低产权保护的成本。因此，在明晰产权归属和降低交易成本的情况下，国家还应重视完善专利权保护的制度供给。国家严格专利保护的制度安排应重点关注以保护体系构建、维权机制建设以及信用体系完善等为核心的专利保护政策。

中国专利运营政策体系的治理模式既不是科技成果转移转化政策的简单延续，也不是发达国家专利运营政策理论的照搬照抄，而是结合中国实施创新驱动发展战略的现实国情和需要综合创新的制度安排。中国专利运营体系的内在逻辑是在国家创新体系下，遵循专利制度框架下修正和完善市场配置创新资源的产权制度安排。将专利运营纳入政府主导的产权制度治理框架之中，明确专利运营治理的主导价值，主动关切历史惯性下的特殊现实国情，正确回应现代市场体系的专利运营观念，正是专利运营治理的关键所在。

第三节 中国专利运营体系的主体政策

现代产权理论认为，财产权的价值取向已经完成从"以财产的支配为重心"到"以财产的利用为重心"的根本转变，社会经济生活的财产关系也实现了归属与利用的普遍分离。如何促进财产的有效利用，实现效益的最大化，已经成为现代产权制度设计的根本所在。在市场经济条件下，发明创造的财产属性毋庸置疑。因此，从现代产权制度的基本理念出发，中国专利运营政策体系设计，不应将其支撑点仅仅架构于保护发明创造的静态归属上，而是要在确认权利归属的同时，对这一权利体系中的诸项权利予以积极的制度安排，最大限度地促进专利的价值实现。

从制度的设计和运行角度把握，我们可立足明晰产权归属、降低交易成本、释放产权活力、严格产权保护的政策维度，分别建立以财政资助专利标识制度、企业专利资产管理制度为核心的创新管理政策体系，以激活专利运营服务、扶持专利运营机构发展为核心的财税激励政策体系，以专利导航产业发展机制、以市场化方式开展专利运营试点、产业知识产权运营基金为核心的产业发展政策，全面构建起中国专利运营政策体系。具体政策内容如图5-2所示。

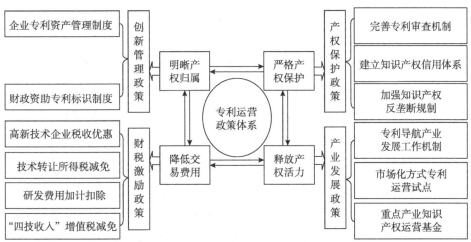

图5-2 中国专利运营政策体系

一、创新管理政策

(一) 财政资助专利标识制度

1. 主要问题及分析

市场发挥决定作用的基础是明晰的产权制度，而产权制度的前提是产权信息公开。当前，影响我国专利转化运用效率的主要问题在于专利转化运用中存在严重的信息不对称及由此带来的风险不对称问题。企业和个人很难知道哪些专利是属于财政性资金支持形成的专利，很难知道财政性资金形成专利的实施和转让许可情况，不知道自己是否可以合理使用这些专利。信息获取难，信息获取成本高，导致财政资助专利的转化运用难。

财政性资金形成的专利权往往分散在不同的专利权人手中，专利存在丛林问题，面向技术标准和重大产品与服务的专利池和专利组合转化运用是专利转化运用的有效模式。为从根本上加快财政性资金形成专利的转化运用，我国应当建立国家财政资助专利标识制度和进场集中交易制度，将标识的国家财政资助专利进场展示和交易。建立国家财政资助专利标识制度将有效改变国家财政资助专利信息查询难、辨识权利人身份难、专利交易程序烦琐、时间长、成本高等一系列问题，有利于企业和个人适时掌握国家财政资助专利的基本信息，适时对国家财政资助性专利进行评估和筛选，适时把握许可时机实施国家财政资助专利。建立国家财政资助专利集中进场交易制度，将极大改变过去我国国家财政资助专利的专利权分散、无法一站式许可导致的效率低下问题，显著改变专利与技术标准不能有机结合、专利对我国产业发展支撑不足的问题，有利于构建一批符合我国深入实施创新驱动发展战略需要的面向技术标准和重大产品与服务的专利池和专利组合，从而大大提高国家财政资助专利和其他专利的转化运用的效率，引导现有科技中介等服务机构的转型发展，提高我国产业的竞争力。此外，建立国家财政资助专利标识制度和集中进场交易制度也是我国承担财政科技计划和资金项目的高校和科研机构坚持公益性、发挥支撑经济社会发展作用的必然要求，也是我国优化财政科技资源配置、接受社会监督、提高财政科技资金使用效益的重要手段。

2. 政策设计

实施国家财政资助专利标识和进场集中交易制度的政策设计主要考虑：一是明确国家财政资助专利标识信息。国家财政资助专利标识信息包括资助来源、计划或项目类型、权利归属状况、法律状态、实施情况、转让意向、评估价格等。二是规范国家财政资助专利标识主体。承担各类财政性科技创新计划和项目的单位是国家财政资助专利的标识主体，这些单位应及时将财政性科技计划和资金项目形成的专利进行标识并向国务院专利行政管理部门报告（备案）。三是确立国家财政资助专利标识管理单位。国务院专利行政管理部门为国家财政资助专利标识管理单位。由国务院专利行政管理部门委托全国性的知识产权运营公共服务中心平台具体管理国家财政资助专利标识信息的报告、公开、更正和纠纷处理等。由国务院专利行政管理部门实施建立包括国家财政资助专利在内的专利实施信息登记制度，专利权人应当向国务院专利行政管理部门报告（备案）专利自行实施、转让、许可的信息和数量、价格、股权结构等信息。四是加强国家财政资助专利集中管理。根据国家经济社会发展需要，由全国性的知识产权运营公共服务中心平台面向技术标准和重大产品与服务培育国家财政资助专利组合，与社会知识产权运营机构合作，以公平合理无歧视原则，构建权力机构明晰、机制运转顺畅、收益分配合理的重要专利池。五是促进国家财政资助专利实施运用。由国务院专利行政管理部门委托全国性的知识产权运营公共服务中心平台对国家财政资助专利进行展示、推介。全国性的中心平台还应根据专利法的规定，及时公布申请之日起满四年或授权后满三年未实施国家财政资助专利的信息，供具有实施意向的单位和个人选择。

（二）企业专利资产管理制度

"现代企业运营已由原先的生产过程的计划、组织与控制，外延到与产品生产和服务创造密切相关的管理范畴，囊括从运营战略制定、运营系统设计、运营系统运行等多个层次，企业运营对象也由传统的劳动力、原材料等物质要素向知识、服务等非物质要素转变，使得知识及知识产权资源经营的重要性日益增强。"❶ 专利运营是企业将拥有的知识产权资产转化为企业价值的有效路径，但企业开展专利运营的必要前提是将专利进行资产化管理。

1. 基本概念及规定

企业专利资产管理制度是指企业将生产经营和研发创新（包括自有或外购）过程中形成的专利权，在作价出资、质押、投资入股、拍卖、许可、转让、置换、收购等市场经营过程中，根据会计制度和会计准则，将知识产权纳入企业的资产负债表，对知识产权资产增值、减值或者摊销进行管理，实现保值增值的市场行为。

现行财会体系仅在无形资产有关准则中对知识产权资产加以规范。《国际会计准则第 38 号——无形资产》（IAS38）和我国《企业会计准则第 6 号——无形资产》（CAS6）对包括知识产权在内的无形资产的确认、初始计量、后续计量、处置与报废、披露等事项做出了规定。CAS6 将无形资产定义为"企业拥有或者控制的没有实物形态的可辨认非货币性资产，既包括知识产权，也包括土地使用权、特许权等其他无形资产"。因此，确认知识产权等无形资产，必须满足资产成本能够可靠计量的前提。根据 CAS6 规定，外购无形资产以企业实际支付的价款作为入账价值。投资者投入的无形资产，以投资合同或协议约定的公允价值作为入账价值。但通常情况下，企业除通过收购或投资的方式取得专利资产，更多的是通过独立研发获得。相比之下，独立研发的专利资产核算更为复杂。CAS6 要求企业内部研究开发项目的支出应当区分研究阶段支出与开发阶段支出。按照规定，研究阶段全部计入当期损益，而开发阶段支出只有能够可靠计量，并且证明形成的无形资产能够使用或出售时才能计入资产。这种方式仅仅是依据研发成本测算专利资产价格，不能够全面真实反映专利资产的市场价值，更无法对其未来收益进行价值评估。

2. 问题及分析

在实践中，由于知识产权价值预期收益不确定，影响因素较多，因此市场价值难以做出稳定和准确的估计，后续计量、摊销、处置等实际操作较为复杂，不便于企业财务操作。目前阶段，我国企业知识产权质量普遍不高，难以

---

❶ 朱国军，杨晨. 企业专利运营能力的演化轨迹研究 ［J］. 科学学与科学技术管理，2008（7）：180.

为企业带来显著利润。如果将知识产权列入资产科目，反而增加企业纳税基数，降低企业净资产收益率。在财税政策激励不足的前提下，企业往往缺少知识产权资产管理的积极性。对国内企业的调研表明❶，我国企业知识产权资产管理十分薄弱，严重制约着国内企业开展专利运营。

一是知识产权在企业资产中占比偏低。"统计表明，25 家国内代表性企业中知识产权资产占无形资产的比例平均为 16.98%，占企业总资产比例平均仅为 0.65%。"❷ 研究表明，美国知识产权资产的投入已经超过 GDP 的 10%，知识产权资产对 GDP 增量的贡献超过 50%。2015 年 1 月，标普 500 指数所覆盖的所有公司的无形资产价值占比均值已经从 1985 年的 32% 上升到 84%，无形资产包括商誉和知识产权，如商标、专利、版权、专有技术、商业秘密。这反映出，我国企业知识产权资产占比偏低，而且财务报表中的知识产权资产价值与实际评估的市场价值差距巨大，会计信息失真严重。

二是知识产权未在企业财务报表中反映。在 25 家代表性企业中，中芯国际、北大方正、美的电器、蒙牛乳业、中粮控股 5 家企业无形资产科目下知识产权资产的价值为 0，另有青岛海尔、百度、腾讯科技等 11 家企业知识产权资产占无形资产的比例不足 10%，这与企业动辄拥有上千件专利的情况很不相符。目前惯常的做法只是将形成专利的投入计入企业研发成本，专利获权后却游离在企业资产之外，不能在企业资产报表中得到真实反映。这种状态导致知识产权利润无法得到体现，导致企业创新动力不足。

三是知识产权未纳入企业资产管理体系。企业财务普遍对专利缺少深入了解，更缺少必要的技术手段对专利正确估值。国有企业内部对资产处置的规定以及国有资产增值保值的要求，导致企业很难将专利作为资产管理。企业往往仅将专利作为技术成果类登记在册，多用于评价企业创新能力定量指标，遑论企业知识产权资产管理制度。因此，在国有企业改制重组和跨国并购的过程中，由于知识产权作价入账难，容易造成企业价值少估、低估，致使国有资产流失，极端情况下因疏于管理甚至被个人侵占。

---

❶ 国家知识产权局在 2012 年根据知识产权申请和授权数量的情况，选取了 25 家排名靠前的企业作为样本，对其 2011 年年报资产负债表中知识产权资产项目进行了调查统计。

❷ 黄贤涛，王文心. 提升企业知识产权资产管理能力 [J]. 求实，2013（1）：130 – 131.

3. 政策设计

建立完善我国企业专利资产管理制度的政策设计主要考虑：一是建立国有企业知识产权资产统计核查制度。知识产权管理部门需会同财政部门联合开展知识产权资产管理方面的研究，全面摸底调查我国企业知识产权资产管理情况，并在此基础上探索完善会计准则相关规定。二是建立企业知识产权资产管理体系。可选择一批知识产权优势企业开展试点建设，对知识产权资产进行清产核资，从建立独立的知识产权资产管理台账开始，对知识产权资产进行独立核算，逐步将知识产权资产账簿纳入公司资产负债表，为推动知识产权资产专项管理提供经验。三是引导企业合理披露知识产权信息。需加强对知识产权财会信息披露的规定，并建立上市企业知识产权信息披露的激励与约束制度。可借鉴日本经验制定《知识产权经营报告公示指南》，引导上市企业发布相关报告，从而帮助投资人全方位地了解企业价值。

二、财税激励政策

财税激励政策导向直接影响到专利运营的产业发展方向。良好的财税政策体系，不仅镶嵌在专利运营的市场行为中，而且将起到降低交易成本、提高专利运营效率、激励市场主体的作用。当前专利运营中涉及众多财税问题，却并未引起包括专利运营主体在内的各方足够重视。

（一）主要政策

在专利运营的制度成本中，围绕产权流转形成的税收成本表现在两个方面：一是在初始产权配置阶段，发明创意到形成专利权所缴纳的税收；二是在产权交易阶段，获取交易信息、履行合同环节缴纳的税收。涉及的税种主要包括个人和企业所得税、增值税以及印花税。目前，我国涉及知识产权的主要税收优惠政策集中在技术研发阶段。根据《企业所得税法》《企业所得税法实施条例》等相关规定，主要的政策包括四个方面。

一是高新技术企业税收优惠。《企业所得税法》第二十八条规定，国家需要重点扶持的高新技术企业，减半按15%的税率征收企业所得税。《企业所得税法实施条例》第九十三条规定，高新技术企业是指拥有核心自主知识产权，并同时符合其他相关条件的企业。根据《高新技术企业认定管理办法》（国科发〔2016〕32 号）规定，申报企业须通过自主研发、受让、受赠、并购等方式，获得对其主要产品（服务）在技术上发挥核心支持作用的知识产权的所有权。

二是技术转让所得税减免。《企业所得税法》第二十七条第四款规定，符合条件的技术转让所得可以免征、减征企业所得税。根据《中华人民共和国企业所得税法实施条例》第九十条的规定：符合条件的技术转让所得可以免征、减征企业所得税，是指一个纳税年度内，居民企业技术转让所得不超过500 万元的，免征企业所得税；超过 500 万元的部分，减半征收企业所得税。

三是研发费用加计扣除。《企业所得税法》第三十条规定，企业为开发新技术、新产品、新工艺发生的研究开发费用，可以在计算应纳税所得额时加计扣除。《企业所得税法实施条例》第九十五条明确：企业所得税法第三十条第（一）项所称研究开发费用的加计扣除，是指企业为开发新技术、新产品、新工艺发生的研究开发费用，未形成无形资产计入当期损益的，在按照规定据实扣除的基础上，按照研究开发费用的 50% 加计扣除；形成无形资产的，按照无形资产成本的 150% 摊销。对照规定，用于研发活动的专利权列入无形资产摊销。

四是"四技收入"增值税减免。财政部、国家税务总局关于贯彻落实《中共中央国务院关于加强技术创新，发展高科技，实现产业化的决定》有关税收问题的通知（财税字〔1999〕273 号）规定，对单位和个人（包括外商投资企业、外商投资企业设立的研究开发中心、外国企业和外籍个人）从事技术转让、技术开发业务和与之相关的咨询、技术服务业务取得的收入（即"四技收入"），免征营业税。《中华人民共和国营业税暂行条例》规定，转让无形资产，包括转让土地使用权、专利权、非专利技术、商标、著作权和商誉的收入，应按 5% 的税率缴纳营业税。在营业税改增值税之后，原征收的营业税改为增值税，四技服务的认定范围和程序没有变化。

（二）问题及对策

上述财税政策执行过程中，主要集中在对知识产权创造端的财税激励，对实现知识产权市场价值的专利运营活动缺少必要的财税激励，甚至政策执行或调整会抑制专利运营的市场活动。

问题一，在高新技术企业认定中，对知识产权指标偏重数量导向，对专利市场价值缺少必要的评价，导致一些企业为通过高新技术企业认定而申请知识产权，未考虑知识产权质量好坏以及实际市场价值等，遑论进行企业知识产权资产管理。个别企业甚至为了在认定中取得高分而盲目申请知识产权，炮制了大量低质量、无价值的专利；在通过认定后，一些企业就将专利闲置一旁，不再重视知识产权的转化应用和维护，导致专利权因逾期不缴纳年费而作废；有的企业不考虑行业特点及知识产权保护的实际需要，舍弃专利等保护形式，选择申请相对容易取得的软件著作权，甚至为了通过认定而编造没有实际使用价值的软件产品；也有企业忽略自身业务需求及专利真实价值，盲目通过购买或独占许可等方式获取知识产权，甚至通过捏造交易等方式骗取高新企业认定。针对以上，应结合企业知识产权资产管理制度，通过财务报表认定企业知识产权的价值，使财税优惠政策和财务数据挂钩，加强政策目标的一致性和实际可操作性，而不是通过罗列一些僵化条件在形式上认定高新技术企业，后续亦可通过无形资产摊销、企业估值作价等会计环节加强监管，确保创新型企业能够享受到高新技术企业的税收优惠，并有更强的动力将专利资产进行市场运营。

问题二，根据《国家税务总局关于进一步明确企业所得税过渡期优惠政策执行口径问题的通知》（国税函〔2010〕157号）第一条第（三）项的规定，居民企业取得《企业所得税法实施条例》第八十六条、第八十七条、第八十八条和第九十条规定可减半征收企业所得税的所得，是指居民企业应就该部分所得单独核算并依照25%的法定税率减半缴纳企业所得税。但在征管中，高新企业如果发生可以享受优惠的技术转让所得，则不能按15%的优惠税率减半征收。此外，对技术转让认定程序较为复杂，认定范围局限，企业要享受相关税收优惠须经省级以上科技或商务部门认定，认定条件主观性较强，履行程序过于烦琐，办理周期过长，容易滋生权力寻租。一些符合条件的企业因不熟悉办理要求或疏漏常常难以享受应当的税收优惠，反而部分不符合条件的企业通过专业税务公司筹划设计交易方案享受税收优惠。应当进一步简化认定程序和办理环节，更多地采用申报核准制和事后监管，依托全国性知识产权运营公共服务中心平台进行相关产权登记和办理，建立企业信用档案和全过程追踪反馈机制，将有关结果纳入全国社会信用体系中，为企业提供更多的便利服务，鼓励企业开展技术转让。

问题三，财政部、国家税务总局、科技部于2015年11月2日联合发布《关于完善研究开发费用税前加计扣除政策的通知》（财税〔2015〕119 号）仅将知识产权的申请费、注册费、代理费，差旅费、会议费等作为与研发活动直接相关的其他费用，并规定不得超过可加计扣除研发费用总额的 10%。专利运营与研发活动密切相关，是创新成果转移转化的重要一环。其费用支出在研发中所占比例越来越大，作用也越来越明显。知识产权信息检索、价值分析、法律诉讼、风险评估、并购评估等专利运营的服务对于实现高质量的研发至关重要。因此，应抓紧研究可行方案将专利运营的费用作为研发加计扣除项。

问题四，营改增后，"四技收入"免征增值税，不再开具增值税专用发票。由于增值税属于流转税，对每个环节的纳税人均产生影响。如果卖方企业享受了税收优惠，就意味着买方企业在下一生产环节无法抵扣进项税收。这种情况下，技术服务类企业为了争取客户，往往不得不开具增值税专用发票，致使自身税收优惠无法落实。在增值税免税政策下，高新技术企业无法获得进项税额，反而影响其购买四技服务的积极性，直接影响到专利运营机构的发展。因此，对于四技收入免征增值税应采用即征即退的办法。即符合条件的企业先行缴纳增值税款，并开具增值税专用发票。税款经税务机关审核后退还。这样就保证增值税抵扣链条的完整性，受票单位可以进行抵扣。

(三) 政策设计

在实践中，现有财税政策体系能否适应专利运营的发展需求，需要重新审视和梳理。国务院印发的《关于新形势下加快知识产权强国建设的若干意见》中，明确要求"运用财政资金引导和促进科技成果产权化、知识产权产业化，落实研究开发费用税前加计扣除政策，对符合条件的知识产权费用按规定实行加计扣除"等财政支撑政策。为此，我们需要高度关注国内外专利财政与税收政策的新发展与新趋势，认真研究政策成因和实施收效，加强政策协调联动和政策绩效评估。既要避免跨国公司的定价避税和利润转移，又要通过税收优惠引导鼓励专利运营，并实现预期的税收利益。

促进我国专利运营发展的财税优惠政策设计主要考虑：一是鼓励专利运营机构参与自主研发、合作研发、购买研发等各类研发活动，强化专利运营作为研发的市场导向，研究制定对专利运营机构的财政扶持措施和税收减免优惠，认定专利运营的范围并同等享受技术转让所得税减免。二是高校院所、国有企业成立独立的专利运营机构，在一定期限内对其免征企业所得税和营业税。允许企业、科研机构将专利运营费用纳入研发费用加计扣除。三是鼓励跨国专利运营活动，非居民企业将专利技术在中国优先使用或向中国企业或个人转让或独占许可，减半征收企业所得税。四是支持专利运营市场建设，对中国专利在授权后一定时期内在全国性知识产权运营公共服务中心平台完成的专利运营收入享受所得税减免。发明人对所承担的国家财政资助专利的专利运营获得收入减免个人所得税。

三、产业发展政策

研究制定专利运营的产业发展政策，将促进专利运营与实体产业的融合，在产业层面解决专利运营自身发展的关键问题，并为专利运营市场化推进确立具体的路径。其中，建立专利导航产业发展工作机制以确定专利运营的市场方向，市场化方式开展专利运营试点以探索专利运营的市场机制，设立重点产业知识产权运营基金以激活专利运营的市场活力。

（一）专利导航产业发展工作机制

专利导航为产业决策提供新路径，通过专利技术信息分析为产业发展指明方向。引导专利运营在产业竞争中发挥控制力和影响力是专利导航的最终目标。通过专利导航，可以分析发达国家或垄断企业在产业链、产品链、价值链上的专利分布情况，研究其对技术、产品、市场的控制力程度。建立专利导航产业发展工作机制，将紧扣产业分析和专利分析两条主线，将专利运营信息与产业现状、发展趋势、政策环境、市场竞争等信息深度融合，明晰产业发展方向，指出专利运营配置产业创新资源的具体路径。

建立专利导航产业发展工作机制的政策设计主要考虑：一是形成专利运营与产业运行决策深度融合、持续互动的产业决策机制，根据有关产业决策需求，有针对性地提供专利分析支持；建立专利竞争情报分析报告机制，追踪产业关键技术的国内外专利动态，排查、识别、预警专利风险；建立健全重大经济科技活动知识产权评议机制，消除、化解影响产业发展的知识产权隐患。二是可以建立产业专利协同运营网络。在国家专利导航实验区探索建立"政产学研金介用"深度融合的产业专利协同运营体系，推进产业专利资源专业化集聚、一体化运营，为产业上下游企业发展提供专利支撑；推动企业与高等学校、科研机构等开展战略合作，推动建立订单式创造、投放式创新的专利运营模式。三是实施专利储备运营项目。围绕关键共性技术，紧抓专利质量，促进产业专利集成、突破、储备和流转。支持围绕核心专利组合专利，并进行持续优化；鼓励运用专利包开展质押融资、标准制定、海外维权等。四是完善区域专利运营服务体系。立足国家专利导航实验区集聚整合专利运营服务资源，形成服务链条完整的专利运营服务体系，建立和完善支持中小微型企业发展的专利运营综合服务平台；重点培育从发明创意产生、专利申请到技术转化全过程的专利运营服务业态。

专栏：专利导航试点工程

近年来，我国开展专利导航试点工程，从产业集聚区、行业发展和市场主体三个维度探索产业专利布局规划，形成了我国专利运营支撑产业发展的政策架构与推进路线。《中国制造2025》《国务院关于积极推进"互联网＋"行动的指导意见》等政策文件，都针对专利导航提出要求和部署。《中国制造2025》提出"加强制造业重点领域关键核心技术知识产权储备，构建产业化导向的专利组合和战略布局"，有赖于专利导航的前端引领。《国务院关于积极推进"互联网＋"行动的指导意见》提出"加强融合领域关键环节专利导航，引导企业加强知识产权战略储备与布局"的明确要求，将专利导航作为改革创新的重要举措，在自贸区建设和"互联网＋"行动中予以重点推进。国务院印发的广东、天津和福建自由贸易试验区总体方案及进一步深化上海自由贸易试验区改革开放方案等也均做出"建立专利导航产业发展工作机制"的明确部署。

2013年，国家知识产权局确定北京中关村科技园区等8个产业集聚区为国家专利导航产业发展实验区，意在将这些产业集聚区建设成为具有区域特色、优势明显、专利密集、布局合理的国家专利导航产业发展实验区。同时，还面向行业发展，将中国电子材料行业协会等5家行业协会培育为具有产业特色和竞争优势的国家专利协同运用试点单位。除此之外，还确定武汉邮电科学研究院（集团）等35家企业为国家专利运营试点企业，以将其打造为掌握核心专利、专利运用能力较强、对产业发展有较强影响力，或者能够提供专业化、规范化、一体化专利运用服务的企业。2014 年，国家专利运营试点企业名单新增北京合享新创信息科技有限公司等 35 家服务型企业。

2016 年，专利导航试点工程进入承前启后的中期阶段。国家知识产权局确定了新一批国家专利导航产业发展实验区、国家专利协同运用试点单位、国家专利运营试点企业。苏州国家高新技术产业开发区等 9 个具有产业优势地位、地方政府重点发展、产业专利基础较好的专利密集型产业集聚区被确定为国家专利导航产业发展实验区。国家专利协同运用试点单位由"行业协会"扩充为"行业协会、产业知识产权联盟、高等学校和科研机构"4 类，共有 32 家行业协会、知识产权联盟、高等学校和科研机构入选。国家专利运营试点企业新增 21 家生产型企业、24 家服务型企业。

截至 2016 年 6 月，国家知识产权局共批准设立 17 个国家专利导航产业发展实验区，具体名单如下❶。

表 5-2　国家专利导航产业发展实验区名单

编号	实验区名称	产业领域	批准时间
1	中关村科技园区	移动互联网	2013.8
2	苏州工业园区	纳米技术应用	2013.8
3	上海市张江高科技园区	生物技术药物及医疗器械	2013.8
4	杭州高新技术产业开发区	物联网	2013.8
5	郑州新材料产业集聚区	超硬材料	2013.8
6	武汉东湖新技术开发区	光通信	2013.8
7	长春高新技术产业开发区	生物医药	2013.8
8	宝鸡高新技术产业开发区	钛产业	2013.8
9	苏州国家高新技术产业开发区	医疗器械	2016.1
10	南通市	海洋工程装备	2016.1
11	佛山市	机械装备制造	2016.1
12	天津滨海高新技术产业开发区	新能源	2016.1
13	烟台经济技术开发区	化工新材料	2016.1
14	成都市龙泉驿区	汽车	2016.1
15	广州经济技术开发区	卫星通信（北斗）导航	2016.1
16	潍坊高新技术产业开发区	半导体发光	2016.1
17	北京市丰台区	轨道交通光机电	2016.1

❶　国家知识产权局. 国家专利导航产业发展实验区名单（截至 2016 年 6 月）[EB/OL]. http：// www. sipo. gov. cn/ztzl/ywzt/zldhsdgc/gjzldhcyfzsyq/201606/t20160602_1272703. html，2016 - 06 - 02/2017 - 0621.

（二）以市场化方式开展专利运营试点

随着我国专利运营产业的不断发展，专利交易的途径与方式变得更加多元化，综合交易、评估、诉讼、许可、组合专利池、证券化等各类业务的知识产权运营服务需求不断出现，迫切需要探索推进运营服务创新路径，以服务支撑知识产权经济价值的深度挖掘。

以市场化方式推进专利运营服务创新的政策设计主要考虑以下几方面。

（1）建设基于用户的知识产权生态系统：①服务机构与平台的生态环境：服务机构通过运营平台，实现需求信息的对接；服务机构通过平台接受国家有关政策制度的引导，获得财政税收的优惠；平台为服务机构营造了一个服务公开透明、公平公正的运营环境，在市场化优胜劣汰的基础上，形成"服务机构—平台—企业"的闭环。②企业与平台的生态环境：企业通过平台提供的丰富的交易手段，与技术持有者对接，获得物有所值的专利产品，有效降低交易成本，规避交易风险，形成"企业—平台—服务机构"的闭环。③政府部门与平台的生态环境：政府通过平台发布有利于专利导航产业发展的各类政策，利用财税、金融、科技、贸易等政策杠杆，激励企业增加专利运用投入，促进专利运用和产业发展，对服务机构进行监督监管，同时提供政府决策支持，形成"政府—平台—服务机构"的闭环。

（2）遵循系统思维，发挥知识产权的市场导向作用，立足创新全链条活动配置金融资本、专业化服务、多元化服务产品模式等市场要素。以全国性中心平台和特色试点平台为核心，以区域性产业化专利运营平台为基础，建设结构合理、层次鲜明、可持续发展的知识产权运营服务网络。积极培育国家专利运营试点企业，并以股权方式支持一批高水平、国际化的专利运营机构。加强产业知识产权联盟建设，促进市场主体协同运用知识产权。在平台上稳推国防领域专利解密和市场化应用、国家财政资助专利标识制度、国家财政资助专利入场交易、专利运营财税优惠等重大政策落地。

（3）强化创新意识，积极探索市场化方式推进知识产权运营试点工作。一是平台架构创新。结合运营要素，在建设全国性中心平台的同时，设置特色试点平台，如体现知识产权与金融相融合的特色平台、探索国防专利运营的特色平台等，充分发挥特色优势，同时承担改革创新试点任务，以保证总平台稳健运行和可持续发展。二是建设方式创新。成立新的企业法人主体开展平台建设和运营工作。新的企业法人主体可由金融资本运作成立，也可由科技公司整合社会股东成立等。三是运营模式创新。其一，采取主动作为方式开展知识产权运营服务，引入专利运营机构作为平台服务商，对接高校院所等建设专利运营项目库。其二，依托国家各类知识产权信息资源，为各类创新主体、应用主体、运营机构、服务机构以及各级政府和园区等提供知识产权运营公益性服务。其三，采用市场化运行机制组建平台运营团队、引入社会资本、管理运作基金、考核员工绩效等。其四，产业服务创新。以产业转型升级为目的，融合互联网思维，采取开放、多元、立体协作的方式，汇聚知识产权运营相关资源，借力专利导航工程，推出专利导航服务产品，运用大数据挖掘和分析技术，打通产业链和资本链，优化产业布局和结构，实现产业集聚升级，形成"产业＋"运作模式。

（4）做好过程控制，不断探索、总结工作方法，以有效方式完成既定目标。一是确立全国性中心平台业务发展阶段目标，分步推进。初期立足知识产权运营基础信息供给和业务模式规范，积极探索知识产权运营产品众筹、众包、众创等方式，借助互联网金融产品推广知识产权质押融资等成熟业务，做好用户体验，增强用户黏性。中期在用户、服务机构和各类资源聚集的情况下，以"大数据"理念、技术和资源为支撑完善服务，积极为各级政府及示范园区优化产业布局、调整产业结构、实现产业集聚提供决策支撑。远期通过政府引导和市场推动，逐步构建以平台为主导，各类分支交易市场为基础，各类专业中介组织广泛参与，与国际惯例接轨，布局合理，功能齐备，充满活力的多层次知识产权资本市场体系，构建以专利运营为核心的中国创新生态系统。二是加强试点工作的体系化、规范化管理。在知识产权运营服务平台建设的基础上，推动设立重点产业知识产权运营基金、知识产权质押融资风险补偿基金等，构建起"平台＋机构＋资本＋产业"四位一体的知识产权运营体系。

专栏：国家"1＋2＋20＋N"知识产权运营服务体系

自 2014 年以来，国家知识产权局同财政部以市场化方式开展知识产权运营服务试点，初步形成了"1＋2＋20＋N"的运营服务体系。其中，"1"是指北京的全国知识产权运营公共服务总平台；"2"是指西安的国家知识产权运营军民融合特色试点平台和珠海的国家知识产权运营横琴金融与国际特色试点平台；"20"和"N"都是指依托全国知识产权运营总平台提供专利运营服务的服务机构。

一、全国知识产权运营公共服务平台

在世界各国积极寻求技术创新，尝试突破知识产权发展不均衡、技术交易渠道不通畅的新常态下，构建知识产权一体化交易体系成为全球经济发展的重要诉求。国家"十三五"规划将"加快建设全国知识产权运营交易和服务平台，建设知识产权强国"作为我国"创新驱动发展战略"的重要工作部署。国家知识产权局牵头，会同财政部共同发起了全国知识产权运营公共服务平台（下称"国家平台"）试点项目。

国家知识产权局中国专利技术开发公司、知识产权出版社、中国专利信息中心共同出资成立了华智众创（北京）投资管理有限责任公司作为两部委唯一授权的国家平台建设运营主体。华智众创秉承"信用为根、服务为本、数据为基"理念，紧密围绕技术研发人员、企业、政府等各类用户的需求，通过在国家平台上汇聚国内外顶尖专业人才，以最权威、最全面的知识产权全生命周期数据为载体，以知识产权流转全流程的证据留存为保障，借助"互联网＋""大数据"等新技术手段，向用户提供差异化、多样性、定制化的高质量知识产权运营服务。华智众创将依托国家平台着力构建：以信用社交为根基，以知识产权服务、知识产权平民化、知识产权金融为核心的四大服务体系。国家平台将以北京为中心，以驻国内外常设机构为分支，搭建线上线下协同服务的知识产权运营平台和公开、公正、扁平化的知识产权运营市场。

二、国家知识产权运营军民融合特色试点平台

为贯彻党中央、国务院关于加强知识产权运用的总体部署，规范专利运营业态健康发展，建立健全专利运营服务体系，构建开放、多元、共生的基于专利运营服务的创新生态系统，财政部、国家知识产权局决定在西安建设国家知识产权运营军民融合特色试点平台。2015年12月17日，"国家知识产权运营军民融合特色试点平台"在西安高新区正式揭牌，平台由西安科技大市场创新云服务股份有限公司承建运营。

国家知识产权运营军民融合特色试点平台以军民融合为特色，以促进知识产权技术成果转移转化、提升知识产权运用能力为主线，以打造"知识产权

技术成果交易转化＋专业化知识产权服务支撑”的新型知识产权交易运营公共服务平台为建设宗旨，按照“政府搭台、多方参与、市场机制、政策引导、资源共享、模式创新”的原则，搭建知识产权交易转化和运营服务平台，通过聚集陕西和西部地区国防军工知识产权资源，促进军民科技资源共享、军民技术供需对接、军民产业互动发展，统筹实现科技资源优势向创新优势、产业优势和经济优势的转变，为国家层面国防军工知识产权运营与技术成果转移转化探索新模式、新路径，为建设创新型国家积累经验。

（一）平台体系

一网：国家军民融合知识产权交易网——知识产权交易门户网（核心网）。

一库：知识产权大数据中心——基础数据特色数据库，舆情系统。

一厅：知识产权运营服务大厅及服务体系——线上知识产权运营服务和线下服务大厅。

一基金：知识产权运营基金——科技专利孵化及优质专利投融资。

（二）平台基础资源

（1）数据资源：数据资源包括常规专利数据、专利审查过程数据、运营数据、评估数据、诚信数据资源。

（2）政策资源：坚持国家引导、地方推进的原则，在平台上整合现有政策资源，如中央登记资源、管理或公示的资源，研究和制定促进运营平台建设和发展的各类政策，形成完备的专利运营相关配套政策体系。

（3）人才资源：人才资源主要依托丰富的审查员资源、行业专家、运营专家资源，建立多级化的运营人才资源储备和调用机制。

（4）服务资源：平台为创新主体、投资主体、产业主体提供专利运营全方位、全流程的一站式服务。围绕知识产权运营服务事项整合不同深度的公共服务资源，提供交易服务、评估服务、金融服务、专利导航法律服务。

（5）基础设施资源：提供满足运营平台正常运转的场地和办公环境，提供优选专利运营、服务机构办公场所以实现核心层专利运营生态圈落户聚集，提供专利运营平台初期运维支持。

（三）平台基础服务功能

（1）运营服务功能：运营服务功能贯穿交易行为的整个流程，包括交易过程管理和服务过程管理。

（2）价值评估功能：专利评估是专利运营工作的核心，是进行所有专利运营工作的先决条件。

（3）诚信评价功能：诚信是平台中一个重要的方面，诚信功能具有重要意义，因为专利的转让、授权、质押等运营，都是基于平台用户之间的信任建立起来的。

（4）金融服务功能：平台的金融服务将整合质押融资、保险、证券化、信托、基金、众创众筹等资源，通过集合科技型企业和集成创新金融产品，形成多元化的专利金融支撑体系，实现金融产品之间和金融产品与创业投资之间的有机组合，促进专利与金融资源的集约融合。

（5）人才培养功能：目前，专利运营人才是整个专利业务人才培养体系中的短板，这主要是因为专利运营本质上是一个技术、法律、市场和金融相结合的岗位，需要复合型人才。因此，在平台中设置专利运营人才培养功能。

（6）决策支持功能：沉淀全国知识产权运营数据，提供数据的全面分析，为政府制定政策、规划发展等决策提供数据支撑。整合专利运营相关政府在线办事流程，提高效率。

（7）信息服务功能：整合各类信息资源，建立信息服务功能。实现交易及服务信息的发布与展示。对专利运营过程信息进行监控监管、统计监测、分析和运用，保障运营信息的透明化。

（四）平台核心业务

1. 以军民融合为特色的知识产权运营服务

以12大军工集团和国防高校为主兼顾其他科研主体的知识产权和技术成果的转移转化服务，通过平台聚集专利、商标、版权的无形资产供给方、需求方、中间服务方、资本方等资源，联通信息孤岛、打通知识产权交易的各个环节。

2. 知识产权投融资

以知识产权质押融资为切入点，全面探索知识产权投融资服务业务。通过对接知识产权拥有方、投融资机构，探索知识产权和资本市场结合的新模式，努力推动知识产权和资本市场的快速对接和转化。

3. 知识产权运营一站式全流程服务体系

建立线上线下结合的知识产权运营服务体系，梳理知识产权运营的各个节点，提供各个节点的完善的法律文书、协议、服务流程，汇集知识产权、科技成果、资本市场、法律服务等信息，共享基础数据、仪器设备、科技文献、专家人才等资源，使知识产权运营业务规范化、标准化、诚信化，构建知识产权运营一站式全流程服务体系。

4. 知识产权价值分析评估服务

建立知识产权、特别是专利的价值分析评估服务体系、标准、流程，通过线上、线下工作结合，针对特定知识产权资产初步具有可指导运营的价值分析评估模式。

5. 专利技术孵化

通过平台的影响力，聚集专利技术拥有方、投资方、创业团队，提供专利技术转化条件、搭建专利技术孵化的平台，促进专利技术产业化。

6. 专利技术效果认定服务

通过专家评判、实验等方式，对专利技术方案的可行性进行评价，对技术效果进行检测，以确保专利技术能够实现，并解决所述技术问题。

（五）平台大数据公共服务

1. 全 IP 领域检索分析系统

系统数据包含专利、商标、版权、标准、判例等，具有检索、分析、下载等功能。

2. 知识产权运营服务提供商数据库

聚集知识产权运营全周期服务机构数据，形成知识产权运营服务提供商数据库。

3. 知识产权舆情系统

舆情系统通过检测知识产权领域的网站，形成知识产权领域资讯、交易、机构等知识库，及时、有效地向用户推送定制化的情报信息。

4. 科技资源数据库

科技资源数据库收录了技术交易合同、检验检测设备、行业专家和科技组织等科技资源。

5. 军民融合专利特色数据库

特色在于产业分析，建立军民融合技术和产品导航树，按航天、航空、船舶、兵器、核工业及电子六大领域，形成军民融合产业专利技术分类导航谱系和产品分类导航体系。

（六）平台优势

1. 政策优势

"国家知识产权运营军民融合特色试点平台"是国家知识产权运营战略"1＋2＋20＋N"中的重要布局，是1个总平台＋2个地方特色分平台中的核心一员。财政部、国家知识产权局、陕西省政府、陕西省知识产权局、西安市知识产权局、西安高新区管委会对该平台给予大力的资金、政策支持和业务指导，使得该平台具有资金保障、令公众信服的公信力和正确的发展方向。

2. 区位优势

陕西是国家航天、航空、兵器、机械、电子、仪器仪表、农业等方面的重要科研生产基地。西安高新区，一个代表西安与西部高新科技产业前沿的领地，以其众多的"第一"成为陕西和西安最强劲的经济增长极和对外开放窗口。自1991成立至今，西安高新区通过不断地创新体制机制，着力营造良好的产业、生活配套环境，走出了一条具有中国内陆自主创新特色的科技园区发展之路。目前，西安高新区已成为关中—天水经济区中最大的经济增长极、中西部地区经济发展最为活跃的区域之一，是国家确定要建设世界一流科技园区的六个高新区之一，是丝绸之路经济带上的一颗璀璨明珠。依托独特的区位优势和科技创新能力，西安高新区对西部区域产业和经济具有强大辐射能力和带动效应，这为平台的知识产权运营奠定了区位基础。

3. 科教优势

陕西科教资源丰富，高等院校的数量和规模位居全国前列。目前，陕西省高等院校已达78所，142个专业学科，基本覆盖了所有的学科领域，其中国家级重点学科126个，培养大学生超过150万人，为国家和陕西省的经济发展提供了强有力的智力支撑。全省各类科研机构达到1061家，科技人员已达110多万人，高校从事科技活动的人员达到4万人，国家级高新区6个，国家工程技术研究中心7个，省级工程技术研究中心188个，国家重点实验室17个，居全国第5位；省重点实验室86个，省企业技术中心166家，其中国家认定企业技术中心15家。全省登记重大科技成果万余项，近千项获得国家科技奖，2013年有35个项目获得国家科学技术奖，这为平台的知识产权运营奠定了创新技术。

4. 军工优势

作为我国重要的国防科技工业基地，陕西省的军工综合实力居全国第一位，历次国庆大阅兵中所展示的部队新式武器装备的一半是陕西生产的。同时，在载人航天工程、探月工程等重大科技专项方面，陕西有数十家参与研制生产的单位做出了重大贡献。

西安高新区具有发展军民融合产业得天独厚的基础。通过设立军民融合产业促进办公室，建设军民融合产业基地，吸引了一大批行业领军企业落户。目前，西安高新区涉军的军民融合企业274家（其中，国有军工企业和国防科研院所转制企业40家，民营企业234家），11大军工集团中有8家在高新区投资布局。在发挥国防科技资源优势、促进军转民、民参军等方面，西安高新区取得了很大进展。2013年军民融合产业产值突破了400亿元，一批重大军转民项目落地。在民参军方面，西安高新区目前有60多家民营企业从事军民两用技术的研发与生产，有30多家获得军标、国标生产资质，成为高新区发展军民融合产业的坚实基础，为平台的军民融合特色奠定了基础。

5. 技术市场优势

西安科技大市场作为公司大股东，积累了丰富的技术交易和成果转化经验，为促进陕西省、西安市的技术成果转化做出了突出贡献。陕西省技术合同成交额稳步上升，企业专利实施率达98%。2015年，陕西省技术市场持续活跃，技术合同交易额达721.76亿元，较上年增长12.7%，交易额排名全国第4位，这为平台的知识产权运营转化和技术转移奠定了技术交易基础。

6. 人才优势

陕西高等教育、知识创新指数均居全国领先地位，一批优质的民营企业和军工企业集聚了一大批高素质科技人才，为陕西科技创新源源不断地提供了"高才"保障。这为平台的建设运营奠定了人才基础。

三、国家知识产权运营横琴金融与国际特色试点平台

2014年12月，经广东省人民政府批准，由珠海金融投资控股集团有限公司、横琴金融投资有限公司、横琴发展有限责任公司强强联合投资组建而成的横琴国际知识产权交易中心有限公司（以下简称横琴知交中心）成立，注册资本1亿元人民币。同时，横琴知交中心承担"国家知识产权运营金融与国际特色试点平台"的任务，是国家"1＋2＋20＋N"的知识产权运营体系的重要

组成部分。目前，该试点平台的发展战略、定位以及发展目标已经初步明确，主营业务系统七弦琴交易网也于 2017 年上线运行，全面拓展各类知识产权交易运营业务。

（一）打造创新生态系统

七弦琴交易网全称是七弦琴知识产权资产与服务交易网。其以"人、资、网、政、产、知、研"为战略方针，以"加速知识产权资产和服务的交易与配置、为中国实体经济插上知识产权的翅膀"为第一个战略发展期的使命，充分发挥人才优势，调动资本的力量，运用互联网思维和工具，借助政策资源，全面打通产业界、知识产权界、研发界，积极建设中国脑力劳动者互联网家园，着力打造一个集聚创新人才、创新资源、创新要素的生态系统，提供以知识产权金融创新、知识产权跨境交易为特色的全方位、一站式、高品质的知识产权资产交易和服务交易服务。

（二）成为高端智库

试点平台的发展愿景是成为具有国际影响力、国内一流的生态型知识产权交易平台，致力于建设成为全球知识产权资产集散地、知识产权金融创新策源地、知识产权服务资源整合者、企业知识产权高级管家、知识产权人才摇篮与高端智库。

目前，试点平台旗下拥有"七弦琴"知识产权资产与服务交易网，"七弦琴"知识产权高端服务，"七弦琴"专利投资，"七弦琴"专利、商标、外观设计、版权交易，"七弦琴·智财通宝"知识产权融资及股权众筹，"七弦琴"核心专利产品或专利技术认证，"七弦琴"知识产权经济、行政管理与金融创新研究，"七弦琴"与全球高品质知识产权服务机构的联营服务等产品体系。

（三）产业知识产权运营基金

专利运营需要培育真正市场化的主体，运用市场化规则去解决专利运营过程中所涉及的社会、政治、经济等问题。政府引导设立产业知识产权运营基金，意味着政府对与专利有关的经济放松管制，要实现利用价格机制达到专利供需平衡的市场状态。在推进过程中，政府的有形之手必须服从于市场的无形之手的需要。政府对专利运营市场的参与应当严格限制在引导性投资、政策性扶持和综合性监管的层面。

市场驱动的实质是资本驱动。在专利运营市场机制不完善、投资不足的情况下，政府出资设立产业知识产权运营基金，将吸引社会资本深度参与。多支产业知识产权运营基金的设立，将覆盖更多的产业领域，并形成有效的市场竞争机制，通过赛马机制来实现市场化的优胜劣汰。

产业知识产权运营发展基金的设立，是构建知识产权运营服务体系的重要一环。重点产业知识产权运营基金融资和投资期应结合专利产业化的特点而设置较长的时间周期，而非短期投入，要委托专业的基金管理机构联合知识产权运营机构开展市场化运作，坚持聚焦产业、突出重点，紧密围绕国家战略产业和区域优势产业，将高价值专利组合的培育和运营、知识产权重大涉外纠纷应对和防御性收购、涉及专利的国际标准制定等作为基金的重点投向。基金的投资方式可以多样化，主要包括：参股各级地方政府或相关产业知识产权联盟设立的知识产权运营基金；以股权或债权等方式投资知识产权运营机构、专利池培育等运营项目；对知识产权运营机构投资的项目进行跟进投资。

设立产业知识产权运营发展基金的政策设计主要考虑：一是在重点产业知识产权运营基金的带动下，若干个重点产业的知识产权发展质量和效益明显提升，并形成一批规模较大、布局合理、在国际上具有一定竞争力的关键技术领域专利池，支撑我国企业走出去，实现产业的自主可控安全发展。二是面向国家战略产业和区域优势产业，积极探索产业知识产权运营的商业模式，依托知识产权联盟等市场主体，培育和运营高价值专利，加强国际市场专利布局，推动专利与标准融合，支持一批能够有效支撑产业升级发展的专利运营项目。三是参与全国知识产权运营公共服务平台的市场化运营。依托全国性中心平台汇集项目资源和提供专业服务，强化业务关联和支撑，提高资金使用效率，引导基金的产业投向和支持重点。在平台上充当做市商，引导建立基于市场的专利资产定价机制，激发专利运营市场的活力，增强专利资产的市场流动性。

专栏：我国知识产权运营基金现状

从美国的实践看，大部分知识产权创业阶段的资金，是通过股权融资的方式获得的。随着我国专利保护力度的不断加强，知识产权股权投资必将成为日后的一大投资趋势。与一般的创投基金不同，知识产权运营基金的投资围绕知识产权进行。在国外，以美国高智为代表的企业主导的专利运营基金已形成了比较成熟的运营模式，且获利颇丰。法国、韩国、日本也已建立了由政府主导的主权专利基金，以推动技术转移、增强本国企业国际竞争力。但在我国，知识产权运营基金尚处于萌芽阶段。2014 年，国家知识产权局与财政部门联手，以市场化方式促进知识产权运营服务试点工作，推动设立基金，融合资本。《国务院关于新形势下加快知识产权强国建设的若干意见》也明确提出，要运用股权投资基金等市场化方式，引导社会资金投入知识产权密集型产业。在国家宏观政策的引导和相关政府部门的推动下，近年来，我国各类知识产权运营基金纷纷涌现，以期缓解创新型中小企业面临的融资难问题。2014 年 4 月，北京智谷睿拓技术服务有限公司（下称智谷公司）正式成立睿创专利运营基金，这是国内首支致力于专利运营和技术转移的基金。2015 年 11 月，国知智慧知识产权股权基金（下称国知智慧基金）成立。同年 12 月，北京市重点产业知识产权运营基金成立。随后，四川、广东等地也陆续成立了知识产权运营基金。

从出资人的性质来看，目前我国已有的知识产权运营基金大致可分为两类：由政府资金引导、社会资本参与的运营基金，如国知智慧基金、北京市重点产业知识产权运营基金等，和主要由企业出资主导的市场化运营基金，如七星天海外专利运营基金等。在运营模式上，各基金各具特色，有的是投资国内高校院所有潜力的科研项目，研究中所产生的符合投资需求的专利按合同约定归基金所有；有的是在特定领域收购高价值的专利资产，建立专利库，再通过专利许可、转让和技术转移等途径进行专利运营。我国主要的知识产权运营基金概况如下。

1. 国知智慧知识产权股权基金

国知智慧知识产权股权基金首期规模 1 亿元，主要投资于拟挂牌新三板的企业，基金的投资定向用于企业知识产权挖掘及开发，基金的核心要义是帮助国内中小企业有效地获取核心技术专利，为企业在未来行业发展格局中获取主导权，从而发挥其示范性作用。另外，基金亦将在细分行业及细分地域上与其他机构合作，以基金的运作为蓝图，大规模复制并撬动社会资本参与，在助力专利创新和企业知识产权保护中最大程度上发挥政府资金引导性作用。"国知智慧知识产权指数"将主要用于发现具有技术实力、创新能力以及成长潜力的拟挂牌新三板企业，其逻辑为通过对已挂牌新三板企业的知识产权指数研究，分析出成功企业所具有的特质，从而作为投资及专利服务的重要指标，最终帮助企业有效地获取核心技术专利，提高其价值，指数的核心价值为发现。

基金主发起方北京国之专利预警咨询中心（下称国之中心），成立于2003年，由国家知识产权局专利局专利审查协作北京中心（下称审协北京中心）设立，是国内首家提供专利应急和预警咨询服务的专业机构。2013年，国之中心成为国家财政部和知识产权局指定的首批"国家专利运营试点企业"，并获得财政部1000万元资金支持。此次基金的发起也得到落户地海淀区知识产权局的大力支持和积极响应。基金合作方北京清林华成投资有限公司（下称清林华成），是以私募投资管理为主业的股权投资企业，其系合法设立及合法登记备案的私募投资基金管理人，已发起设立多支具有影响力的基金。发布会上，双方签署了"国知智慧知识产权指数研究合作协议"。

国之中心作为全国知识产权运营公共服务体系"1＋2＋20＋N"的1/20，发挥"国家队"的示范带动作用，与清林华成强强联合，发起成立知识产权股权基金，是搞活壮大知识产权运营市场的大事，是助力大众创业、万众创新的好事。并提出三点建议，一是突出产业特色，瞄准国家战略和市场趋势；二是突出服务特长，依托审协北京中心专业团队，实现基金投资收益与企业创新发展的双赢；三是突出基金特点，为形成中小企业"铺天盖地"的局面贡献力量。"为中国创新主体服务"是很多人共同的使命，审协北京中心将积极响应国家的号召，集中所有的智慧、能力和优势资源，着力打造专利服务品牌，通过设立基金，以少量的政府资金带动更多的社会资本投向企业的专利创新和知识产权综合实力提升，积极探索中国专利运营新模式，为知识产权直接贡献GDP做出努力。作为国内首支知识产权股权基金，国知智慧知识产权股权基金发挥了政府资金的示范引导效应，支持了中小微企业的技术创新，是贯彻落实党中央和国务院关于"大众创业、万众创新"的决策部署，实施创新驱动发展战略，推动产业转型升级，深化知识产权领域改革，支撑经济发展新常态，加快知识产权强国建设的创新举措。

2. 北京市重点产业知识产权运营基金

北京市重点产业知识产权运营基金是我国首支由中央、地方财政共同出资引导发起设立的知识产权运营基金，也是迄今为止国内资金规模最大的知识产权运营基金。这支基金采取有限合伙的形式，存续期为 10 年，计划规模 10 亿元人民币。首期 4 亿元人民币已认购完毕，其中，中央、北京市、部分中关村分园区管委会三级财政体系投入政府引导资金 9500 万元，引导重点产业企业、知识产权服务机构和投资机构等投入社会资本 30500 万元。

北京市重点产业知识产权运营基金采取的是多样化的运营模式。一是"购买、培育"模式，即直接购买或培育目标专利，转移给有需求的企业，或注入专利池中，为相关产业发展提供保障；二是"申请、运营"模式，即锁定前沿技术或目标专利，由基金支持发明人完成专利申请，并委托知识产权服务机构开展知识产权运营，所获利益与发明人共享，同时将相关专利注入产业专利池；三是股权投资模式，即通过知识产权分析与判断，选择符合基金投资的领域、具有核心知识产权的科技型初创企业等。

基金首期重点关注移动互联网和生物医药产业，主要投资于这两个产业中拥有核心专利和高价值专利组合、市场前景良好、高成长性的初创期或成长期企业，或者具有相应产业领域特色的知识产权运营机构；以阶段参股的方式向开展相应产业领域业务的知识产权运营基金进行股权投资，支持发起设立新的知识产权运营基金，并在约定的期限内退出；构建由产业知识产权联盟或知识产权运营机构运行管理的结构优良、布局合理的专利组合（专利池）项目。

3. 睿创专利运营基金

睿创专利运营基金成立于 2014 年 4 月 25 日，是中国第一支专注于专利运营和技术转移的基金。首期基金重点围绕智能终端、移动互联网等核心技术领域，以云计算、物联网作为技术外延，通过市场化收购和投资创新项目等多种渠道集聚专利资产，希望在近 5 年内储备一大批高质量的发明专利。

4. 四川省知识产权产业投资基金

四川省知识产权产业投资基金成立于 2015 年 12 月 29 日。该基金经四川省政府同意，由省财政厅委托四川发展股权投资基金管理有限公司连同其他社会资本发起成立，首期注资 2.8 亿元。基金将重点投向拥有高质量知识产权的优质企业、高价值专利池（专利组合）的培育和运营，以及知识产权重大涉外纠纷应对和防御性收购等。

5. 七星天海外专利运营基金

七星天海外专利运营基金成立于 2015 年 8 月，该基金由七星天（北京）

咨询有限公司设立，采取"专利猎手"（IP Hunter）模式，即通过设立专利运营基金，收购海外专利，并在国内运营，打通海外专利向国内企业转移的服务思路，借此带动国内专利运营与国际接轨，为更多企业"走出去"参与国际竞争提供帮助。

6. 汉唐湖大专利科创基金

汉唐湖大专利科创基金成立于 2015 年 12 月 17 日，由深圳市汉唐春华资本管理有限公司与湖南大学专利服务中心联合设立，是湖南省内首支市场资本与高校专利技术对接的专利科创基金。该基金总计 1 亿元，首期资金 2000 万元，用于孵化湖南大学的相关专利成果，旨在通过资本运作的手段，促进专利转化，推动科技创新创业孵化链条建设。

7. 广东省粤科国联知识产权投资运营基金

广东省粤科国联知识产权投资运营基金成立于 2016 年 1 月 22 日，是广东省第一支知识产权运营基金。该基金以中央财政 4000 万元重点产业知识产权运营扶持资金为引导，向社会有关机构、民间资本招募。基金总规模将达 30 亿元，首期 5 亿元将围绕高档数控机床和机器人、新一代信息技术等十大战略产业以及知识产权服务业开展相关业务。

四、产权保护政策

（一）问题分析

专利价值的实现需要以产权保护为保障。强有力的产权保护，有助于降低权利人因被侵权而遭受的损失，保障专利运营的预期获益的实现，进而激发专利运营产业活力。长久以来我国十分重视专利保护，力度持续增强，成效显著。"十二五"期间，我国行政查处专利侵权假冒案件 8.7 万件，数量近十倍于"十一五"时期。然而，当前我国专利保护效果与社会期望之间仍存在一定的差距，相关法律法规还不能完全地满足专利保护的现实需求，行政保护与司法保护的衔接也不够紧密顺畅，维权依然面临着"举证难、周期长、成本高、赔偿低、效果差"等难题。产权保护的不力，阻碍了专利运营市场的形成和发展，降低了专利运营效率，削弱了专利运营主体的积极性，无法充分发挥产权制度对创新资源配置优化的激励作用。

专利权具有易侵性，专利运营中的产权保护是一个复杂的系统工程。从权利主体来说，专利运营中涉及多方市场主体，包括行业组织、高新技术企业、高校和科研院所、知识产权服务机构等，这些主体对于权利内容、权利边界等的保护需求各有不同；就保护手段而言，可以有行政执法、司法裁判、仲裁调解等多条路径，其中涉及专利行政管理机构、法院、检察院、仲裁机构、海关、公安机关等多个部门。同时，作为一种无形财产权，专利侵权现象具有隐蔽性和多发性等特点，仅仅依靠行政或司法途径并不能够时时刻刻完全满足各个方面对专利保护的需求。此外，专利权作为私权，如果缺少有效规制又极其容易被权利人所滥用。因此，推动建立从个人到行业，到社会，再到行政、司法等多层次的保护体系来全面落实产权保护政策势在必行。有效地产权保护将为专利运营提供健康、有序的市场环境和良好的社会环境，避免因保护不力或权利滥用而导致的畸形发展。

（二）政策设计

专利运营的发展需要一个健康有序的市场环境。只有受到有效保护的产权才是有价值的。合理的产权保护制度不仅是专利运营得以开展的基石，也是降低交易成本、提升交易效率的有效途径。考虑当前产权保护合力不足等难题，为专利运营提供一个有序的市场环境，必须建立起知识产权"大保护"的工作格局，编织一张紧密牢固的知识产权保护之网。所谓知识产权的"大保护"是指覆盖知识产权全生命周期的保护，从知识产权获取权利之前到获取权利后的全过程保护。知识产权"大保护"是一个多环节、多主体、多层次、多类型的保护体系。首先，从专利管理机构的角度来看，知识产权"大保护"主要包括专利信息检索与分析、专利审查与授权、专利权利维护、专利权利保护、专利权利终止五个环节；从创新主体的角度来看，"大保护"则主要涉及专利创造、专利申请、专利维护、专利运用、专利收益五个环节。其次，知识产权"大保护"离不开行业组织、高新技术企业、高校、科研院所、知识产权服务机构、个人、专利行政管理机构、法院、检察院、海关、公安、仲裁机构等众多类型主体的参与。再次，知识产权"大保护"将着重构建"个人诚信、社会监督、行业自律、执法维权、司法审判"五位一体的多层次的产权保护体系。最后，知识产权"大保护"不仅仅是针对专利的保护，也包括对商标、版权、植物新品种、地理标志、商业秘密等多种类型知识产权的保护。在构建知识产权"大保护"工作格局过程中应当重视几个方面的协调联动。一是各主管部门之间统筹协调。加强推进知识产权、工商、商务、海关等多部门之间的政策协同、业务协作和信息共享，建立多层次、定期化的知识产权保护协调机制和实时数据共享机制。二是国家与地方以及不同区域之间的执法协作联动。强化专利行政执法工作责任制，对具有重大影响的专利侵权案件和假冒专利案件进行督办，完善跨地区专利行政执法协作机制。三是行政执法与司法审判的有效衔接和相融互补。优化专利侵权救济与确权无效程序的衔接机制，推进行政与司法调解机制衔接，提高专利纠纷解决效率。四是国际区域间的知识产权保护协作。推动国际知识产权保护规则向有利于保持国家竞争优势的方向转变，在国际知识产权保护中建立一定的话语权优势。

综上，为支撑我国专利运营发展的产权保护政策设计主要考虑：一是提升产权保护动能，促进专利运营效率提升；二是规范专利运营市场主体行为，降低专利运营成本和风险；三是避免产权滥用，促进专利运营市场公平。针对以上三个方面，在具体举措方面重点考虑以下三点。

1. 完善专利审查机制

随着我国企业自主创新能力的增强，专利产出急剧增长，加之专利运营的发展，使得专利保护的需求显著扩大，特别是对产权保护效率提升的需求更加迫切。确权是维权的基础。建立快速审查机制，有利于产权确权、维权效率的提升，以满足专利运营发展中对专利保护越来越多的需求，促进专利运营效率提升。国家知识产权局于 2012 年年底启动了知识产权快速维权工作，积极开展专利快速审查和快速确权工作，并结合地方特色，探索建立专利快速维权机制。因此，应当依托快速维权中心的建设，缩短外观设计审查周期，确保专利价值不因确权滞后而受损；同时，缩短专利侵权纠纷案件处理周期，提升专利维权效率，降低权利人维权成本，进而促进专利运营效率提升。

2. 建立知识产权信用体系

信用是资本市场产权交易的载体和中介，通过信用实现产权有条件的让渡和借贷。随着专利运营趋于资本运作的发展态势日渐明显，知识产权信用制度化成为降低专利运营交易成本的必由之路。因此，应当加快建立健全知识产权信用管理制度，基于现有专利、商标、版权等信息系统，整合资源，将个人、企事业单位知识产权保护状况纳入全国社会信用体系；按照统一的信息标准和技术规范，加快建立和完善知识产权失信认定和惩戒标准体系，建立知识产权违法侵权企业、个人档案，为全国信用信息共享交换平台提供基础数据；推进知识产权信用体系信息化建设，明确信用记录内容并实现电子化存储，加快知识产权信用体系信息共享平台建立建设，依法有序地公开信用信息，促进对知识产权信用信息的有效利用，消除专利运营市场主体之间的信息壁垒，进而使交易成本降至最低，加速专利市场与金融市场的融合。

　　3. 加强知识产权反垄断规制

　　反垄断与保护知识产权在基本功能和目标上具有一致性，两者均具有促进竞争和推动创新，同时维护公平的市场竞争秩序的基本功能和目标。但知识产权权利人也有可能会滥用权利，如此，市场竞争的公平性就会被破坏，有碍于创新和技术进步。针对此种情况，知识产权反垄断规制变得十分重要。2015年4月7日，国家工商总局公布《关于禁止滥用知识产权排除、限制竞争行为的规定》。该规定是我国第一部专门针对知识产权滥用方面的反垄断规则，为我国知识产权反垄断规制奠定了良好的基础，开启了规制知识产权滥用的新篇章。为促进专利运营市场公平，有必要加强基本的知识产权反垄断规制法律体系建设，根据国情，把握好知识产权保护与规制之间的平衡；加强对知识产权滥用的审查，探索政府主导、专业行业内部具体操作的知识产权反垄断模式，以法律为主要手段，对知识产权非法垄断和滥用的现象进行规制，从而避免专利运营中因权利人滥用其权利而导致的市场公平竞争被破坏，并阻碍创新和技术进步的现象出现。

第四节　本章小结

　　构建完整的专利运营政策体系对于建设创新生态系统具有重大意义。政府作为构建中国专利运营体系的主导力量，决定了公共政策必将在专利运营体系中扮演关键角色。政府要通过政策引导和调控，有效扶持专利运营发展，形成有利于专利运营产业发展的政策环境，引导和规范专利运营市场行为。目前，中国尚没有真正意义上的专利运营政策，仅仅是隐含在科技政策与经济政策中的零星内容，如科技成果三权改革试点、高新技术企业税收优惠等政策。要充分吸收借鉴以往的实践成果和政策理论，积极开展相关的理论研究与政策分析，系统化、体系化地设计专利运营政策，避免单纯依靠市场机制的弊端，防止政策制定的碎片化和片面性，进一步加强政策间的互补性和协同性。

成熟市场经济国家专利运营政策为构建我国专利运营体系的政策框架提供了很好的参考。概括起来，国外专利运营体系相关政策主要包括三个方面，即促进产权明晰的政策、加强产权保护的政策和扶持产权流转的政策。其中，促进产权明晰的政策，如美国的《拜杜法案》、日本的《产业活力再生特别措施法》以及德国的《雇员发明法》等，对创新成果在政府、科研机构、发明人等相关主体间的权益归属问题做出了明确规定，从而激励了创新产出。但由于忽略了配套性的对权益归属、管理原则和利益分配三者等内容的规范，导致技术成果或专利权的商业化并不理想。在加强产权保护方面，以美国为代表的西方国家对专利的态度，经历了由"反专利"到"亲专利"的转变。亲专利政策通过加强对创新者利益的保护，进一步激励了创新产出，促进了西方国家的科技优势向竞争优势的转化。"专利盒"政策是西方国家为扶持产权流转而制定的代表性政策。包括法国、英国、比利时等10多个国家都制定了类似的政策。"专利盒"政策的实施鼓励了专利权人的专利商业化行为，对企业创造高附加值产品和提供高附加值工作起到了推动作用。

明确我国专利运营体系治理的价值取向、制度安排及实现路径是科学合理地构建我国专利运营体系政策框架的基础。产权制度相关理论为我们探讨专利运营治理提供了有益的思路。我们已经明确，专利运营治理的主体不仅包括专利行政管理部门，也包括社会组织和市场主体。因此，多元协同治理是符合专利运营产业现实发展要求的治理模式。按照产权的思路，引入市场机制和私人管理手段，尽可能地降低交易费用，以专利权的明晰、流转和保护为重点，提高市场运行效率，促进实现共同的治理目标。专利运营的治理实质上是政府治理、社会治理、市场治理三者的混合。其中，政府治理的主要意义在于，通过围绕专利权的流转系统来思考和设计市场交易的规则、加强业务协作，以满足专利运营产业发展需求，从而实现产权激励。在专利运营治理中，政府部门需发挥国家作为最大制度供给者的作用，从明晰产权归属、降低交易成本、激发产权活力以及严格产权保护四个方面为专利运营提供有效率的制度供给。

基于专利运营发展需求，专利运营政策的概念性框架应包括若干核心政策内容：一是面向市场主体，激发专利运营的市场主体活力，增强专利运营服务能力；二是面向产业层面，鼓励产业专利运营活动，提升专利运营水平和层次；三是面向基础设施，为专利运营活动提供支撑服务和法治环境。具体而言，构建我国专利运营政策体系需要立足明晰产权归属、降低交易成本、释放产权活力、严格产权保护的政策维度，分别建立以财政资助专利标识制度、企业专利资产管理制度为核心的创新管理政策体系，以激活专利运营服务、扶持专利运营机构发展为核心的财税激励政策体系，以专利导航产业发展机制、以市场化方式开展专利运营试点、产业知识产权运营基金为核心的产业发展政策。

第六章　构建专利运营体系的平台架构

第一节　知识产权运营公共服务中心平台基本概述

专利是具有"资本性"的重要生产要素，应当进入资本市场进行交易。换言之，必须建立高度市场化、专业化的运营交易和服务平台，才能实现产权的有序流转和创新投资回报。由政府主导建立的全国性知识产权运营公共服务中心平台，应着眼于"发现市场主体、发现价格"的基本功能，定位于搭建公开透明的产权交易市场，并将在信息披露、交易程序、交易方式等方面加快构建统一的运行规则，形成功能齐备、链条完善的业务体系。

一、服务内涵

知识产权运营公共服务包含两层含义：一是指信息社会的知识产权治理模式，即加强宏观调控和市场监管，更好地发挥政府的作用，由创新利益相关方以知识产权为利益纽带建立起分工协同的治理结构，发挥市场配置资源的决定性作用，将创新和市场连接起来，提高创新资源的配置效率，实现创新收益最大化。二是指基于知识产权的新型社会服务，即以市场化方式，以软件与信息网络为工具，依托巨型平台，整合专利运营海量服务商，通过跨界深度融合催生新的创新服务产品、模式乃至业态，连接起所有创新主体和创新投资，推动创新成果产权化、专利技术商品化、知识产权产业化。其基本服务包括：

（1）信息发布：提供专利运营信息发布服务，包括专利运营政策信息、专利运营供求信息、交易竞价信息、产业信息、诚信档案信息、培训信息、数据统计分析信息等。

（2）信息查询：提供与专利运营相关的智能查询服务，包括政策信息查询、产业信息查询以及知识产权基础数据查询、过程文档查询、法律状态查询、缴费信息查询、登记备案查询、诚信档案查询、机构服务评价查询等。

（3）交易管理：为专利交易双方提供交易管理服务，主要包括在线交易、流程咨询、备案管理等服务。同时引入交易认证机制，保证交易行为的合法合规。

（4）渠道服务：通过平台的流程化管理和接口服务，为专利交易双方外的第三方服务机构提供沟通渠道。服务机构基于沟通渠道为交易双方提供交易咨询、价值评估、居间经纪、代理代办、金融担保等中介服务。

（5）人才培养：提升创新主体专利运营能力，培养专业化、高端化的专利运营人才。通过可交互社区和在线培训资源，为运营人才成长、实践、再学习提供相应服务。

政府主导建立、市场化运作的知识产权运营交易和公共服务平台，着眼于"发现市场主体、发现价格"的基本功能，定位于搭建公开透明的产权交易市场，架设专利与资本的渠道，实现产权的有序流转和创新投资回报，并将在信息披露、交易程序、交易方式等方面加快构建统一的运行规则，形成功能齐备、链条完善的业务体系。平台的建设将有助于集聚优势资源，建立服务网络，使中心平台充分发挥信息枢纽、资源整合、监管支撑和辐射带动作用，破除信息壁垒，贯通服务链条，打造国际化、综合性、一站式专利运营和交易服务平台，并可在此基础上进而构建开放、多元、共生的创新生态系统，为创新创业提供富集并充满活力的核心要素，推动科技和经济社会发展深度融合。

二、建设路径

以全国性中心平台为核心载体构建专利运营市场体系，不仅是专利市场形态的创新，也是专利运营模式的创新。为加快发展壮大中国专利运营市场体系，中心平台遵循如下基本建设路径。

（一）构建合理的市场参与机制

建设全国性中心平台是庞大复杂的系统工程。面临的主要问题是专利运营市场利益主体多元，资源分散无序，交易信息不充分。为实现建立统一的专利运营交易市场，就必须在平等、互利、合作、共赢的基础上，吸引制造业企业、金融企业、投资主体、高校院所、专业服务机构等各类市场主体广泛参与，兼顾各方利益，形成平等合作、科学合理的利益分配机制，充分调动各方积极性。作为专利运营的市场运行基础设施，平台的组织架构直接影响专利运营市场整体运行效率的高低。采取公司制的方式管理和运营平台，有助于引入外部资本参与平台治理，并形成平等的市场主体关系，提高专利运营的市场化程度。

（二）建立统一的市场运营规则

要在不同的交易机构之间实现业务协作、有序竞争，就必须在平台上建立统一的运营交易规则和规范的服务标准。要通过统一的规则约束专利运营机构的市场行为，保证市场交易的公平性和一致性。拟建的中心平台应负责贯彻落实国家对专利运营服务机构规范运作的各项要求，制定和落实专利运营各项市场规则，组织开展全国性的专利运营交易活动，开展在线产权登记和信息披露，有效解决交易信息的不对称，缩短交易周期等。要依托中国专利运营联盟等全国性专利运营行业协会制定运营服务标准，加强行业自律和业务协作，实行专利运营从业人员资格管理。

（三）建设必要的市场准入制度

专利运营机构在交易中的规范运作是至关重要的。要使专利运营机构在平台上有机地联合在一起，参与的各方必须共同制定实施专利运营服务标准，并与平台用合同预定的方式明确在平台中的地位、作用、权利、责任和具体运行中应遵守的各项规则，以确保平台的规范运作与风险防控。要合理界定平台和专利运营机构的职责，在中心平台上实行会员代理制。针对专利运营标的的多样性、产业竞争的复杂性、市场需求的差异性，应明确专利运营机构的设立条件和运行规范，并对平台上入驻的专利运营机构相关资质进行核验。

（四）完善相关的市场政策法规

依托中心平台建设知识产权交易市场是国家促进知识产权运用的重要制度

安排，维护平台上专利运营交易主体的合法权益，促进专利权流转顺畅，亦离不开相关政策推动和法律保障。必须加快出台相关的配套政策措施，统一交易规则，规范交易程序，不断提高平台的公信力和影响力。要加强专利运营市场信息披露制度建设，提高信息披露效率和及时性，并建立信息披露失真的相应惩处机制。要建立国有财政资助专利入场交易制度，提高应披露的交易和关联交易的披露标准。结合国有财政资助专利标识制度，对专利运营机构享受高新技术企业和软件企业类同的税收减免政策，对平台上完成的专利运营交易实行税收优惠政策。

三、发展目标

在建设运营过程中，要充分汲取国内外知识产权竞争实践经验，契合中国现实需要和发展需求，全面利用体制优势和资源优势，高度融合互联网创新思维，逐步构建以知识产权运营交易和服务平台为核心的创新生态系统。

一是要采取开源、多维、立体协作的方式，采用先进的大数据和云服务技术，将专利运营相关信息资源高度汇聚在互联网平台，做到专利运营信息公开化、透明化、便利化，建立基于大数据分析的专利运营引导机制，消除专利运营供方和需方之间的信息壁垒，缩短技术与服务供应链，打通产业链和资本链，支持产业专利布局和互联网知识产权金融发展。

二是要运用互联网思维，全面审视创新未来发展趋势，结合知识产权制度特点和产业发展特点，重新定义创新行为与知识产权的价值联系，通过信息社会的知识产权治理模式和新型社会服务模式，为创新创业提供富集并充满活力的核心要素，以专利运营为核心构建开放、多元、共生的创新生态系统。

三是要直接服务高校和科研院所、科技企业、公共平台、中介机构等创新主体，催生新的创新服务业态，涌现更多促进创新的服务产品和服务模式，用产权为纽带链接起所有的创新者和各类创新投资主体，提高创新资源的配置效率，推动创新成果产权化、知识产权产业化，形成适于创新资源配置和产权流动的体制机制。

全国性的知识产权运营公共服务中心平台的建设不可能一蹴而就，而应是分阶段的。具体来说，可分为起步阶段、培育阶段和成熟阶段。首先，在起步阶段构建初步的专利运营业务平台。其次，在培育阶段建设相对完善的专利运营市场体系。最后，在成熟阶段形成可持续发展、自我创新的专利运营生态环境，具体如图 6-1 所示。

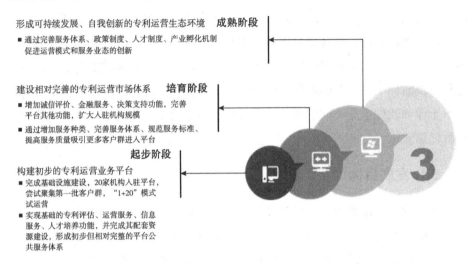

图 6-1 知识产权运营公共服务中心平台建设周期

第二节　知识产权运营公共服务中心平台功能定位

一、平台主体功能

全国性的知识产权运营公共服务中心平台的主体功能是以产权为核心聚合信息、人才、资本等要素组合，通过专利运营合理配置创新资源，有效激发创新活力，实现创新投资回报。它将整合专利运营市场资源，以制度供给明晰产权，以信息供给降低交易成本，以服务供给促进产权流转，充分吸引社会资本开展创新投资，为知识产权供需双方搭建高效灵活的交易性流通平台，为专利进入资本市场提供可能，从而形成全新的创新投资回报机制。其具体功能包括：

（1）落实专利运营扶持政策：在现有的相关财税法律、法规以及政策框架下，采取国有财政资助专利实施专利标识制度，对国有企业、科研院所专利资产实行入场交易管理，对平台上的专利运营市场活动实行税收优惠、激励政策，推进国有专利资产所有权、使用权、收益权改革试点，建立相应的利益分配机制和信息披露机制。

（2）推动平台权威公信体系建设：与知识产权法院等相关执法部门形成联动体系，采信平台相关交易活动、数据信息等证据链，保证交易和资产流通等过程的合规性，并适时联合有关部门为平台运营出台相关制度法规，推动平台权威公信体系建设。引入信息和交易认证机制，为交易双方提供法律维权、证据链服务等，维护交易各方的合法权益。稳妥推进国防知识产权解密和市场化应用，建立相应的解密流程和交易配套措施。

（3）推进专利运营在线备案及信息公开：推进专利交易产权登记、交割备案等工作的电子化，提供专利转让登记、专利质押登记、专利许可备案办理等程序性服务；提供全国专利质押信息、专利许可备案情况、专利运营服务诚信档案查询等信息服务。开放各类专利运营信息资源，做到基础数据、过程文档、法律状态、缴费信息、登记备案等信息公开。做好国家已有数据库资源的用户导入工作，实现跨平台用户资源的汇聚和整合。

（4）规范专利运营流程：规范专利运营及服务机构的服务流程，推动服务流程和内容的标准化、程序化，建立诚信评价机制，加强服务质量监控，形成公平、公正的专利运营环境和高效运转的专利运营服务体系。

（5）统筹专利运营业务协作：联合专利运营服务机构和高校、科研院所、企业等创新主体以及评估、审计、法律、证券、基金等社会资源，打通专利权、资本和产业之间的通道，与区域性专利运营平台建立需求对接、信息共享和业务协作机制，推动专利运营联盟建设，以市场化服务引导产业创新要素集聚。

（6）构建风险监控防范机制：建立专利运营监管与安全机制，实现专利运营业务全流程的电子化备案和管理；建立专利运营监管预警发现机制，对国家战略性产业和重大科技专项的专利提供运营监控与风险防范措施。

其主要服务功能应包括信息服务功能、价值评估功能、决策支持功能、运营服务功能、人才培养功能、诚信评价功能和金融服务功能七大功能，具体功能描述如图6-2所示。

信息服务功能
提供专利运营信息的检索分析、预警监控等信息服务功能，提供网上办事等辅助政务功能

价值评估功能
从法律、技术、经济等多维度评估，自动评估与人工评估相结合

决策支持功能
沉淀运营数据，提供全面分析，为政府制定政策、规划发展等决策提供有力的数据支撑

七大功能描述

运营服务功能
实现服务过程管理、服务订单管理、服务认证及评价，实现交易及服务信息的发布

人才培养功能
资料共享、人才库、在线培训与技能认证、人才社区

诚信评价功能
诚信数据采集、诚信数据评价、诚信评价结果发布、诚信信息查询

金融服务功能
整合银行、融资、保险、证券、信托、基金等资源，实现在线支付、专利保险、资金监管等功能

图 6－2　知识产权运营公共服务中心平台七大服务功能

二、平台基本定位

专利运营的市场运行体系离不开有效的制度保障、服务创新和信息支撑。中心平台的主体功能是为专利运营市场主体提供全方位的信息、制度和服务供给。三者相辅相成、相互依存，构成平台的内在运行机制，即以信息供给支撑制度供给和服务供给，以制度供给带动信息供给和服务供给，以服务供给实现制度供给和信息供给。

在制度供给和服务供给相对充分的前提下，信息供给显得尤为重要。从专利运营产业和业务模式来看，在信息获取能力与专利市场价值息息相关的大数据时代，专利运营信息的缺失，将随时可能让一次极为关键的创新投资决策付之东流。因此，强调在信息供给的基础上提升制度供给和服务供给能力，有助于系统构建专利运营体系的平台架构、运行规则和业务体系，更好地适应专利运营模式的多元化趋势和持续创新。

（一）产权制度供给

1. 界定专利运营行为

采用立法形式加以引导和规范专利运营市场活动，明确专利运营的范围和方式，在法律框架下认可、明确专利运营参与各方的利益，清晰划定合法和非法市场行为的边界，并依据法律维护市场秩序，推动专利运营市场法制化。

2. 明确专利运营方式

专利运营市场的法制化可以维护运营行为以及运营主体利益的合法性。但专利运营市场的正常运行则需要一套完整、严格的制度来保证。这套制度表现为专利运营市场中实行的以自愿登记、资产评估、公开竞价、公示公证等为内容的严格程序。在专利运营方式、运营内容、运营程序、运营机构等方面形成一套适合规范化要求的制度，并严格按照制度规定来操作。从长远发展的眼光看，专利运营模式不断创新，必会带动专利运营制度的适应性调整甚至创设新的制度规则。

3. 提供产权交易功能

随着专利运营的推进，专利运营市场的需求量和供给量增多，信息传递加快，将逐步形成一个多层次、立体型的专利运营网络协作系统，即以中心平台为枢纽，以特色试点平台和区域性平台为骨架、各类专利运营机构为节点的专利运营市场网络体系。在这一网络化的专利运营市场体系中，将通过互联网和大数据分析，为专利权人、企业、投资主体和专利运营服务机构提供各种专利运营信息，有助于聚合分散的创新和投资行为，实现跨地区、跨行业的专利运营。

（二）交易信息供给

必须抓住专利是创新信息资源产权化的本质属性，进一步研究专利运营在创新生态进化中扮演的角色，从逻辑上理清创新生态与专利运营的价值联系，进而建构以中心平台为支撑基础的创新生态系统。

1. 专利运营在创新生态演进中的作用

随着信息时代的到来，经济全球化进程不断加快，企业的创新环境发生着剧烈的变化，越来越多的创新是在创新生态系统中相互合作完成的。其趋势特征主要表现为[1]：一是开放式创新。企业依靠内部封闭的创新已经难以适应外部环境的快速变化，企业创新的既有边界被打破。在开放式创新下，企业边界

---

[1]　王钦，赵剑波. 步入"创新生态系统"时代［N］. 中国社会科学报，2013 - 07 - 31 (482).

模糊，更多地利用内部和外部互补的创新资源实现创新。企业间多元、开放、深度合作的协同创新成为新的创新组织方式。二是非线性创新。以往的创新活动多数遵循基础研究、应用研究、产品开发、工程化和商业化应用的"线性创新"路径，但随着创新速度加快，颠覆性的技术创新大量涌现却并不确定，呈现出"非线性"的特点。三是创新组织的平台化。当外部环境剧烈变化时，企业受限于一体化的组织方式对瞬息万变的技术和市场变化反应迟缓。而平台化的创新组织方式则表现出一定的"弹性"，企业通过内外部的创新协同互补能够很好地适应各种变化。

创新范围、组织和行为的变化对产权的外部性制度需求持续放大。专利运营对激励技术创新外部性起到非常重要的作用，专利运营能够使得新的技术在企业间有效共享，并产生明显的创新收益，激励企业持续投入创新，形成良性的创新投资循环。

以专利运营为核心的创新成果产权市场交易和保护机制，对于创新生态系统的进化至关重要。开放式创新的多元性、非线性创新的不确定性、创新组织平台化的广泛性，使得专利运营的产权激励变得尤为重要。通过专利运营，可以清晰界定多个创新主体的产权归属，厘清协同创新中的产权边界，降低不同创新组织方式的交易成本。同时，有效的专利运营，将扩大创新成果产权交易市场规模，并通过市场信息披露对产权交易实时动态监督，实现保护创新投资的根本目的。

2. 以平台为基础的创新生态系统

按照组织种群生态学的理论，可将中心平台视为创新生态系统的组织核心，参与专利运营的每一个市场主体作为具体的物种，在平台上选择同类物种不断聚集进而形成不同的种群。物种和种群之间存在复杂的相互关系。平台上各成员共同参与专利运营，相互作用，共生为全新的经济联合体，不断创造新的市场价值。如图6-3所示，全国性的知识产权运营公共服务中心平台作为组织核心，通过整合交易信息、提供公益性服务、规范服务标准、统筹推进业务协作、开展人才培养等，实现将分散在不同地域、不同行业的创新者和投资者连接在一起。

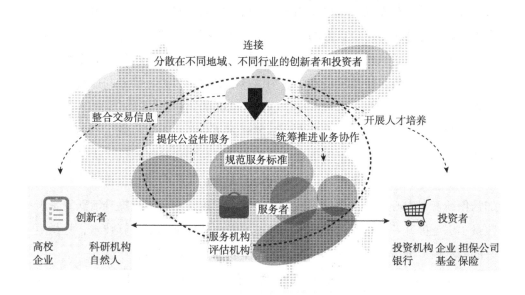

图6-3　知识产权运营公共服务中心平台在创新生态系统中的作用

在满足生物多样性的基础上，创新生态的系统平衡更依赖于外部的环境因素。在信息时代，大数据、智能化、移动互联网、云计算等多种力量的结合，社交媒体、移动计算、云计算和信息（大数据）之间的统一和相互增强，使得基于专利运营的创新生态系统在与产业的结合中不断进化。中心平台将依托社交媒体和移动应用提供高效社交和商业行为交互，云计算可为其提供便捷廉价的计算和信息传递的基础架构。跨地域联通，无处不在的移动性、工业程度的计算服务和即时访问海量数据的能力将大大缩小发明创意和市场行动之间的距离，使得专利运营迅速成为创新系统最重要的商业模式，并不断展现出新的特性和功能。

平台的体系架构能够适应创新生态系统演进。从发明创造阶段的权利归属检索到将创新成果产权化的权利范围确认，从专利权转移的权利价值评估到市场阶段的权利流转轨迹，从研发阶段的权利要求设计到产业阶段的权利组合布局，均可依托平台完成企业创新全生命周期所有的产权流转服务。而利用衍生出的大数据开展专利运营，必将改变创新成果市场转化模式。

3. 平台在创新生态系统中的业务形态

平台的核心业务形态是直接对接所有发明人、直接服务专利申请人和权利人。其用户基础是专利授权审查和登记背后的巨大真实用户及业务流量。行政审批必然有充分条件形成极好的用户黏性，并具有绝对的公信力。未来平台的用户基础可先期导入所有专利申请人及发明人，将专利运营会员服务系统作为主要支撑体系，立足于消除交易市场的信息不对称，以充分的专利运营信息供给吸引大量卖家和买家，形成庞大、稳定、活跃的用户群。

在此基础上，平台的业务形态将扩展到连接分散在不同地域、不同行业的创新者和投资者。采用线上线下相结合的方式，构建由社区网络、大数据、云计算联结的专利运营服务网络。与专利运营无缝连接的数据资源建设将极大地加强创新者对中心平台的用户黏性。完善的专利运营交易规则提升活跃投资者数量、广泛提升专利运营的成功率。通过增强数据处理和云计算技术，提供更好的专利信息分析，更精准的供需对接和全新的知识产权金融产品。

图6－4是平台业务流程的一个示例。首先，在研究、选择技术演进方向中，提供决策支持；其次，在寻找专利出售者、持有者、创新者时，提供信息服务和诚信评价服务；再次，在专利购买、合作、自创中，提供运营服务；而后，在精选专利时，提供价值评估服务；最后，在投放运营市场时，提供金融服务。

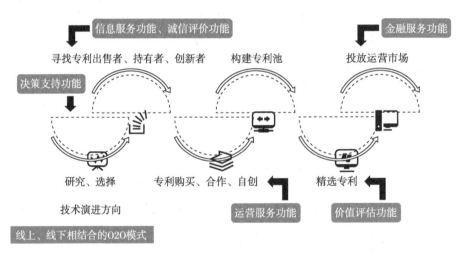

图6－4　知识产权运营公共服务中心平台业务流程示例

在未来，平台的业务形态应升级为全面连接信息、人才、资本等创新要素，满足各类创新者、服务机构、投资主体对专利运营的信息需求，并完成创新资源配置的市场交换。利用平台的大数据分析和云计算能力，市场主体实现创新业务在线管理，监管部门履行市场监管职能。市场主体不论大小，均能平等参与创新互动和产权交易。

（三）运营服务供给

专利运营市场体系的本质功能是实现创新资源优化配置。结合中国资本市场的发展现状和专利对产权交易市场的客观要求，中心平台宜定位为专利运营对接资本市场的基础性设施。

1. 增强专利运营的市场服务功能

作为非标准化的权益资本市场，并不限于专利权许可转让等一般性交易业务。知识产权金融服务、股权转让、权益证券化等新型业务承载平台创新发展的未来。要以服务功能为核心，增强平台服务产权流动的功能，发挥专利运营市场体系整体的系统功能。

2. 改进专利运营的价格形成机制

完善专利运营资源配置功能，关键在于确立符合交易预期的专利价格形成机制。缺乏合理的定价机制一直是限制专利资产流动重组的突出障碍。改进和提高专利价格形成机制的重点是创新平台的交易方式。推动专利运营交易方式创新，要根据转让标的的特点采取相应的交易方式。

3. 强化专利运营的产品和服务创新

平台作为对接资本市场的基础性平台，定位于服务各类产权有序流转，对促进中国多层次资本市场的建立和完善具有不可替代的重要作用。产品和服务创新是平台有效运转和可持续发展的基本保障。按照服务对象和服务内容，知识产权运营可分为直接服务和间接服务，对应的服务体系和业务体系如图6-5所示。

从长期看，专利作为恰当的产权制度安排，是资本和技术创新结合的利益枢纽。专利运营是创新资源有效使用和合理配置的先决条件。专利运营将产权化的创新成果转化为现实生产力，实际上是以专利为载体将创新投资转为产权收益，而专利运营能够大幅提高产权收益。这种正向的产权激励将有效地扩大专利运营市场规模。创新者在得到充分的产权激励后，将极大地提升创新效率，进一步促进技术扩散，激励更多的创新成果市场化。

相比其他的技术转移方式，专利运营的根本区别特征在于以明晰产权为前

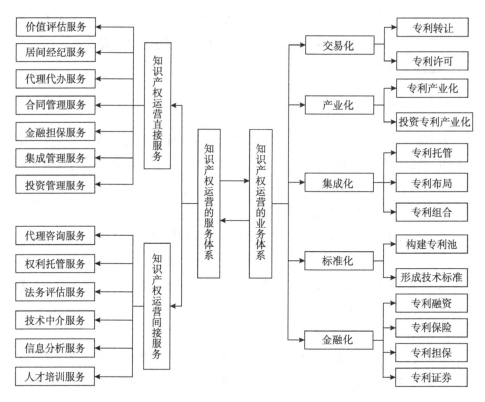

图6-5　知识产权运营的服务体系和业务体系

提。"产权一旦界定，个人出于自利的动机就会主动在市场中寻找发挥产权最大效用的交易，产权为自由个人的经济行为提供一种生生不息的动力和刺激。"❶ 专利运营的另一个显著特征在于并非只在私有产权条件下发挥作用。在公有产权条件下，通过对产权束的分离和组合，可以产生不同的专利运营模式，实现有效率的产权制度安排。中心平台建立的市场信息披露机制和价格发现机制，不仅能够提高交易信息的有效性，而且能够明显降低交易费用，将较为准确地反映专利资产的市场价值。上述特征使其具备产权交易市场的各种基本功能，对创新资源配置可以起到重要的调节作用。

---

❶ 张慧娴. 我国宪法私有财产权中的科思定理 [J]. 经济论坛，2005（11）：128-129.

第三节　知识产权运营公共服务中心平台运行规则

中心平台作为中国专利运营体系的最重要市场基础设施，必须加强顶层设计和规则设计，突出产权与市场互动的机理，使平台的建设运营和市场运行协调、合理、专业。在项目建设运营阶段，需综合考虑如下几点：一是如何更好地向社会提供优质高效的专利运营公共服务和产品；二是如何有效解决平台有效率的市场运作和可持续发展；三是如何履行简政放权，放管结合，转变政府职能有关要求。

一、建设运营方式

借鉴现有政府发起公共项目的建设运营经验，按照平台总体规划及项目建设需求，可采取政府和社会资本合作方式（PPP）进行建设和运营中心平台。充分引入社会资本的管理效率和技术优势，提高公共服务的质量和效益。开展政府和社会资本合作，有效吸引社会资本参与中心平台基础设施建设，建立投资、管理、运营相结合的平台建设发展机制。

1. 建设方式

按照"政府引导、市场运作、利益共享、风险共担"原则，以特许经营的方式指定建设运营主体完成设计、建设、运营。由指定项目实施机构与其他市场主体共同组建项目公司，具体负责项目的投资、建设、运营、维护和服务。项目公司需编制项目实施方案报各共建单位批准。平台项目合作方通过协商、竞争等机制从共建单位授权机构及社会投资机构中产生。指定牵头机构与各合作方通过签署项目建设合同、特许经营协议等以契约形式明确约定各自的权、责、利，同时强化专利行政主管部门在项目实施全过程中的监管职能。其中，专业运营管理团队采取社会公开招标的方式确定。

2. 运营方式

虽然由政府来安排中心平台的专利运营公共产品，但应由市场在竞争环境中生产。对于此类准公共产品的生产，特许经营应该是比较好的制度安排。即由政府授予中心平台在一定时间和范围内，生产并经营专利运营公共服务产品的权利，同时准许其向被服务者收取适当的费用实现投资回报。

在这种制度安排中，政府首要任务是引入竞争因素，保证企业公平竞争获取特许经营权，防止垄断局面的形成。众所周知，政府直接经营公共产品，常出现成本过高、效率不佳、服务不好的现象。在公共产品领域，各国普遍放弃直接经营，推行特许经营。其差异并不在于经营者是否为政府和市场，而在于经营是否垄断。正如奥斯本所言"重要的不是国营对私营，而是垄断对竞争"。因此，在公共产品领域采取特许经营并不意味着就一定能够达到效率提升和服务优化的目的，还必须在各个环节均引入竞争因素，打破垄断。其次就是对公共服务产品要加强价格管制，保证企业能够向消费者提供质优价廉的产品，防止高收费。由于政府掌握了大量有价值的专利运营信息，此类公共资源属于全社会共有而不是归经营企业所有。企业特许经营的前提是不以营利为目的，向社会免费或低价提供专利运营公共服务产品。为避免经营企业过度追求市场收益，政府应定期对其服务成本进行核算，并向社会公示。必要时采取政府购买服务的方式支持企业免费提供专利运营公共服务产品。

二、项目风险控制

合理分担风险是保障平台建成后顺利运营的前提。在平台建设运营过程中，存在着政策风险、技术风险、财务风险、营运风险等各类风险，应当设计合理公平的风险管控机制，并通过建立监管体系和合同体系予以约束。

1. 风险分担

要充分识别平台建设运营的各类风险，综合考虑政府和市场的风险管理能力，按照对等、可控的原则对风险进行合理分配和系统优化。在分配项目风险时，投资回报须与风险承担挂钩。平台交付运营后，由社会资本承担平台运营、投资、维护和财务等商业风险；由政府负责法律、政策和最低需求等风险；双方合理共担不可抗力等风险。具体应在委托运营合同中对法律政策变化、市场需求、信息安全等风险类型和后果进行明确约定。

2. 利益共享

平台建设运营涉及多方主体，有着不同的利益诉求。对于政府而言，需要各类运营主体提供公益性服务的公信力平台；对于参与投资的社会资本和战略投资者而言，需要获得与投入、风险相对应的投资回报；对于运营主体而言，需要获得更多优质低价的公共产品和服务。显然，不同主体是基于不同的出发点共同参与到中心平台建设运营中。其中，社会资本追求市场利益最大化，而政府追求社会效益最大化，同时又需要控制成本。因此，在实现平台的可持续发展的前提下向社会提供优质高效的公共服务是双方的利益平衡点。参照国际上基础设施特许经营项目的收益率控制，可将中心平台的预期收益率控制在10%以内。

3. 回报机制

社会资本取得投资回报的资金来源，主要包括基金管理费和收益分成、交易过程资金沉淀收益、运营孵化管理服务收益、中央结算资金池的流动资金收益；中央运营园区租赁收益；知识产权孵化加速器及其标准许可经营收益；基础数据库公益用户网络的增值服务、系统数据库及定制数据套餐服务收益；项目托管、储备、对接服务收益；知识产权运营基金增信服务收益；平台渠道网点运营收益；政府服务项目采购收益。

4. 合同管理

中心平台建设运营合同体系主要包括项目合同、股东合同、融资合同、履约合同等。组建前期由指定项目实施机构负责，组建后由平台建设运营公司与中选社会资本、中标经营管理团队等签订，约定项目合作主要内容和双方基本权利义务的协议。项目合同须对交易条件、履约保障和调整衔接等边界条件予以明确。其中，重点明确如下事项：一是平台的资产权属、股权结构、资本责任和风险分配等权利义务；二是项目合同期限、投资回报机制、收费定价调整机制等交易条件；三是投资竞争、建设履约、运营维护等履约保函；四是合同变更、合同展期、提前终止、应急处置等调整衔接。

三、平台治理体系

中心平台应由中央财政出资设立，国务院专利行政管理部门会同其他相关部门共同指导建设，在建设运营初期将较多地体现政府干预，但其最终建设目标是成为中国专利运营体系的运行枢纽，真正融入市场并发挥核心作用。针对政府投资建设的平台市场运作不透明、监管缺位、法人治理体制不健全等弊端，应根据专利运营公共服务的性质和特点，建立责权分明、层次清晰、制度完备、相互制衡的企业化治理模式和组织架构。

（一）非营利性定位

根据公共产品所具有的非排他性和非竞争性程度，我们亦可将专利运营所需的公共产品分为纯粹公共产品和准公共产品。前者具有广泛的正外部性、完全的非竞争性和非排他性、唯一性。例如，对前一章节所述政府提供的国有财政资助专利入场交易，就属于专利运营市场参与者不能也无从选择的公共产品。由于市场力量不愿介入或不能介入的，它必须由政府利用其所掌握的专利运营公共资源来生产，通常由政府免费提供。而后者不具有完全的非排他性和非竞争性，例如，尽管专利价值分析体系的服务标准由政府制定，但具体的专利价值分析专业服务则由专利运营机构承担，自然具备实行收费或排他的正当性。

略作分析可知，专利运营公共产品大都属于典型的价值性的准公共产品。其对所有专利运营市场主体都是有价值的，所有市场主体对其都有消费需求，因而单靠政府或市场一般来说很难完全满足所有市场主体的消费需求。通常而言，生产价值性的准公共产品的有效方式是政府与市场的合作生产，以市场力量打破原有的政府垄断地位，以市场力量弥补政府供给的不足。因此，在专利运营体系中，可由中心平台负责为市场主体提供免费或廉价的公共产品，满足其专利运营的一般性基础需求，而由专利运营机构为市场提供满足个体偏好的专利运营高端产品。

（二）市场化路径

为了确保中心平台市场化运作，必须建立现代企业制度，确保政企分开。中心平台市场化的前提是厘清政府与市场的边界，强化内部治理，履行市场监管。

1. 明确平台的功能定位

中心平台作为构建中国专利运营体系的基础设施，由中央财政出资建设，是政府主导下的特许经营企业，需要向社会提供专利运营公益性服务。同时，为保证中心平台的市场活力，具备自我造血机能，平台引入经营团队开展市场化运作。一方面，坚持政府主导，有利于聚集资源，增强平台的公信力和权威性，形成规模效应，有助于形成统一的专利运营市场。另一方面，坚持市场化运作，建立合理的投资回报机制，吸引社会资本和专业人才，降低管理成本，提高市场运行效率。实现上述目标的前提是既要合理界定政府的职责定位，又要依靠市场的力量解决平台自身发展的问题。其中，政府要集中力量做好顶层设计和发展规划，制定配套扶持政策，加强市场监管，绝不干预平台内部管理和项目建设。

2. 完善平台的治理结构

采用公司制治理是中心平台市场化运作的基本前提。作为独立的企业法人，平台具有独立的人事任免和运行决策机制，可从全球市场选聘经营管理人员，并建立有效的激励机制。允许管理层有条件持股，以风险和收益绑定优秀人才，加强业绩考核，实现公司治理优化。在公司内部治理上，要重点培养中心平台的市场功能和企业信用，完善投融资决策机制，建立完善的风险控制体系，加强项目管理能力，提高公司的科学决策水平。引入社会资本和战略投资者，聚合战略资源，推进股权结构多元化，进一步完善企业法人治理结构，建立内部制衡机制，防止不合理的让利或利益输送。

3. 强化平台的监管体系

政府要切实履行出资人的职责，根据平台的功能定位对其进行严格的监管，确保其在激烈的市场竞争中能够发展壮大，同时又能提供优质的专利运营公共产品。要规范中心平台的决策与管理制度，加强项目验收和资金使用效率评价，建立第三方评价机制，综合评价平台提供的专利运营公共产品、服务的数量和质量。

（三）治理模式

针对政府融资平台运作不透明、监管缺位、法人治理体制不健全等弊端，引入如新加坡淡马锡等国内外先进的国有企业治理模式，建立责权分明、层次清晰、制度完备、相互制衡的企业化治理模式。可按照《公司法》设立投资控股有限公司，对中心平台实施公司化运作，其经营范围包括：知识产权投资控股，知识产权重大项目投融资信用与增信管理，国内外知识产权运营服务，股权投资，投资管理。主要职责定位是投资控股或参股中心平台、特色试点平台、知识产权投资基金及相关重大项目。

1. 组织架构

依法设立股东会、董事会及监事会。股东会由全体股东组成，它是公司的最高权力机构。股东会表决权与股权比例对应，股东会普通决议获得50%以上表决权支持为通过，否则不予通过，股东会特别决议获得2/3以上表决权支持为通过，否则不予通过。因股东变更或注册资本变更需要调整各方所持有表决权的，应由变更后的所有股东一致同意方可调整，未经所有股东一致同意的，各股东所持有表决权不因股东变更或注册资本变更发生改变。董事会为公司决策机构。

2. 股权结构

由投资控股有限公司、经营团队、其他投资者等共同投资设立平台建设及运营主体。根据公司实际需要，立足平台建设、运营、发展战略大局，围绕平台有张力、可持续这一核心，通过公开公平公正程序，择优洽谈引入最有管理优势的经营团队，借助其独特的专业技术优势及资源为平台发展奠定基础。

四、市场准入制度

在中心平台上建立市场准入制度，对专利运营业务进行基本、初始干预，是政府履行专利运营市场监管职能、管理专利运营市场的制度安排。对中心平台的市场服务主体采取市场准入，有助于扩大专利运营市场空间和容量，提高市场交易效率，规范市场秩序，促进市场的合理竞争和适度扶持。参考其他产权市场的有效做法，在集中统一的中心平台上采取会员代理进场交易的模式，符合专利运营的特点和市场发展的需求。

专利运营过程中往往需要涉及市场风险、产业竞争、法律状况和价值评估等多个复杂业务环节。会员制有助于专利运营机构充分利用平台的市场信息，帮助委托人消除交易过程中的信息障碍，提高交易效率。

根据权利义务的不同内容，在中心平台可将会员分为特别会员和一般会员。特别会员是接受财政资金股权投资的专利运营机构，从事专利运营的代理或自营服务，管理指定国有专利资产的报价工作。一般会员是在中心平台登记注册成功的专利运营机构，只为供需双方的专利资产经营提供与所具备的业务资质相对应的审计、评估、法律服务、拍卖、招投标、财务咨询、管理咨询、技术分析等中介服务。

在中心平台运行初期，必须以建立集中统一的产权市场制度为目标，依法依规完善会员制度，形成有效的市场运行机制。特别会员对经平台确认的专利资产提供双边报价并享受相应权利。中心平台对其业务进行监督考核。要坚持适度投机和规范运营的原则，引导特别会员按照股权投资协议的约定开展自营业务，通过依法逐利行为实现机构良性发展，激活专利运营市场。

会员制度凸显出中心平台的公共性质。中心平台性质定位为非营利性，为供需双方和专利运营服务机构提供各类公共服务，专利运营服务机构则在平台上为供需双方提供市场化服务，收取佣金实现利润最大化。采取会员制度，可由会员开展专利运营市场化服务，中心平台提供相关的公共服务，并对其活动进行市场监管。

在专利运营市场的发展过程中，要对中心平台的会员制度及时改进和完善。一是要明确监管职责，对会员的市场活动进行管理和适时监控，及时发现情况并有效解决问题，对违法违规会员予以清退和处理。二是规范交易程序，引导交易主体进场，适应运营交易主体需要，创新服务产品，提升会员的专业化水平。三是完善会员制度，按照交易量和代理业务相匹配的原则合理确定会员数量，加强会员专业培训，并在平台上对会员资质以及从业人员资格进行认定。

五、运营交易规则

专利运营交易规则是规范市场的交易行为，维护交易市场秩序，保护市场参与者的合法权益的制度保障。一般情况下，专利运营常采用合同谈判的方式实现交易。近年来，在专利运营中开始引入竞价拍卖的方式。即在公开市场上通过多轮竞价、出价高者胜出的方式进行交易。竞价拍卖更能克服制约专利交易过程中的诸多障碍。一是由专利运营机构负责寻找潜在交易方，能够消除交易双方因交易需求信息不对称产生的社会成本。二是平台的开放性能够确保交易双方信息的公开和对等，专利运营机构的专业服务更有助于建立一个公开透明的市场。三是公开竞价具有价格发现功能，公开竞价能够体现专利资产的潜在价值。例如，2011年，以谷歌为首的财团与以苹果为首的财团以采取公开竞价的方式争夺北电公司数千件专利，最终成交价高达45亿美元。

在中心平台采取竞价拍卖的专利运营模式，信息将更加公开透明，有助于节约交易成本，客观评估专利价值，帮助供需双方广泛地选择交易伙伴，更好地满足大规模专利技术转移的市场需求。同时，专利运营机构亦将根据市场需求，在允许的条件下整合互补性专利，形成更具市场竞争力的专利组合，提升专利的价值。

但需要指出的是，竞价拍卖实际成功率并不高。"在竞价拍卖中，权利人和竞买者对于价格评估的方法不同：竞买人在评估专利价值时主要考虑未来专利收益的现值，而权利人则以市场以及个人预期为判断基础。由于缺乏市场评估和价格引导机制，导致专利权人的预期价格过高，对专利的价格设置过高，很难有合适的交易对手，导致专利资产的流动性严重不足。"❶

下面结合中心平台的体系架构和业务模式，引入做市商制度，创设提出适于专利运营特点的市场交易规则。采取的基本方式是：在平台上由特定市场主体向投资者提供特定专利资产（主要针对相对标准化的专利池）的买卖价格（即双向报价），并按其提供的价格接受投资者的买卖要求，以其自有资金和专利与投资者进行交易。做市商制度能够促进专利资产的市场即时性和流动性，并进一步满足社会资本的创新投资需求。即便是完全竞争状态的专利运营市场，亦可通过做市商的制度加速市场均衡。

1. 特点及作用

一是能够增强市场的流动性。在没有对手方的情况下，专利投资者可以与做市商直接完成交易。当出现买卖指令不均衡现象时，应由做市商承接买单或卖单，缓和价格波动。如买单多于卖单，则做市商必须履行卖出义务，增强市场吸引力。做市商制度可以确保不间断的市场交易活动，充分活跃市场，有效避免市场周期性波动。

二是具有价格发现的功能。做市商长期动态跟踪专利资产价格的变化，衡量自身风险和市场收益，依据专业知识判断专利资产价格，并向市场参与者提供公允报价。一方面，做市商的双向报价为市场交易提供了市价的参考。另一方面，投资者基于报价进行决策，反过来也影响到做市商的报价。

三是推动专利池的达成。专利资产包一般规模比较大，风险比较高，对专业性和资金量要求较高，需要特定的投资者。原则上，做市商应当有能力承担

---

❶ 来小鹏，李桢. 完善我国专利拍卖的法律思考 [J]. 中国发明与专利，2011（11）：24-27.

专利池交易所需的资金。只要有任意买卖一方，即可将做市商作为交易对手进行交易。

四是稳定市场价格。在专利资产价格异常波动时，做市商须逆市而动参与做市，逢低吸纳，逢高抛售，起到稳定价格、遏制投机的作用，保障市场平衡运行。在平台上引入多家做市商，通过彼此竞争可以抑制价格操纵行为。同时，也要监督做市商行为，强化信息披露，防范做市商联手坐庄获取不正当利益。

2. 市场主体及要求

知识产权运营基金是专利运营市场新型的合格投资者，也可成为未来投资主体的重要组成部分。在专利运营市场的发展中，专利资产的规模性提高了购买方的进入门槛。可以要求购买方的自有资金或等价资产达到50%，其缺口部分可由包括产业投资基金、大型企业甚至中小企业或个人在内的其他投资主体出资。对于高含金量的专利运营交易项目，自有资金或等价资产撬动的交易杠杆会放大，可以适当放松自有资金或等价资产方面的硬约束。对于专利运营市场资金进入方面的桎梏，具有资金规模性、风险偏好性和投资针对性的知识产权运营基金增加了专利运营的灵活性和成交率。

财政部会同国家知识产权局已于2015年共计投入4亿元在部分省份分别设立重点产业知识产权运营基金，2016年将扩大到部分产业基础较好的中心城市。该类基金作为产权投资基金，面向国家战略产业和区域优势产业，发挥财政资金引导作用，与社会资本共同组建。它依托知识产权联盟等市场主体，培育和运营高价值专利，加强国际市场专利布局，推动专利与标准融合，支持一批能够有效支撑产业升级发展的专利组合。为了保证专利运营市场公平有序地运行，积极探索产业知识产权运营的商业模式，可在中心平台由财政出资成立的重点产业知识产权运营基金充当做市商。由于平台的专利运营交易有望在投资方和做市商之间直接完成，将有效解决供需双方对专利资产供求的时间错配问题，大大增加专利运营市场的流动性和交易的平稳性。

财政出资设立的重点产业知识产权运营基金除承担培育高价值专利的功能外，还应承担为该专利组合"做市"的功能。一旦某支知识产权运营基金确定为某一专利做市，那么它必须连续报出买价和卖价，并使用自有资金无条件地按照报价买入或卖出投资者指定数量的专利。允许多支重点产业知识产权运营基金同时对某一专利（组合）做市报价，以保证专利运营的稳定性和连续性。

重点产业知识产权运营基金在中心平台上做市商，能够促进创新资源优化配置，强化平台融资功能，活跃专利运营市场，促进国有财政资助专利转移转化，为普通投资者分享专利运营市场的发展提供契机。作为产权投资基金，知识产权运营基金可进一步吸纳私募股权投资基金和风险投资基金等社会资本，利润共享，分享共担，将专利资产作为股权投资高增长潜力的未上市企业，在企业发育成熟后以股权转让的方式实现资本增值，进一步拓宽专利资产价值实现渠道，实现预期的资本回报。通过重点产业知识产权运营基金在中心平台上的专业投资和高效运作，形成真正意义上的"专利做市商"，将为专利运营市场注入资本的动力，促进专利资产的流动性。

因此，可参照金融市场的基本交易模式❶，在中心平台采取集中竞价和做市商相结合的综合运行模式，克服传统专利运营交易模式的缺陷，进一步提升市场运行效率。

第四节　知识产权运营公共服务中心平台业务体系

专利运营模式创新带来了专利运营业务种类和复杂性的急剧提升。中心平台是为专利运营供需双方和专利运营第三方市场化机构提供服务的第四方平台，用信息化的方式来披露专利运营交易信息、开展专利运营交易业务、监测专利运营交易过程。根据中心平台的功能定位，按照前述运行规则构建支撑性的业务体系，才能将中心平台的服务优势、信息优势和资本优势统一整合，真正成为专利运营高度市场化的核心载体。

通常的平台业务体系一般按照用户和交易的数据逻辑结构，并围绕业务类别、数据交互、信息通信、产品展示等方面分层次进行构建，多关注信息安全、数据冗余及系统扩展性等要求。本节拟摒弃传统的数据逻辑划分方式，采用业务要素分析的方法对专利运营市场宏观结构和微观结构进行探讨，梳理归类相关的市场要素与业务模式，抽象出与专利运营密切相关的基础业务要素并

---

❶ 股票、债券、外汇、金融衍生品、黄金市场等金融市场通常采取做市商和集中竞价相结合的市场交易机制。

进行归纳分类，系统规划设计中心平台业务体系结构，并针对性地给出了相应系统的建设方案。

一、运营业务要素

专利运营市场是现代市场经济体系的重要组成部分，而中心平台是专利运营市场体系的运行枢纽。在专利运营的市场体系中，中心平台定位为市场参与者围绕专利产业布局、价值评估、权属交易等对专利资产进行处置、重组、并购、融资及证券化等市场化运作的场所。在中心平台上，市场需求、运营规则、交易费用、价格透明度等因素共同决定专利资产的价格。对各类业务要素进行分类和归并，有利于建立层次清晰、运行顺畅的平台业务体系。

在中心平台的外部结构中，核心业务要素主要包括：①市场主体，即专利权人、企业、高校、科研院所、产业平台和区域平台、各类金融机构和投资机构等运营参与方；②市场客体，即单一专利或专利组合的许可权、使用权、担保权、收益权等资产标的物；③市场媒介，即专利信息服务机构、法律服务机构、管理咨询机构、资产评估机构及专利经纪人等专业服务机构；④市场价格，即不同专利运营标的物的市场价格及其价格形成机制。

在中心平台的内部结构中，核心业务要素包括开展专利运营的市场组织架构、交易规则和运行制度，具体涵盖价格发现机制、资金清算机制、信息披露机制、市场稳定机制（见图6-6）。

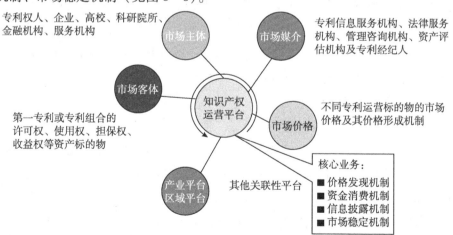

图6-6　专利运营业务要素

二、业务体系结构

在以往的专利运营实践中，专利运营机构多关注市场客体自身的交易特性，而忽略市场主体的运作能力。事实是，面向关系客户的专利运营业务，不仅需要基于供需双方的需求对围绕专利权属信息、法律状况、技术情报等方面进行信息管理，还需要开展专利托管、专利联盟、专利池构建等工作加强资产管理。同时，专利运营过程中形成的权属关系变化、资产转移方式、合法有效的交易环境均是专利运营的关键要件。按照各类基础要素与专利运营业务的关联性，对上述平台的结构要素可以归并为运营主体、运营客体、运营规则和运营场所四个方面。

可按照面向对象的方法，针对运营主体、运营客体、运营规则、运营场所四个基础业务要素设计平台业务体系结构。其中，"运营主体"包括供需双方及专利运营机构，对应用户层；"运营客体"指专利权能分离或组合后的专利资产，包括专利许可权、专利担保权、专利使用权、专利收益权等，亦包含中心平台可为运营主体提供的专利资产管理服务，对应资产层；"运营场所"特指中心平台，负责信息披露、规则制定、资产定价、资金清算和资产交割等，对应市场层；"运营规则"主要指专利资产市场化运作规则的宏观分类，涵盖会员制和做市商等制度，对应业务层。

该结构是利用互联网技术形成以中心平台为核心，线上与线下服务相结合的集中式中央数据管理、分布式运营业务处理的运营网络体系。它将中心平台、特色试点平台，以及重点产业专利运营基金、特别会员、一般会员以及分布在各地的高校、科研院所、产业专利联盟、区域和产业运营中心有机连接，实现信息披露、业务委托、指令传送、权属转移、登记查询等功能相互融合，共联共享。

对照上述用户层、资产层、市场层、业务层四个圈层的划分，可将中心平台业务体系具体设计为五大业务系统组成。其中，市场接入系统用于中心平台系统与各业务节点的通信对接；交易业务系统对应传统的专利权许可、转让等资产交易类业务的运行管理；信用业务系统对应新型的专利权质押、专利信托、专利证券化等信用交易类业务的产品创新；资产信息系统则统一提供专利资产管理和专利价值分析的相关综合服务；市场监管系统面向中心平台所有客户履行市场监管的职责，全面负责投资者和运营主体管理工作。

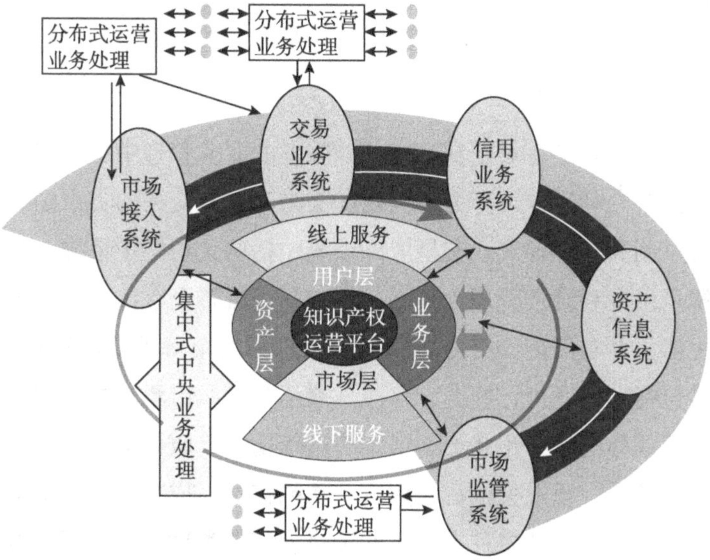

图 6 - 7　专利运营业务体系结构

三、基本业务系统

平台的各大业务系统必须专业化分工明确，具备可实现性、可操作性和可扩充性，确保满足各种专利运营模式的业务需求，并适应专利运营业务不断创新的发展趋势。下面将对中心平台的业务系统分别进行简要描述。

（一）市场接入系统

市场接入系统是平台用以对接市场前端系统和后台数据系统的通信管理中心。该系统以中心平台为接入中心，以特色试点平台、重点产业专利运营基金、接受股权投资的专利运营机构及产业或区域运营中心为节点，将企业、高校、科研院所、专利运营机构、金融机构、投资机构等终端接入，形成全方位的覆盖全国、面向产业、链接机构的专利运营网络。其主要功能包括交易指令管理、市场权限管理、服务产品管理三类功能。其中，交易指令管理保障本地数据系统与运营主体的正常对接与通信；市场权限管理负责平台会员数据管理和参与权限；服务产品管理维护专利运营交易的服务信息，并实时汇总采集、在线统计分析。根据不同的运营主体，市场接入系统可自动给予分配不同权限和速率的接入通道。

（二）交易业务系统

交易业务系统是平台对专利运营基础服务的业务管理中心。依据专利运营的标的物不同，专利运营可分为专利资产交易和服务交易两类市场形态，对应相应的交易机制和管理模式。交易业务系统包括两大功能子系统。其中，资产交易子系统是以专利资产管理为核心，在专利权流转及存续期内，围绕运营合同、运营主体、专利资产、交易费用、运营行为五个基础要素进行全面管理。其主要功能包括动态竞价、展会、路演、展示等在线市场功能；转让、实施许可等专利运营业务的电子化登记、备案管理等功能。服务交易子系统则是以运营服务订单为核心，重点关注订单生成、前端核对、成交执行、撤销或失效等一系列订单行为，并支持多种专利运营策略和订单类型。其主要功能包括供需信息、交易信息、服务信息等的审核、发布和管理功能；交易与服务订单流程、支付流程的管理功能；交易双方和机构的评价、售后服务、交易历史的管理功能；交易与服务流程的监控功能。

（三）信用业务系统

信用业务系统是平台对专利运营创新业务的合约管理中心，专利权质押融资、担保信托、出资入股、证券化等业务都隶属信用交易业务范畴。与交易业务相比，信用业务中涉及的运营主体多元，资产权属复杂，运营模式多样，业务风险和管理难度较大。但尽管专利运营的信用交易产品繁多，但其核心控制点是专利资产风险管理。因此，信用业务系统的业务流程设计可以强化风险管控为核心，按照合同订立前、执行中、履约后三个时间节点，围绕信用合约、专利资产、风险控制、业务关联、运营行为五个基础要素进行管理。其主要功能包括对接在线支付、资金结算、资金监管和权属登记系统。加强信息披露和业务对接；整合各类专利金融服务资源，集成创新专利金融产品，畅通质物处置渠道。

（四）资产信息系统

资产信息系统是平台对专利运营资产信息的综合管理中心。一方面，该系统负责运营主体的专利资产登记和资金结算，提供专利资产托管和交易资金三方存管等服务。另一方面，该系统通过累积专利运营财务数据查询、过程文档查询、法律状态查询、缴费信息查询、登记备案查询等信息，基于专利的技术、经济、法律的多维特性建立专利价值辅助分析体系，为投资人判断专利价值、确定投资规模及定价提供参考。其主要功能包括专利资产查询功能、支付与多级结算功能、资金支付渠道管理以及基于大数据和智能化技术的专利价值动态自动评估；基于标准化评估流程的人工评估；专利评估相关的信息查询、浏览和下载等功能。

（五）市场监管系统

市场监管系统是平台对专利运营主体市场行为的监督管理中心，主要包括客户服务和服务评价两个子系统。

在客户服务子系统中，为保证参与专利运营的意愿是由专利权人或投资者本人发起，系统需建立客户识别机制和信息披露机制，对专利权人、金融机构、投资机构、专利运营服务机构等各市场参与方进行实名认证校验，方能办理账户开立、变更、销户等账户事宜或允许提供专利实施许可合同备案、专利权质押登记、专利著录项目变更、专利权托管等在线登记服务。对于投资主体部分高风险业务的权限开通，建立联动回访机制，确认投资者对专利运营业务流程与风险情况已有较为全面的认识。

在服务评价子系统中，建立诚信数据采集、自动评价、人工评估、结果发布、信用查询等功能模块，采取实时监管和事中事后监管相结合的方式，对专利运营主体实施分级分类管理和监督惩戒机制，及时披露各类专利运营信息。为切实保障运营主体的合法权益，避免专利运营机构盲目承揽与自身风险偏好或投资经验不符的业务，系统应具有客观的适当性评价功能。具体包括采集投诉处理数据、奖励惩戒数据、诚信守诺数据等，实现系统自动评价；对于无法量化的方面，采取人工评估。定期发布运营机构的诚信水平，建立诚信激励机制，落实失信惩戒措施。支持按地区、行业、诚信水平等查询运营机构的诚信信息。

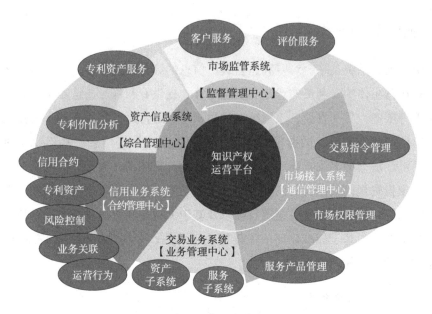

图6-8 专利运营平台基本业务系统

专利运营的商业模式不断创新，专利金融衍生品层出不穷，必将使得专利运营的业务种类与规模持续增长，业务定位和交易流程更加复杂。因此，设计中心平台的业务体系结构时，必须坚持明确业务定位，简化业务模型，建立规范通用的数据标准，以确保核心业务系统的一致性和开放性。同时，要在中心平台的各系统之间形成更为有效的信息对接和功能共享，提高开展专利运营业务的高效性和灵活性，保证核心业务系统能够快速适应新业务需求，有效降低系统建设与维护成本，保持系统整体架构稳定，避免因系统体系冗杂引发的技术风险。

第五节 本章小结

构建专利运营体系是我国激励创新主体、引导创新投资的客观需要，也可成为推进加速创新要素市场化改革的主要突破口。以市场化的方式推动专利运营的本质在于理顺政府和市场的关系。从这一角度出发，专利运营一端面向市场运行，一端面向政府职能。在多元协同的社会治理环境下，政府部门要想做好专利运营市场的顶层设计和公共服务，不仅要有把握宏观全局、履行管理职能的视角，更需要依靠一个基于互联网与大数据技术的专利运营交易和服务平台，为创新成果市场转化提供全方位、系统化的支撑，才能有望形成以网络化互动为特征、大数据专利运营服务为支撑、纵横协调、多元统一的知识产权治理新模式。因此，将全国性的知识产权运营交易和服务平台作为深化专利运营市场化改革的抓手更具突破性和可操作性。

知识产权运营交易和公共服务平台由政府主导建立，以市场化方式运作。该平台的基本服务包括：信息发布、信息查询、交易管理、渠道服务以及人才培养等。通过构建合理的市场参与机制、建立统一的市场运营规则、建设必要的市场准入制度、完善相关的市场政策法规，以形成功能齐备、链条完善的业务体系为目标，平台建设将促进形成可持续发展、自我创新的专利运营生态环境。

全国性的知识产权运营公共服务中心平台建设将定位于为专利运营市场主体提供全方位的信息、制度和服务供给，具体包括产权制度供给、交易信息供给、运营服务供给。该平台的具体功能包括：落实专利运营扶持政策、推动平台权威公信体系建设、推进专利运营在线备案及信息公开、规范专利运营流程、统筹专利运营业务协作以及构建风险监控防范机制。其主要服务功能包括信息服务功能、价值评估功能、决策支持功能、运营服务功能、人才培养功能、诚信评价功能和金融服务功能七大功能。

围绕更好地向社会提供优质高效的专利运营公共服务和产品，有效解决平台有效率的市场运作和可持续发展，履行简政放权，放管结合，转变政府职能有关要求等问题，中心平台将按照"政府引导、市场运作、利益共享、风险共担"原则，以特许经营的方式指定建设运营主体完成设计、建设、运营。根据专利运营公共服务的性质和特点，中心平台的治理需要建立责权分明、层次清晰、制度完备、相互制衡的企业化治理模式和组织架构。在专利运营体系中，可由中心平台负责为市场主体提供免费或廉价的公共产品，满足其专利运营的一般性基础需求。为维护市场秩序，促进市场的合理竞争和适度扶持，在中心平台上将建立市场准入制度，采取会员代理进场交易的模式。同时，鉴于做市商制度能够增强市场的流动性，具有价格发现、推动专利池的达成以及稳定市场价格等特点和作用，可在中心平台采取集中竞价和做市商相结合的综合运行模式，克服传统专利运营交易模式的缺陷，进一步提升市场运行效率。

根据中心平台的功能定位，按照前述运行规则，中心平台的业务体系结构包括用户层、资产层、市场层和业务层，分别对应运营主体、运营客体、运营规则、运营场所四个基础业务要素。同时，中心平台的业务系统由市场接入系统、交易业务系统、信用业务系统、资产信息系统以及市场监管系统五个子系统构成。

全国性知识产权运营公共服务中心平台的建设对于专利的产权流动和资产的保值增值将起到重要的促进作用，必将成为对接资本市场的重要市场化平台。但总体上看，专利运营属于新兴的产业形态，要将知识产权运营公共服务中心平台建设为成熟的产权交易市场还有很长的路。设计建设好全国性知识产权运营公共服务中心平台，对于加快产权市场体系建设和功能完善，促进产权市场的发展具有重要的现实意义。

结　论

一、研究的结论

构建中国专利运营体系是完善产权制度、保护产权的重要政策举措，也是新常态下供给侧结构性改革的重大制度创新。专利运营产业的发展对于实现创新驱动发展战略的重大目标、推动我国产业迈向中高端发展水平、加快知识产权强国建设具有重大的现实意义。本书基于全新的理论视角，充分借鉴新制度经济学、社会学、生态学等基础理论，对构建中国专利运营体系开展实证研究。本研究主要得出以下基本结论。

第一，全面阐述专利运营体系特点及发展趋势，紧扣专利制度的产权本质辨析专利运营的基本概念，将专利资产有效性、市场运作资本化、商业模式成熟度归纳为影响专利运营效率的核心三要素，产业竞争、亲专利政策和资本运作是专利运营发展的动因。首次从产权的视角深刻剖析了全球专利运营产业的发展态势、产业形态、运营模式，多层次、多角度地剖析我国专利运营产业发展及其影响因素，提出了明晰产权归属、提高产权效率、强化产权功能为目标的中国专利运营产业发展的内在逻辑，指出推动技术创新发展、加快要素市场化改革、强化产业国际竞争力是中国专利运营产业发展的需求导向。

第二，综合运用新制度经济学、生态学等相关理论和分析方法，从产权界定、产权结构、产权交易、产权保护四个方面阐明了专利权的权利归属、权能结构、交易成本和保护方式，系统阐述专利运营中产权界定、资源配置效率和交易成本三者之间的内在联系，剖析了专利运营与制度变迁的内在联系、互动方式、路径依赖。立足生态系统的层次结构、共生机制和治理结构设计提出了基于专利运营的创新生态系统概念模型，从而以产权制度和生态学的双向视角审视中国专利运营体系构建的关键问题。构建以产权明晰为起点的专利运营体系将成为破解中国科技成果转化难的关键举措。

第三，充分借鉴成熟市场国家有关促进产权明晰、加强产权保护、扶持产权流转的专利运营政策设计，分析提出了中国专利运营政策体系的价值取向、治理模式和实现路径。按照"产权明晰、权责明确、流转顺畅、严格保护"的核心理念，整体设计中国专利运营体系的政策框架，系统构建了以明晰产权、权责明确、信息公开为核心的创新管理政策，以降低交易成本、提高运营效率、激励市场主体为目的的财税激励政策，以引导市场方向、探索市场机制、激活市场动力为路径的产业发展政策和以专利审查确权、社会信用体系和反垄断规则为架构的知识产权保护政策。

第四，将建设专利运营基础设施作为构建中国专利运营体系的核心，系统阐述了知识产权运营公共服务的基本内涵和实现路径，围绕制度供给、信息供给、服务供给明确平台功能定位，研究制定了涵盖建设运行、风险防控、治理体系、市场准入、运营交易的平台运行规则，并按照面向对象的方法设计出适应专利运营不同模式和发展演变的业务体系。创造性地提出采取集中竞价和做市商相结合的综合运行模式，改进专利运营的价格形成机制，进一步提升专利运营市场的有效性和流动性。

二、研究的不足

本研究力求从理论基础、政策设计和平台建设三方面对构建中国专利运营体系进行理论和实证研究，初步取得了预期的理论和实践研究结论。

本书仅仅是完成了中国专利运营体系的整体框架设计，从顶层设计的角度提出了体系化的措施，但仍然缺乏实证研究和必要的定量分析，对于可能会出现的问题没有进行充分论证和全面分析，对于具体实现路径缺少精细化设计，对平台系统社会经济效益未开展定量化评估。在目前完成的研究中，对于专利运营的生态学模型尚不成熟，对于基于专利运营协同网络的创新模式有待深入思考，需要加强对实证数据的收集，有待进一步研究专利运营与创新生态和产业经济的互动关系，研究构建基于专利运营的产业经济模型。构建中国专利运营体系属于宏大的实证命题，需要持续深入地研究，并及时总结经验，认真面对包括市场失灵、政府过度干预、治理失衡等发展中可能出现的问题，并不断采取针对性的政策措施。

下一步需要及时关注国内外立法实践和产业动向，从产业经济学、社会学等多学科角度全面、系统、深入地研究国内外专利运营机构的成功商业模式和有效运行机制，持续评估全国性的知识产权运营公共服务中心平台的建设方式和运行模式，提出推进中国专利运营体系长远发展的新思路、新措施。

三、研究的展望

为落实创新驱动发展战略和知识产权战略，从顶层设计出发，发挥体制优势，以互联网思维全面系统构建中国专利运营体系，是世界水平的制度创新，极富创新性和挑战性。全国性的知识产权运营公共服务中心平台已经列入国家"十三五"规划的重大项目，正在加紧研发和建设中。中心平台的建成将是中国专利运营体系甚至是全球专利运营体系重构迈出的坚实一步。对于中国专利运营体系的理论研究和实践探索来自实践、服务实践、引领实践，将会成为经济学、社会学、创新理论和知识产权等方面的重大学术热点，并扩展到复杂性系统等更多的理论学科，引入网络行为分析等更多的研究方法，为知识产权制度创新奉献中国思想。

我们展望，全国性知识产权运营公共服务中心平台的建成、运营和发展，会催生新的服务业态，更多地吸引创新投资，更好地聚合创新资源，不断激活专利运营市场，全面重塑创新生态，在全球率先形成统一、开放、竞争、有序的专利运营市场体系，引领世界范围内的专利运营产业的发展。知识产权运营公共服务中心平台的创新和发展，在平台上形成的创新主体之间的生态关系，新的产权结构和权益分配机制，与创新深度融合的投资方式和服务方式，都将为研究提供生动具体的样本和案例，有助于我们进一步把握专利运营产业的未来发展方向。可以预见，随着全球专利运营产业的不断发展，必将带动创新方式的裂变，并对世界创新格局产生深远影响。在以构建专利运营体系为核心的国家创新体系发展研究中，产权将成为创新生态系统中各种社会关系的总和。对其系统的研究和探索或有可能衍生出可称为"产权生态学"的新的经济学和生态学交叉学科。

参考文献

[1] 李昶, 唐恒. 城市专利运营体系的构建 [J]. 知识产权, 2016 (2): 99 - 102.

[2] 王鸿貌, 杨丽薇. 欧洲十二国专利盒制度的比较与借鉴 [J]. 知识产权, 2016 (4): 108 - 113.

[3] 温兴琦. 基于共生理论的创新系统结构层次与运行机制研究 [J]. 科技管理研究, 2016 (14): 1 - 5.

[4] 杜浩然, 黄桂田. 产权结构变动对经济增长的影响分析——基于中国 30 省份 1995—2013 年面板数据的实证研究 [J]. 经济科学, 2015 (3): 20 - 31.

[5] 刘然, 蔡峰, 宗婷婷, 孟奇勋. 专利运营基金: 域外实践与本土探索 [J]. 科技进步与对策, 2015 (1).

[6] MIHIR PATEL, LINDA BIEL. 再度兴盛 [J]. 知识产权资产管理, 2015 (1).

[7] 曾益康. 略论美国专利池的历史与发展趋势 [J]. 法制与经济, 2015 (z1): 13 - 15.

[8] 丁道勤. 美国亲专利政策的司法变迁及其启示 [J]. 云南大学学报: 法学版, 2014 (5): 158 - 162.

[9] 李万, 常静, 等. 创新 3.0 与创新生态系统 [J]. 科学学研究, 2014 (12): 1761 - 1770.

[10] 刘红光, 孙惠娟, 刘桂锋, 孙华平. 国外专利运营模式的实证研究 [J]. 图书情报研究, 2014 (2): 39 - 44, 49.

[11] 吴绍波, 刘敦虎. 新兴产业平台创新生态系统形成及其管理对策研究 [J]. 科技进步与对策, 2014 (5): 65 - 69.

[12] 王天骄. 中国科技体制改革、科技资源配置与创新效率 [J]. 经济问题, 2014 (2): 33 - 39.

[13] 徐兴祥. 知识产权权能结构法律分析 [J]. 法治研究, 2014 (7): 112 - 119.

[14] 董丽丽, 张耘. 国际技术转移新趋势与中国技术转移战略对策研究 [J]. 科技进步与

对策, 2013 (14)：99－102.

[15] 黄贤涛, 王文心. 提升企业知识产权资产管理能力 [J]. 求实, 2013 (1)：130－131.

[16] 张士运, 刘彦蕊. 德国史太白技术转移网络的发展经验与政策启示 [J]. 中国科技论坛, 2013 (3)：145－149.

[17] 丁锦希, 李伟, 郭璇, 等. 美国知识产权许可收益质押融资模式分析——基于 Dyax 生物医药高科技融资项目的实证研究 [J]. 知识产权, 2012 (12)：99－103.

[18] 古村, 陈磊, 林举琛. 我国现有专利池及其知识产权政策研究 [J]. 中国发明与专利, 2012 (6)：17－21.

[19] 刘文涛. 开放式创新环境下技术创新面临的挑战 [J]. 科技管理研究, 2012 (3)：12－14.

[20] 来小鹏, 李桢. 完善我国专利拍卖的法律思考 [J]. 中国发明与专利, 2011 (11)：24－27.

[21] 傅琦童, 朱颖. 基于国外经验对我国知识产权证券化操作结构的思考——以耶鲁大学专利权证券化为例 [J]. 中国外资, 2010 (11)：255－257.

[22] 廖晓淇. 美西地区科技创新和知识产权体系考察报告 [J]. 中国软科学, 2009 (2)：177－182.

[23] 邹小芃, 王肖文, 李鹏. 国外专利权证券化案例解析 [J]. 知识产权, 2009 (1)：91－95.

[24] 和育东. "专利丛林" 问题与美国专利政策的转折 [J]. 知识产权, 2008 (1)：92.

[25] 袁庆明. 新制度经济学的产权界定理论述评 [J]. 中南财经政法大学学报, 2008 (6)：25－30, 142－143.

[26] 朱国军, 杨晨. 企业专利运营能力的演化轨迹研究 [J]. 科学学与科学技术管理, 2008 (7)：180.

[27] 管煜武, 单晓光. 美国亲专利政策与高科技产业竞争力 [J]. 科学学研究, 2007 (4)：654－659.

[28] 郑玲, 赵小东. 政府资助研发成果知识产权管理制度探析 [J]. 知识产权, 2006 (5)：42－45.

[29] 张慧娴. 我国宪法私有财产权中的科思定理 [J]. 经济论坛, 2005 (11)：128－129.

[30] 陈建青, 扬甦华. 创新、经济增长与制度变迁的互依性 [J]. 南开经济研究, 2004 (4)：28－30, 51.

[31] 王洪涛. 威廉姆森交易费用理论述评 [J]. 经济经纬, 2004 (4)：11－14.

[32] 黄鲁成. 区域技术创新系统研究：生态学的思考 [J]. 科学学研究, 2003 (2)：

215 - 219.

[33] 黄鲁成. 区域技术创新生态系统的特征 [J]. 中国科技论坛, 2003 (1)：23.

[34] 伍山林. 交易费用定义比较研究 [J]. 学术月刊, 2000 (8)：8 - 12.

[35] 张五常. 交易费用的范式 [J]. 社会科学战线, 1999 (1)：1 - 9.

[36] 刁永祚. 产权效率论 [J]. 吉林大学社会科学学报, 1998 (1)：73 - 76.

[37] 古绪鹏. 技术创新过程中产权激励作用的探讨 [J]. 科研管理, 1998 (2)：17, 29 - 32.

[38] 杨瑞龙. 我国制度变迁转换方式的三阶段论 [J]. 经济研究, 1998 (1)：3 - 7.

[39] 张旭升, 孟庆伟. 企业技术创新的产权激励模式 [J]. 科研管理, 1998 (3)：31 - 37.

[40] 戴维斯, 诺思. 制度变迁的理论：概念与原因 [A] //科斯, 等. 财产权利与制度变迁——产权学派与新制度学派译文集. 上海：上海三联书店, 2004.

[41] 拉坦. 诱致性制度变迁理论 [A] //科斯, 等. 财产权利与制度变迁——产权学派与新制度学派译文集. 上海：上海三联书店, 2004.

[42] 罗纳德·科斯. 社会成本问题 [A] //科斯, 等. 财产权利与制度变迁——产权学派与新制度学派译文集. 上海：上海三联书店, 2004.

[43] 舒尔茨. 制度与人的经济价值的不断提高 [A] //科斯, 等. 财产权利与制度变迁——产权学派与新制度学派译文集. 上海：上海三联书店, 2004.

[44] 丹尼尔·W. 布罗姆利. 经济利益与经济制度——公共政策的理论基础 [M]. 上海：上海三联书店, 上海人民出版社, 1996.

[45] 王钦, 赵剑波. 步入"创新生态系统"时代 [N]. 中国社会科学报, 2013 - 07 - 31 (482).

[46] 王晋刚. 专利疯、创新狂——美国专利大运营 [M]. 北京：知识产权出版社, 2017：49 - 60.

[47] 中国科协调研宣传部, 中国科协创新战略研究院. 中国科技人力资源发展研究报告 (2014) ——科技人力资源与政策变迁 [M]. 北京：中国科学技术出版社, 2016.

[48] 徐大伟. 新制度经济学 [M]. 北京：清华大学出版社, 2015.

[49] 毛金生, 陈燕, 等. 专利运营实务 [M]. 北京：知识产权出版社, 2013.

[50] 凯文·凯利. 失控：机器、社会与经济的新生物学 [M]. 北京：新星出版社, 2011.

[51] 黄璐琦, 郭兰萍. 中药资源生态学 [M]. 上海：上海科学技术出版社, 2009.

[52] 王玉民, 马维野. 专利商用化的策略与运用 [M]. 北京：科学出版社, 2007.

[53] 国彦兵. 新制度经济学 [M]. 上海：立信会计出版社, 2006.

[54] 周其仁. 产权与制度变迁：中国改革的经验研究（增订本）[M]. 北京：北京大学出

版社，2004.

[55] 盛洪. 现代制度经济学（上卷）［M］. 北京：北京大学出版社，2003.

[56] 程虹. 制度变迁的周期———一个一般理论及其对中国改革的研究［M］. 北京：人民出版社，2000.

[57] 柯武刚，史漫飞. 制度经济学———社会秩序与公共政策［M］. 北京：商务印书馆，2000.

[58] 张五常. 佃农理论［M］. 北京：商务印书馆，2000.

[59] 吴汉东. 知识产权法［M］. 北京：中国政法大学出版社，1998.

[60] M. 奥尔森. 集团行动的逻辑［M］. 上海：上海人民出版社，1994.

[61] R. H. 科斯. 论生产的制度结构［M］. 北京：人民出版社，1994.

[62] 国家知识产权局知识产权发展研究中心. 2016 年中国知识产权发展状况评价报告［R/OL］. http：//www. sipo – ipdrc. org. cn/article. aspx？ id = 427，2017 – 06 – 14/2017 – 06 – 17.

[63] 国家知识产权局. 2016 年中国知识产权保护状况［R/OL］. http：//www. sipo. gov. cn/zscqgz/2016zgzscqbhzkbps. pdf，2017 – 04 – 25/2017 – 06 – 17.

[64] 国务院法制办公室. 关于《中华人民共和国专利法修订草案（送审稿）》公开征求意见的通知［EB/OL］. http：//www. chinalaw. gov. cn/article/cazjgg/201512/20151200479591. shtml，2016 – 12 – 02/2017 – 06 – 17.

[65] 国家统计局，科学科技部，财政部. 2015 年全国科技经费投入统计公报［R/OL］. http：//www. stats. gov. cn/tjsj/zxfb/201611/t20161111_1427139. html，2016 – 11 – 10/2017 – 06 – 17.

[66] 国家知识产权局知识产权发展研究中心. 2015 年中国知识产权发展状况报告［R/OL］. http：//www. sipo – ipdrc. org. cn/article. aspx？ id = 377，2016 – 06 – 13/2017 – 06 – 17.

[67] 张维. 调查：九成受访者建议加大知识产权保护力度［N］. 法制日报，2017 – 04 – 26. 转自中国日报 http：//www. chinadaily. com. cn/micro – reading/2017 – 04/27/content_29111639. htm，2017 – 04 – 27/2017 – 06 – 17.

[68] 国家知识产权局. 国家专利导航产业发展实验区名单（截至 2016 年 6 月）［EB/OL］. http：//www. sipo. gov. cn/ztzl/ywzt/zldhsdgc/gjzldhcyfzsyq/201606/t20160602_1272703. html，2016 – 06 – 02/2017 – 06 – 21.

[69] 国家知识产权局. 2015 年专利统计年报［R/OL］. http：//www. sipo. gov. cn/tjxx/jianbao/year2015/indexy. html，2015 – 12/2017 – 06 – 17.

[70] 国家知识产权局. 国家专利运营试点企业（生产型企业）培育工作指引［EB/OL］.

http://www.sipo.gov.cn/ztzl/ywzt/zldhsdgc/gjzlyysdqy/201311/t20131104_874678.html, 2013 - 10 - 21/2017 - 06 - 17.

［71］ 国家知识产权局. 国家专利运营试点企业（非生产型企业）培育工作指引［EB/OL］. http：//www.sipo.gov.cn/ztzl/ywzt/zldhsdgc/gjzlyysdqy/201311/t20131104_874679.html, 2013 - 10 - 21/2017 - 06 - 17.

［72］ 国家知识产权局等八部委. 关于加快培育和发展知识产权服务业的指导意见［EB/OL］. http：//www.sipo.gov.cn/ztzl/ywzt/hyzscqgz/fwjg/zcxx/201302/t20130217_785582.html, 2012 - 11 -13/2017 -06 -17.

［73］ 西坡. 为什么1750年代工业革命首先在英国爆发［J/OL］. 中国周刊. 转自腾讯评论, http：//view.news.qq.com/a/20120907/000013.htm, 2012 -09 -07/2017 -06 -17.

［74］《促进国内外高校院所科技成果在蓉转移转化若干政策措施》（成委办〔2014〕29号，简称"成都十条"）.

［75］《科技进步法》（主席令〔2007〕82号）、《关于国家科研计划项目研究成果知识产权管理的若干规定》（国办发〔2002〕30号）.

［76］《促进科技成果转化法》（主席令〔1996〕68号）.

［77］ S SCHOLTEN, U SCHOLTEN. Platform - based innovation management：directing external innovational efforts in platform ecosystems［J］. Journal of the Knowledge Economy, 2012, 2 (3)：164 -184.

［78］ A ROYER. Transaction costs in milk marketing：a comparison between Canada and Great Britain［J］. Agricultural Economics, 2011 (2)：171 -182.

［79］ ADNER R, KAPOOR R. Value creation in innovation ecosystems：how the structure of technological interdepedence affects firm performance in new techonology generations［J］. Strategic Management Journal, 2010, 31 (3)：306 -333.

［80］ E METTEPENNINGEN, A VERSPECHT, G V HUYLENBROECK. Measuring private transaction costs of European agri - environmental schemes［J］. Journal of Environmental Planning and Management, 2009 (5)：649 -667.

［81］ ADNER R. Match your innovation strategy to your innovation ecosystem［J］. Harvard Business Review, 2006, 84 (4)：98.

［82］ IANSITI M, LEVIEN R. Strategy as Ecology［J］. Harvard Business Review, 2004, 82 (3)：68 -81.

［83］ L MCCANN, K W EASTER. Estimates of public sector transaction costs in NRCS Programs［J］. Journal of Agricultural and Applied Economies, 2000 (3)：555 -563.

［84］ J M KARPOFF, R A WALKING. Short term trading around ex – dividend days: addition evidence ［J］. Journal of Finacial Economics, 1998 (2): 291 – 298.

［85］ TIMMERS P. Business models for electronic markets ［J］. Journal on Electronic Markets, 1998 (8): 3 – 8.

［86］ R BHUSHAN. An informational efficiency perspective on the perspective on the post – earning drift ［J］. Journal of Accounting and Economics, 1994 (1): 46 – 65.

［87］ MOORE J F. Predators and prey: a new ecology of competition ［J］. Harvard Business Review, 1993, 71 (3): 75 – 86.

［88］ H R STOLL, R E WHALEY. Thansaction costs and the small firm effect ［J］. Journal of Financial Economics, 1983 (1): 57 – 59.

［89］ H DEMSETZ. Toward a theory of property rights ［J］. American Economic Review, 1967 (57): 354.

［90］ R H COASE. The problem of social costs ［J］. Journal of Law and Economics, 1960 (3).

［91］ H S GORDON. The economic theory of a common property resource: the fishery ［J］. Journal of Political Economy, 1954 (62): 124 – 142.

［92］ R H COASE. The Nature of the firm ［J］. Economica, 1937 (16): 386 – 405.

［93］ Federal Trade Commission. Patent Assertion Entity Activity: an FTC Study ［R/OL］. https://www. ftc. gov/reports/patent – assertion – entity – activity – ftc – study, 2016 – 10.

［94］ Council on Competitiveness. Innovate America: thriving in a world of challenge and change ［R］. National innovation initiative interim report, 2004.

［95］ HUMPHREY J, SCHMITZ H, SCHMITZ H. Local enterprises in the global economy: issues of governance and upgrading ［M］. Cheltenham: Elgar, 2004.

［96］ MOWER D C, NELSON R R, SAMPAT B N. Ivory tower and industry innovation—university – industry technology transfer before and after the Bayh – Dole Act ［M］. Stanford, California: An imprint of stanford university press, 2004.

［97］ MOORE J F. The death of competition: leadership and strategy in the age of business ecosystem ［M］. New York: Harper Business, 1996.

［98］ J J WALLIS, D C NORTH. Measuring the transaction sector in the American economic growth ［M］. Chicago: University of Chicago Press, 1986: 95 – 162.

［99］ O E WILLIAMSON. The economic institutions of capitalism ［M］. New York: The Free Press, 1985.

［100］ NORTH D, R P THOMAS. The rise of west world: a new economic history ［M］. Cambridge: Cambridge University Press, 1973.